"阿波罗"登月发射倒计时

Countdown to a Moon Launch: Preparing Apollo for Its Historic Journey

[美] Jonathan H. Ward 著

崔吉俊 唐 建 译

国防工业出版社
National Defense Industry Press

著作权合同登记　图字：军 –2017 –030 号

图书在版编目（CIP）数据

"阿波罗"登月发射倒计时/（美）乔纳森·H.沃德（Jonathan H. Ward）著;
崔吉俊，唐建译. -- 北京：国防工业出版社，2017. 10
书名原文: Countdown to a Moon Launch: Preparing Apollo for Its Historic Journey
ISBN 978-7-118-11435-5

Ⅰ. ①阿… Ⅱ. ①乔… ②崔… ③唐… Ⅲ. ①航天 — 科学研究组织机构—工作概况—美国
Ⅳ. ①V4–241.712

中国版本图书馆CIP数据核字（2017）第 248654 号

"阿波罗"登月发射倒计时
[美] Jonathan H. Ward　著
崔吉俊　唐　建　译

出版发行　国防工业出版社
地址邮编　北京市海淀区紫竹院南路 23 号　　100048
经　售　新华书店
印　刷　北京嘉恒彩色印刷有限责任公司
开　本　710×1000　1/16
印　张　27½
字　数　465 千字
版 印 次　2017 年 10 月第 1 版第 1 次印刷
印　数　1—2000 册
定　价　98.00 元

（本书如有印装错误，我社负责调换）

国防书店: (010) 88540777　发行邮购: (010) 88540776
发行传真: (010) 88540755　发行业务: (010) 88540717

致谢辞

本书写作过程中得到了很多人的帮助。在我采访过程中,许多人慷慨相助,有些人的贡献已经不仅仅是为了帮助我写作,他们感到本书对他们以往的事业和肯尼迪航天中心的历史具有重要意义。

首先应该感谢美国国家航空航天局(NASA)的弗兰克·布莱恩(Frank Bryan),他不仅是我遇到的肯尼迪航天中心"阿波罗"/"土星"任务中第一位工作人员,而且在我的研究和写作过程中提供了大量的信息并不断鼓励我。因此,读者会看到弗兰克的名字频繁出现在本书中。作为"土星"火箭测试指挥中解决麻烦的能手之一,弗兰克出现在任务中的很多场合。弗兰克花了大量时间仔细审查我的书稿,以确认我表述的技术问题准确无误。弗兰克正在从事他自己的研究,收集那个时期照片中人员的名字。如果您、您的朋友或家人曾在航天计划中工作过,我希望您能够访问NASA佛罗里达分会同事录(NASA Alumni League-Florida Chapter)网页。更多信息参见http://nalfl.com/?page_id=2441。

弗莱德·科迪亚(Fred Cordia)是罗克韦尔公司 S-II 级高级管理人员之一,他同样不辞辛苦地将自己作为一名运载火箭承包商的工作经历介绍给我。在附录 C 中,读者可以看到弗莱德从事"土星"火箭测试任务所记录的测试程序流程图。写作这本书的一个意外惊喜是,弗兰克与弗莱德在多年不通音信后终于再次联系上了。

NASA 火箭测试承包商诺姆·卡尔森(Norm Carlson)原本对我持怀疑态度,后来我们成为亲密无间的朋友。他为我打了许多电话,为我打开诸多方便之门，对此我非常感谢。我很遗憾在他 2015 年 3 月去世时没能及时写完这本书。他在我心中将永远占有特殊的位置。

从飞船系统来说，我特别感谢 NASA 的恩尔尼·雷耶斯（Ernie Reyes）和罗克韦尔公司的约翰·特赖布（John Tribe）做出的卓越贡献、支持和友情。约翰带我在肯尼迪航天中心进行了参观。恩尔尼总能毫无保留地提供许多人物和事件的有趣材料。约翰和特赖布详细审查了本书有关飞船操作的章节，确保我所写的关于指令/服务舱（CSM）的工作准确无误。

NASA 的鲍伯·西克（Bob Sieck）从该书启动就非常热情并给予鼓励。他把我介绍给飞船系统的许多同事。鲍伯将"阿波罗"-13 事故原原本本地介绍给我，读者可以在本书"倒计时验证测试"一章中了解到相关内容。

我该怎么介绍艾克·雷杰尔（Ike Rigell）先生呢? 他是火箭操作总工程师和副指挥。我希望有人（如果我有幸的话，也许会是我）能够写一本关于这个传奇人物的传记。艾克曾在中途岛和硫磺岛海军陆战队服役，在乙级棒球联赛中打过棒球，在沃纳·冯·布劳恩的导弹发射实验室工作过，还参与了美国第一颗人造卫星"探索者"-1 和第一次载人飞行任务 …… 他还有许多经历可以继续列下去。艾克是我遇到过的最有绅士风度和最具谦逊精神的人，他受到 NASA 同事普遍尊敬。我很荣幸能与他相处一段日子，他能同意为我的其他书做序使我兴奋不已。

NASA 的弗兰克·佩诺维奇（Frank Penovich）友好地允许我查阅他关于运载火箭使用计算机进行测试的详细笔记和照片，并仔细审查了有关计算机化测试的章节。NASA 的埃德·范宁（Ed Fannin）为我提供了许多"土星"火箭结构和推进分系统的资料，并审查了有关运载火箭操作的部分。波音公司的史蒂夫·克斯特尔（Steve Coester）允许我把他网页上的信息加入到本书。波音公司的比尔·海因克（Bill Heink）详细介绍了与液氧推进剂打交道的危险，同时也对该书部分章节进行了技术审查。

格鲁曼公司的艾伦·康替沙（Alan Contessa）提供了他在"阿波罗"-11 登月舱工作的一些私人照片。格鲁曼公司"阿波罗"-11 测试指挥马库斯·古坎德（Marcus Goodkind）也提供了许多有趣的素材。

休斯敦任务控制中心的杰瑞·博斯蒂克（Jerry Bostick）和格林·伦尼（Glynn Lunney）为本书写作提出了最初构想。杰瑞是我的好朋友，在写作过程中始终担当着技术顾问角色。

　　衷心感谢美国太空荣誉博物馆的查理·马尔斯（Charlie Mars）、卡伦·康克林（Karan Conklin）和李·斯达瑞克（Lee Starrick）提供的帮助。还要特别感谢纽约花园城航空摇篮博物馆的卡罗尔·纳尔逊（Carol Nelson），她邀请我作为特邀佳宾参加了格鲁曼公司"阿波罗"-11 45周年纪念聚会。如果读者能到上述地方附近旅行，记得一定要去参观一下这些博物馆。如果还没有去过这两座博物馆，值得你专门去看看。两座博物馆都展出了一些参加过航天计划的人使用过的、令人惊叹的设施设备。

　　戴夫·莫尔（Dave Mohr）知识渊博，他对"土星"-V 火箭的技术和肯尼迪航天中心发射系统的技术提供了引人入胜的剖析。蒂姆·伯克（Tim Burk）为我提供了一些早期文件，这些文件我在肯尼迪航天中心电子支持设备上曾看到过，他激起我学习更多有关发射操作知识的兴趣。比尔·肖查克（Bill Sawchuck）是我的老朋友，他提供了许多卡纳维拉尔角的徽章和人员资料。埃文·布莱杰克（Ivan Blejec）也为我提供了一些建议和许多原始资料。

　　感谢杰罗姆·巴斯康姆（Jerome Bascom）和 J. L. 皮克林（J. L. Pickering）为作者提供了许多有用的 NASA 影像。这就节省了我上网搜索"完美"图片的时间。也感谢那些为"阿波罗影像在线画廊"（the online Apollo Image Gallery）和《阿波罗月面杂志》（Apollo Lunar Surface Journal）扫描 NASA 图像的好心人。

　　2013 年 4 月 22 日，我的好朋友梅根·夫琳斯（Meghan Froehlich）对我说："你需要写一本书。"我当时没有答应，因为我无法想象我会写一本什么样的书。没有想到，她那天的话竟然像一粒种子发芽成长起来。特别感谢霍利·威廉姆斯（Holly Williams）指导我完成全书的写作，使我不至于茫然无助。如果没有她，我可能仍然原地踏步。感谢马丁·英庇（Martin Impey）、瑞克·斯维根（Rick Swegan）、W·大卫·伍兹（W. David Woods）、弗朗西斯·弗兰西（Francis French）、科林·伯吉斯（Colin Burgess）和苏珊·罗伊（Susan Roy）在本书写作和编辑过程中给予的鼓励和中肯建议。他们的书一直珍藏在我书架的显赫位置。感谢脸书（Facebook）"太空潮人"（Space Hipsters）群的艾米丽·卡尼（Emily Carney）、丽贝卡·麦克沃特（Rebecca McWhirter）以及其他群成员的帮助。感谢斯普林格（Springer）出版社的莫里·所罗门（Maury Solomon）和诺拉·罗恩（Nora Rawn），他们的中肯建议和耐心帮助使我完成了新书出版发行。

当然，还要感谢我的妻子简·格温·沃德（Jane Gwyn Ward），她允许我把几英寸厚的技术手册、流程图和照片铺展在家中。她从未怀疑我需要写这本书。她给了我从事写作的全部自由，没有疑问或抱怨，甚至同意我在研究和写作的一年时间里放弃任何有创作收入的工作。本来她可以要求去其他更好玩的地方去旅行，但是她都选择陪我去佛罗里达航天海岸旅行。当听到关于 20 世纪 60 年代航天技术如此之多的故事之后，她建议这本书的副标题定为"登月的艰辛历程"。

更要感谢你，亲爱的读者，感谢你对肯尼迪航天中心及"阿波罗"和"土星"年代的猎奇。所有我采访过的人都衷心地感谢那些对"阿波罗"时期和肯尼迪航天中心历史感兴趣的人。当你读完这本书，你会敬佩他们和他们的事迹。我希望本书能把我听到那些事迹时的激动心情传递给大家。

此书献给 NASA "阿波罗"-11 测试指挥 —— 诺姆·卡尔森（Norm Carlson，1934—2015），以及美国肯尼迪航天中心完成"阿波罗"/"土星"任务组装、测试和发射的近 2.4 万名男士和女士们!

关于作者

美国作者乔纳森·H·沃德（Jonathan H. Ward）孩童时在日本生活了若干年，但他认为华盛顿的弗吉尼亚郊区才是他的故乡。虽然他兴趣广泛，且从事过许多行业，但是空间探索始终是他一生的酷爱。在"阿波罗"-15和"阿波罗"-16任务期间，他在美国国家航空航天博物馆从事导游志愿服务，作为一名高中生，从那时起他就喜欢向公众宣传航天计划。如今，他仍然在不断地向公众宣传航天。他是喷气式飞机推进实验室的"太阳系大使"，经常向兴趣小组和区域会议就空间探索主题发表演讲；他是斯普林格－普瑞西斯出版社（Spinger-Praxis）的作家，还经常向空间探索论坛网站投稿。

乔纳森的作品从一个独特的视角出发，将对主题的看法、对技术的痴迷、对空间探索的热情，以及对参试人员的敬重融合在文字中。他拥有丹佛大学系统管理学硕士学位和弗吉尼亚联邦大学心理学本科学位。他通过了国际教练联盟执行教练认证，并担任"创造性领导中心"的助教。他的专业经历包括从事过许多领导工作以及在波音公司"空间站自主计划"中工作过。

乔纳森和他的夫人简女士现在居住在北卡罗来纳州的格林斯博罗市。他为他的两个孩子和他们的家庭感到自豪，他希望自己与家人生活在一起。他建立了一个网站 www.apollo-saturn.com，以展示他在肯尼迪航天中心"阿波罗"时期的研究成果。他收集和保存了一些"阿波罗"时期的纪念品，其中包括发射控制室的控制面板等。乔纳森在担任华盛顿合唱团低音 II 部分领唱、独唱及团长时期录制的两张音乐专辑获得了"格莱美"奖，他可能是有此殊荣的当今唯一描写载人航天飞行的作家。

序言

乔纳森·H·沃德（Jonathan H. Ward）在 2013 年夏天来找我，告诉我他想从肯尼迪航天中心工作人员的角度写作一本关于早期载人航天的书。之前从没有人将"阿波罗"飞船、火箭及测试设备合在一起进行详细描写，因此我马上坚定支持他这样做。已经有许多由航天员、休斯敦飞控专家，以及其他参与航天任务的人写作出版的书籍。但那些为航天发射任务默默准备的人的故事同样精彩。乔纳森的书与其他航天书籍不同，有了这本书，肯尼迪航天中心将逐渐被世人所了解。

在"阿波罗"时期，肯尼迪航天中心类似一座有许多厂房的城市。超过 2 万名员工昼夜工作，一周工作 7 天，异常忙碌，它也被称为火箭牧场、登月港，或称为卡纳维拉尔角。对于很多员工，长时间工作和晚上加班是家常便饭。我们会在食堂、快餐店里用餐，或在自动售货机上买点吃的，甚至在我们称为"蟑螂马车"的移动餐厅吃饭。我们没有把我们的任务仅仅视为一项工作，因为我们知道任务的重要性。我们的任务是要将我们的航天员送入太空并安全返回，这来不得半点差错，必须有严格的纪律。

记得我第一次进入卡纳维拉尔角的 19 号发射工位地堡，参加"双子座"试验。我默默地站在那里，看着这样的场景：几十名工程师拥挤地坐在控制台边，控制台上到处都是仪表、各色指示灯、记录仪和磁带。测试指挥粗鲁地叫我坐下、戴上耳麦。我马上明白，这些爷们（我们都是男人，只有少数几名女性参试人员）掌管着地堡和测试操作。他们像老板一样严格要求遵守纪律。因为大多数人在军队服过役，纪律并不是一个问题，我们知道什么是纪律。

　　早期的"双子座"时期，我们的工作地位于卡纳维拉尔角空军站的S机库。任务控制中心也在卡纳维拉尔角。在组织上，我们归属得克萨斯休斯敦载人航天中心。载人飞船操作厂房（如今称为尼尔·阿姆斯特朗操作测试厂房，the Neil Armstrong Operations and Checkout Building，简称O&C）在梅利特岛上建造完成后，我们搬到那里，成为肯尼迪航天中心飞船测试部门的成员。

　　作为NASA的一名系统工程师，我受领的第一项任务是在第一次载人"双子座"任务中负责监督航天员的生物医学仪器。这个工作团队包括航天员，航天服和医疗设备工程师，技术人员以及飞行外科医生等。就这样开始了我的职业生涯。这使我更加明白入职前的忠告："你们的工作关乎航天员生命安全和任务成败。"我还记得我第一次成为载人发射任务团队成员时的心情，当时我与发射后负责清洗、设备状态恢复的人员待在安全区，我可以清楚地看到"双子座"-3的发射实景。我那时不会想到自己会参与超过100名航天员的载人发射任务。但是我后来几乎再没有看到载人发射的实景，直到我退休后成为一名观众。

　　对于"阿波罗"计划来说，O&C是NASA飞船部门和承包商——负责登月舱的格鲁曼公司、负责指令/服务舱的北美罗克韦尔公司的工作场所。它也是飞船最后装配、测试的场所。同样，垂直总装厂房和发射控制中心是NASA及火箭承包商的主要工作场所。

　　在O&C，我们的办公室像牛栏一样，几十个人工作在同一个房间。四张桌子拼在一起，这样我们可以共用仅有的两部电话。老板们有隔间。O&C高顶厂房中总是至少有一艘飞船在进行测试，有时两艘飞船在并行测试。每次任务需要两艘飞船的两个主要舱段参与，登月舱（用于登月着陆）的上升级和下降级需要与指令/服务舱（用于绕月和返回）进行配合操作。

　　我们的测试控制室在O&C的三楼，距离航天员公寓只有几步之遥。这是肯尼迪航天中心飞船所有测试操作的管理区。飞船测试团队集中在一栋建筑里，为我们的工作带来了便利，如便于沟通、使管理过程不会中断等。

　　缺点是我们很少见到负责运载火箭操作的同事。他们的活动大多集中在发射控制中心，也就是垂直总装厂房和发射工位39A与39B所在的区域。他们面临的挑战可能比我们更大。他们负责世界上最大的三级火箭组装和测试。火箭每个子级由不同的承包商负责，各子级与发射设施具有多个配套接口。他们中的很多人认为飞船只是火箭的鼻锥部分。

在飞船与"土星"-V火箭吊装对接前，我们很少去发射控制中心。对接后，我们有一小部分成员参与综合计划会议和测试简报工作。这项工作责无旁贷地由发射操作指挥洛克·佩特龙（Rocco Petrone）负责。他的领导和管理风格非常传奇。经常看到他在忙碌工作。虽然佩特龙的办公室在O&C，但是他大部分时间都在发射控制中心参加综合测试工作。我们飞船的员工都为此感到庆幸。

我们在工作中见过很多航天员。每次任务都有主份和备份航天员乘组，他们经常参加我们的飞船测试汇报，也会参观控制室和其他工作地点。我们喜欢与他们进行交往，尤其是与他们在晚上开展棒球游戏。他们使用登月舱、指令舱和服务舱模拟器，还有月球车，这些设备直接与休斯敦任务控制中心连接。航天员在这里花很多时间进行训练，我们所有的NASA成员和承包商们都很了解他们。

因此，当"阿波罗"-13事故发生时，我们都非常担心。在"阿波罗"-13飞行时期，我与团队的许多人都坚信，航天员度过了舱段爆炸后一定能够安全返回。感谢飞行控制团队和航天员的努力，航天员最终安全返回。我个人从中获取了许多宝贵的经验教训，当我成为航天飞机发射指挥时，这些经验教训很有帮助。

乔纳森在写本书时采访和收集了大量信息。本书详细描写了肯尼迪航天中心NASA/承包商测试团队在"阿波罗"时期的工作。然而，很难用语言详细介绍肯尼迪航天中心测试团队成员如何在个人工作和家庭生活之间保持平衡，以及"阿波罗"时期将近7年马拉松式的工作。我相信团队成员对他们的工作充满激情，因为他们知道自己所做的工作对国家的重要性，正是这种激情使成功成为可能。

阿兰·谢泼德（Alan Shepard）在完成太空飞行后曾经说过："我们需要记住那些为成功付出努力的人，因为很少有人关注他们。"这本书会告诉读者我们在任务中做了什么，谢泼德一定会为本书的出版感到高兴。

鲍伯·西克（Bob Sieck）
"双子座"飞船系统工程师
"阿波罗"飞船项目工程师
航天飞机发射指挥
肯尼迪航天中心
2015年2月

前言

　　我知道这是一本值得去写的书，也是一段值得去讲述的故事。我不是狂妄地认为这段故事必须由我来讲述，但无论如何我可以试试。

　　写作本书的想法来自于一个突发的灵感。这是真的 —— 我有过这样"突发灵感"的经历，每个人都期望在他们的生命中至少有一次这样的经历。缪斯不仅在我耳边歌唱，合唱队和乐团都在配合她。但是，如果没有我多年累积的想法、构思，以及足够的知识储备，她的歌对我来说是没用的。请允许我简单地做一自我介绍。

　　我很幸运，出生时就可以从头观看美国的载人航天发展历程。我最早关于航天的两个记忆，一是看着阿兰·谢泼德（Alan Shepard）在1961年5月乘坐"水星/红石"飞行器飞行，另一个是一天夜晚被带到野外看"回声"I卫星在繁星中静静地运行。我收集了历次"双子座"和"阿波罗"任务的杂志资料；我用硬纸箱做了模拟太空飞船的驾驶舱；我和我的小伙伴把洗衣机控制面板改成了飞船控制台；我无数次在户外用望远镜观察夜空。

　　1971年夏天，14岁的我在华盛顿特区史密松宁国家航天博物馆找到了一份夏季导游志愿者的工作。当时"阿波罗"-15任务正在7月下旬和8月初执行。从8月2日开始，在任务进行期间，NASA暂时借给博物馆一个全尺寸的月球车。我们几个幸运的青少年可以将月球车开出博物馆，到购物中心为游客展示。想想有多少人在他们驾驶汽车之前曾经驾驶过月球车？

8月5日星期四，"阿波罗"-15从月球返回过程中，航天员阿尔·沃尔登（Al Worden）完成了第一次深空舱外行走。当时我吃完午饭来到博物馆楼上的图书馆，我知道那里有一台小型便携式黑白电视可以观看舱外行走直播。我正在图书馆后面独自观看时，博物馆的主任、"阿波罗"-11航天员迈克尔·柯林斯（Michael Collins）静静地走过来，在我边上的桌子旁坐下。我感到非常地敬畏，以至于不敢跟他说一句话，也许能和他在一起就很荣幸了！我们两个人默默地看着电视。这次观看沃尔登在太空行走真是一个令人难忘的经历，要知道我旁边的人两年前刚登陆过月球，3年前刚完成了美国第三次空间行走任务。

我没有想过把工程或航天当作职业，但我从来没有放弃对空间飞行的热爱。我大学毕业后的第一份工作地点距离NASA总部只有两个街区。在过去安保不是那么严格的日子里，我可以进入NASA总部的礼堂，观看"哥伦比亚"号航天飞机进行首次着陆任务。六年后，我在波音公司从事"自由"号空间站计划。离开波音之后，我观看了航天飞机计划，非常感谢NASA的网站提供了许多从未在主流新闻界中播出的图片资料。

我在2005年前后就注意到eBay和一些拍卖行，我惊讶地发现，有一个关于"阿波罗"时代文物的活跃市场。我对"阿波罗"时代通行证及肯尼迪航天中心发射控制中心相关的事物很感兴趣。在我看来，每一件事物都有一段它的主人在"阿波罗"时代的故事。许多物品是出售人已故亲戚的遗产。我经常听到这样的说法，例如，"我的叔叔为NASA工作，但我不知道他都干了些什么，他没有留下日记或回忆录。"随着那些航天参试人员的离世，那段历史也逐渐淹没，我为此感到悲哀。

我建立了一个网站来展示我对"阿波罗"时期发射控制中心的部分研究成果，前NASA工程师弗兰克·布莱恩（Frank Bryan）看到网站之后，在2011年末与我建立了联系。我向他请教了许多有关20世纪60年代肯尼迪航天中心的硬件问题。非常幸运，弗兰克的回忆非常精彩，他为我提供了许多"阿波罗"时期肯尼迪航天中心有趣的幕后故事。我了解的事物越多，就越发想深入了解下去。

大约一年后，我遇到了NASA飞行总监格林·伦尼（Glynn Lunney）和飞行控制员杰瑞·博斯蒂克（Jerry Bostick），他们都在休斯敦任务控制中心工作。格林发动他的"阿波罗"时代飞行控制员同事讲述个人经历，汇集成"从任务控制中心到登陆月球：任务控制中心飞行动力学组的故事"这样的回忆录。我告诉格林和杰瑞,我也想为肯尼迪航天中心工作过的人写本书。他们对此的态度是,虽然这是一个好主意,但是外人很难去做。如果得到内部人员的帮助就比较方便。

弗兰克与鲍伯·西克(Bob Sieck,"阿波罗"计划工程师,他后来成为任职时间最长的航天飞机发射指挥)同意他们的看法。他们说,肯尼迪航天中心的老员工更愿意在早餐或午餐时相互交流,而不愿意跟外人谈过去的事情。他们中大多数人不信任那些自称对航天历史感兴趣的家伙,他们随后的谈话往往转到购买纪念品上面。如果你想让"阿波罗"/"土星"计划的测试人员迅速地不再理睬你,就问他们是否想把他们珍贵的纪念品卖给你。

"阿波罗"时代的肯尼迪航天中心测试人员感到已被公众遗忘。他们虽然不会这样说,但确实有点羡慕"阿波罗"时期休斯敦的员工和航天员可以被公众关注,他们也希望自己的成就可以更多地得到公众认可。同时,他们又不愿意向外人吹嘘自己,或者不愿花时间撰写回忆录。不愿意对自己的成就进行任何宣传,必然会导致缺少公众认可。没有人讲述你们的故事让你们失望,但你们又不愿意亲自去讲述或者让别人来讲述。

我不能放弃我的想法。我坚信"阿波罗"/"土星"时代肯尼迪航天中心的故事应该用某种方式讲述出来。20 世纪 70 年代经典的"登月港"39 号发射场是一个信息的宝库,但似乎缺少某些东西。我也不能准确地指出是什么。

所以,缪斯再次在我耳边轻唱。我正在海滩度假,我夏天阅读的书籍包括大卫·伍兹(David Wood)的畅销书《"阿波罗"是如何飞往月球的》和我常看的《登月港》。2013 年 7 月 30 日上午,我突然醒悟,我对肯尼迪航天中心故事中缺少的东西以及如何组织自己的书有了一个清晰的认识。答案就是系统组合 —— 所有的部分和过程结合在一起 —— 结合每天在"阿波罗"飞船和"土星"-V 火箭上的工作。我会按照任务的工作流程进行叙述,从火箭和飞船运到肯尼迪航天中心的码头开始,通过装配和测试,转运到发射工位,最后倒计时和发射。

有了这个想法,我咨询鲍伯和弗兰克的意见。他们都认为这是一个有趣和可行的方法。然后我问他们是否愿意介绍他们的一些同事,以便于我开始工作。结果如同滚雪球一般,每次我采访结束时,都有人说:"让我给你联系谁谁谁",不久,积累的信息和采访计划让我几乎忙不过来。

当人们想起要采访的人员时，他们经常会意识到，"哦，他现在得了阿尔茨海默氏症了"，或者"他去年去世了"。我采访的许多人已经是 70 多岁或 80 多岁的老人了，年龄最大的已经 94 岁高龄。时间真是不等人啊。

如果时间是我最大的敌人，那也是一个强大的动力。那些"阿波罗"时期的测试人员在最后期限的压力下拼命工作，我也强烈感到需要在这个项目上全速前进。如果这些人去世了，他们的丰富经历就永远消失了。我在这个项目上全速前进，不只是因为我想了解这些杰出员工的故事，随着我对这些人了解的深入，我越发觉得肯尼迪航天中心这些员工和他们的成就值得被更多的人怀念、分享和庆祝。我想让"阿波罗"时期肯尼迪航天中心的人们看到这本书出版，让他们知道他们的故事终将被更多的读者所了解。

我的目标是把尽可能多的信息都放到书中，同时让细节保持在一个可控的水平，以便形成一本书。结果表明这是一个相互矛盾的目标。

在读了我第一次书稿之后，斯普林格（Springer）出版社的编辑奉劝我，如果一本书超过 700 页会让大多数读者望而却步。她建议尝试把这些资料整理成两本书。我最初拒绝了这个提议，但她的建议是对的。

本书和她的姊妹篇《"阿波罗"登月计划中的肯尼迪航天中心》（译者注："Rocket Ranch：The Nuts and Bolts of the Apollo Moon Program at Kennedy Space Center"，该书 2016 年由国防工业出版社编译出版）有着不同且互补的主题和视角。每一本书都可以单独阅读，但是我希望读者可以将这两本书一起阅读，以便了解得更加全面。本书是讲述肯尼迪航天中心的测试人员如何准备"阿波罗"任务，从产品卸车到点火发射整个过程。《"阿波罗"登月计划中的肯尼迪航天中心》是讲述肯尼迪航天中心的设施设备和技术，以及 20 世纪 60 年代在那种环境下工作是一种什么样的感受。

在本书准备阶段，我如饥似渴地读完了 1200 多份原始资料，对 70 多人进行了超过 300 小时的采访。我知道我了解的仅仅是一些皮毛，对如今的结果我感到欣慰，我也希望读者能感兴趣。这是我在很长时间里最高兴的事，我觉得从事这项工作的时间是我一生中最充满激情的时刻。

我希望将很多照片和图片收集到书中，但限于书的篇幅，有些照片和插图的细节可能被裁掉了。我的网站（www.apollo-saturn.com）含有这本书的补充信息，它将会一直保留。本网站也将是发布本书勘误和更正的地方。请访问该网站并给予指正。

　　以上就是这本书如何形成的故事。我希望读者会喜欢这本书，那些为了登月任务全身心付出的传奇英雄值得我们去敬佩。

乔纳森·H·沃德
美国北卡罗来纳州格林斯博罗市

目录

第 1 章

引言

我们生活的这个年代，人们似乎不再像过去 50 年那样关注载人航天。从 2000 年 11 月 2 日起，就有航天员一直在国际空间站上工作生活，但是很少有人注意到还有这样一个国际空间站。在年轻人看来，航天飞行更像是科幻小说或历史故事。"阿波罗"登月时代对很多人来说似乎已经是非常久远的事情了。事实上，目前全世界近 2/3 的人口是在人类最后一次登陆月球后出生的。因此毫不奇怪有许多人质疑人类是否登陆过月球。

然而，事实是美国在 20 世纪 60 年代末和 70 年代初曾经在 9 次登月任务中将 24 名航天员送往月球。那个年代，计算机的体积还跟房间一样大，还没有太多的通信卫星，没有互联网，甚至还有很多人刚见识过飞机。1961 年 5 月 25 日，距离查尔斯·林德伯格（Charles Lindbergh）独自完成第一次跨大西洋飞行仅仅过去 34 周年时，肯尼迪总统发表著名的登月挑战，宣称要将航天员送到月球并安全返回。"阿波罗"计划开始启动，地面设施开始设计、建造，航天器开始进行飞行测试，人类最终登陆月球，这一切仅仅用了不到十年的时间。

1.1 登月是怎么做到的

登月计划是为了努力证明美国的生活方式优于苏联。美国需要向全世界表明，它可以动员优秀的人才和最好的工人来实现一个非常困难但和平的目标。为此，美国政府和 NASA 要求"阿波罗"计划全面向公众开放，让全世界了解。在过去的二十年里，有许多专业人员一直致力于扫描、保存并公开"阿波罗"计划的珍贵资料。

虽然有人质疑登月是否发生过,但相关资料文件清楚地表明,使用 20 世纪 60 年代的技术是可以实现登月任务的,因为这样一个任务可以逐层分解为可实现的单元。"阿波罗"计划的技术是人类征服天空60 年技术发展的顶峰。人类在 20 世纪的头 60 年掌握了飞行技术,知道了如何发射火箭。"阿波罗"计划是科学家和工程师多年奋斗的结晶。充足的经费加上严格的纪律,以及克服困难的坚韧毅力,登月任务就不需要魔法,也不需要使用特效。

该计划实现了其政治目标,表明一个自由社会可以设定一个崇高的目标,承诺并资助一个长期计划,然后让专家们在没有政治干预的情况下完成挑战。共同的目标、充足的经费、项目严格的管理、各级工作者努力奉献、才智、能够承担风险、沟通 —— 所有这些因素共同作用,促成了登月计划的成功。

1.2　为什么要写关于肯尼迪航天中心这本书

我们这些从 20 世纪 60 年代过来的人是非常幸运的,我们有幸在电视上亲眼看到"阿波罗"飞船。那时我们每天都能在报纸上看到计划的进展,我们期待着看到最新一期的《生活》杂志以及最近一次航天任务的精美照片。

五十多年过去之后,我们大多数人对"阿波罗"计划还记得些什么? 大部分公众和一般的航天历史学家首先想起的是航天员及他们在任务中完成了什么工作。我这里猜测一下,公众能够记住"阿波罗"-11 任务,因为这是人类首次登陆月球,还有"阿波罗"-13 任务,"休斯敦,我们遇到麻烦了。"[①] 一般公众是不太清楚其他任务究竟干了些什么。

因为电影《"阿波罗"-13》,休斯敦任务控制中心可能是"阿波罗"计划中下一个会被记住的地方。任务控制中心在任务执行期间与航天员一样备受瞩目,因为它承担着确保航天器和航天员安全的职责,并且成功解决了无数问题。

肯尼迪航天中心是火箭点火发射的地方。然而,令我惊讶的是,我认识的许多人都认为任务控制中心和肯尼迪航天中心是同一个地方。

---

①译者注:这句话是"阿波罗"-13 飞船服务舱出现爆炸事故时,航天员向控制中心汇报时说的话,媒体进行了广泛报道,从而被大众所熟知。

大多数人不知道在"土星"-V 火箭点火发射之前肯尼迪航天中心都在干什么。他们可能见过火箭在垂直总装厂房（VAB）总装或者转运到发射工位的照片，但是要问起这些照片背后发生的原因、过程和时间，他们就一无所知了。

肯尼迪航天中心究竟在承担什么任务？什么是日常工作流程？技术人员和工程师如何组装和测试航天器？什么人干什么事？为什么需要这么长的时间？为什么要做这么多测试？在"土星"-V 火箭发射工位上工作是一种什么感觉？倒计时期间发射控制中心又在做什么？

美国有超过 40 万人曾在"阿波罗"计划中工作过。"阿波罗"飞船和"土星"火箭由路易斯安那州、加利福尼亚州、阿拉巴马州和纽约州等地的多个工厂生产的零部件组装而成。在发射前 6 个月，火箭各子级、飞船各舱段、设施设备、航天服、实验箱以及一切要送入太空的东西，都开始运往肯尼迪航天中心。肯尼迪航天中心是这些产品的目的地 —— 在那里，2.4 万名员工负责组装、测试，然后将这一高精尖人造体及勇敢的 3 名航天员发射到月球。在 1968 年和 1969 年最繁忙时期，曾经有 3 次任务同时进行测试。

本书主要讲述"土星"火箭和"阿波罗"飞船发射前 6 个月在肯尼迪航天中心的工作 —— 包括员工们是如何对"阿波罗"/"土星"飞行器进行最后的组装和测试，如何进行火箭吊装对接，如何进行发射工位各项测试，最后将"土星"-V 发射到月球等。

1.3　本书结构组织方式

本书主要内容是"阿波罗"-11 发射前在肯尼迪航天中心的各项准备工作。全书按照航天器在肯尼迪航天中心的工作流程进行组织，从火箭各子级和飞船各舱段卸车，然后组装和测试，直到最后点火发射。所有"阿波罗"登月任务在肯尼迪航天中心的工作流程基本相同。在介绍"阿波罗"-11 的工作流程时，会适当穿插一些其他任务中发生的有趣的 —— 经常也是可怕的故事。

本书除了试图比其他作者写得更精彩以外，主要目标集中在讲述一些大家不知道的故事 —— 肯尼迪航天中心工作流程幕后发生的事情。在本书中，读者将看到肯尼迪航天中心员工讲述在"阿波罗"任务中所面临的各种挑战和困境。"阿波罗"-11、"土星"-V 火箭某子级出了什么事故？登月舱"小鹰"号起落架在发射工位最后一刻进行了什么调整和测试？是什么导致了"阿波罗"-13 任务中安全检查车在发射工位附近燃烧爆炸？为何"天空实验室"-2 发射差点失败，而几乎没人知道发生了什么问题。

本书包括四个主要部分：

第 2 章和第 3 章主要介绍工作流程。这些是确保任务正常有序开展的基础。读者将体会到在 3 次任务并行时，管理和协调 2.4 万名员工所面临的挑战，以及了解掌控航天器技术状态和变化的工作流程。读者还将了解"阿波罗"/"土星"时代最重要的技术创新之一 —— 测试过程的计算机化。

第 4 章到第 6 章介绍了"阿波罗"-11 在肯尼迪航天中心前 4 个月的测试工作。通过这一阶段的众多图像资料以及一线员工的讲述，让读者了解飞船和"土星"-V 火箭的装配和测试过程。首先，介绍指令/服务舱（CSM）和登月舱（LM）在载人航天器操作厂房高空模拟室中的工作流程；其次，介绍"土星"-V 火箭在垂直总装厂房中的组装和测试工作；飞船与"土星"-V 火箭总装完成后，再介绍垂直总装厂房内最后阶段的测试及转运前准备工作。

第 7 章和第 8 章主要介绍发射工位上的测试工作，从转运直到发射前 2 周的倒计时验证测试。通过这两章，读者将看到"阿波罗"-11 登月舱临射前状态调整的故事，了解"阿波罗"-13 的测试是如何导致 2 周后飞行时发生爆炸，以及"阿波罗"-16 任务中发射工位测试事故如何偶然地使查理·杜克（Charlie Duke）登上了月球。

最后，在第 9 章和第 10 章中，介绍为期 6 天的发射倒计时测试，直到"土星"-V 火箭点火发射。发射任务结束后，开始清理恢复并准备下一个任务。读者还将了解在"阿波罗"-12、"天空实验室"-1 和"天空实验室"-2 发生的一些故事。全书最后是对一些人的采访记录，了解他们是否真地认为"阿波罗"-11 能成功登陆月球。

1.4 2.4 万人的经历

写作一本关于"阿波罗"和"土星"的书所面临的问题是之前已经出版过许多相关图书。光罗列事实、数字以及技术细节很快就变得与其他图书一样令人乏味。读者光看那些设备的技术说明还是不了解设备实际中是怎么运作的，而关于高层领导的故事也不会告诉读者任务究竟是怎么完成的。

本书绝大多数的访谈对象是那些在一线工作的员工。读者将看到由制定工作流程的专家来讲述工作流程，几乎任务流程的每部分都是由从事该项测试工作的工程师或技术人员来讲述。读者将会了解政府和承包商员工的看法。全书收集了来自肯尼迪航天中心 70 多名"阿波罗"时期员工的访谈资料、个人记录、照片、图纸资料等。这些人都是"阿波罗"/"土星"任务有代表性的人物。

本书收集的资料已经尽可能地与官方记录进行了核对。有些地方可能个人回忆录与官方记录之间存在差异，正如 NASA 工程师查理·马尔斯（Charlie Mars）在这个项目开始时告诉我的：

> 我们的记忆不会模糊！我们只是对同样的事情记忆不一样而已。如果我将测试的数据转告另外一个同事，他可能与我记得不一致。但是没有关系！他只要记住数据从哪里来的就行。那里的工作分成了很多层，有技术员工作层，有检查员工作层，有发射控制台人员工作层，有管理工作人员层，还有 VIP 区的高级管理层。每个人对同一件事情的记忆可能不同。这才是真实的。

所以，当读者看到一些与官方版本记录不一致的细节时，请不要惊讶。请放心，那些明显的混淆或记忆错误已经剔除了，读者看到的基本都是真实发生的。

本书采访的许多在"阿波罗"/"土星"时期工作过的人，后来继续参加了航天飞机计划。尽管已经相隔 40 多年和 135 次航天飞机任务，这些人仍然能够清晰地回忆起"阿波罗"任务，正好说明"阿波罗"/"土星"的工作经历给他们留下了非常深刻的印象。

互联网带来的一大好处是可以从网上找到"阿波罗"时期许多 NASA 的图像资料。这些图片资料看上去很有趣，但是许多图片被张冠李戴或者读者不知道图片的内涵。本书将工作流程每个阶段的图片及标注清楚地注释出来。因为任务的工作流程基本相同，列举照片的来源并不仅限于单一任务，而是选取最能说明问题的某次任务照片。除非特别说明，本书中的所有照片和图表均来自 NASA。

本书的姊妹书《"阿波罗"登月计划中的肯尼迪航天中心》侧重介绍卡纳维拉尔角和肯尼迪航天中心的设施设备。读者如果对垂直总装厂房、发射控制室、活动发射平台、发射工位以及"阿波罗"参试人员工作生活感兴趣可以去购买阅读。这两本书相互独立并互为补充。

还有很多有关"阿波罗"任务和航天器的图书资料，本书在参考书目部分列出了其中一部分。

好了，请读者静下心来阅读 2.4 万名员工是如何用 6 个月时间将火箭和飞船组合在一起，并将它送往月球。

第 2 章

复杂的控制工作

在早期的那段日子，我有时会去找我的老板汤姆·乌特曼（Tom Utsman），告诉他："汤姆，这件事我以前从没做过，我不知道该怎么做，请你帮着看看这样是否可行？"他会看着我说："迪克，你睁眼瞅瞅，你认为还有人以前做过这件事吗？"我回答："没有。"然后他说："那么，我们该怎么去做呢？我们只能自己去摸索尝试，没有什么专家能帮助你干。"

—— 迪克·里昂（J. R. Dick Lyon），
肯尼迪航天中心设计工程师

2.1 坚持不懈的发展历程

1961 年肯尼迪总统向全世界宣告要在 20 世纪 60 年代末实现登陆月球，NASA 随后预计可以在 1967 年底之前实现登陆。然而 NASA 很快开始认识到要克服的障碍非常巨大。因此，任务底限不断向后推迟，同时不断加快研制进度。

1967 年 1 月发生的"阿波罗"-1 火灾事故使 NASA 命悬一线，但 NASA 并没有停滞不前。相反，事故促使 NASA 及承包商进一步加快行动。每个人都争分夺秒地分析和改正产品及程序中的缺陷，尽可能不拖延发射底限。有些人公开质疑，即使全天 24 小时工作，是否还来得及去重新设计、制造、检验及测试航天器。

肯尼迪航天中心的员工在"阿波罗"-11 之前的几年中都异常忙碌。以下事件列表只是 1965 年 — 1969 年肯尼迪航天中心人员的部分工作[①]。

2.1.1 1965 年

- "双子座"任务 ——1 次无人发射任务, 5 次载人发射任务;
- "土星"-I 第 II 组 ——3 次无人发射任务;
- "小乔"-II 试验和"阿波罗"逃逸救生系统发射工位中止飞行试验(新墨西哥州白沙基地, 肯尼迪航天中心飞船试验队参加试验);
- LC-34 发射工位设施设备针对发射"土星"-IB 火箭适应性改造;
- LC-39 发射场建设 —— 包括垂直总装厂房、发射工位、发射控制中心、履带车及转运道路、活动服务塔(MSS)、活动发射平台、驳船码头等;
- 飞船测试流程和设备开发, 载人航天器操作厂房(MSOB)和高压维修设施调试;
- LC-39 发射场运载火箭测试流程和支持设备开发。

2.1.2 1966 年

- "双子座"任务 —— 5 次载人发射任务;
- "阿波罗"逃逸救生系统"小乔"-II 试验(白沙基地, 肯尼迪航天中心飞船试验队参加试验);
- "土星"IB 任务 —— 3 次无人发射任务;
- LC-39 发射场设备和流程调试;
- "土星"-V —— AS-500F 合练箭; LC-39A 发射工位、垂直总装厂房、1 号活动发射平台、发射控制中心、1 号发射控制室、履带车、活动服务塔调试和检测;
- LC-37 发射场升级改造(适应"土星"-IB 火箭)。

2.1.3 1967 年

- "土星"-IB —— "阿波罗"-1 火灾事故及调查;
- "阿波罗"-1 火灾事故后对产品、流程进行评估及重新设计;
- "土星"-V —— "阿波罗"-4 测试和发射;

[①]NASA 同时还在开展无人探月和行星际探测发射任务。在 1965 年 — 1969 年, 肯尼迪航天中心先后发射了 2 个"徘徊者"探测器、7 个"勘测者"探测器、2 个"探险者"探测器和 5 个月球轨道环行器, 还发射航天器对火星和金星进行了首次飞越。

- LM-1 在载人航天器操作厂房测试。

2.1.4　1968 年

- "土星"-IB ——"阿波罗"-7（载人）和 1 次无人（登月舱首飞）发射任务；
- 2 号发射控制室、2 号活动发射平台、垂直总装厂房 3 号高顶区调试；
- "土星"-V —— 1 次无人和 1 次载人发射任务（"阿波罗"-8，人类首次航行到月球）；
- 3 号发射控制室、3 号活动发射平台、垂直总装厂房 2 号高顶区和 LC-39B 发射工位调试（持续到 1969 年）。

2.1.5　1969 年

- "土星"-V —— 4 次载人发射任务，都搭载了指令/服务舱和登月舱，以及两个登月着陆装置；"阿波罗"-13 任务准备（如果其他登月任务失败，准备在 11 月发射）。

在如此紧张的时间和技术压力下，NASA 为了完成最终目标是如何同时开展如此多的工作任务的？

NASA 主要依靠军队开发的两项流程技术来处理大型、复杂的项目。第一个是用于多层项目管理、分析和调度的工作流程。第二个是技术状态控制流程，以此来保证航天器的上百万个零部件协调工作。

在本章中，读者将看到这些流程如何影响肯尼迪航天中心每一个工作人员，并最终确保 NASA 能够发射高质量的航天器。

2.2　肯尼迪航天中心和航天器

在此之前，读者需要花一点时间来了解登月计划中航天器的基本组成。航天器主要由两部分组成："土星"运载火箭和"阿波罗"飞船。它们是相互独立和不同的实体，研发和管理这些实体的组织不同。读者将在本书中清楚地看到两者之间的区别（图 2–1）。

"土星"-V 运载火箭由 S-IC 级、S-II 级、S-IVB 级和仪器舱组成，仪器舱负责全箭的控制和导航。运载火箭由阿拉巴马州亨茨维尔市马歇尔航天飞行中心（MSFC）负责。

飞船

航天器

运载火箭

仪器舱　IBM公司

逃逸塔

S-IVB　麦道公司

发动机
保护罩

级间段

北美
罗克韦尔
公司

指令舱

S-II

北美
罗克韦尔
公司

服务舱

级间段

适配器

S-IC　波音公司

格鲁曼
公司

登月舱

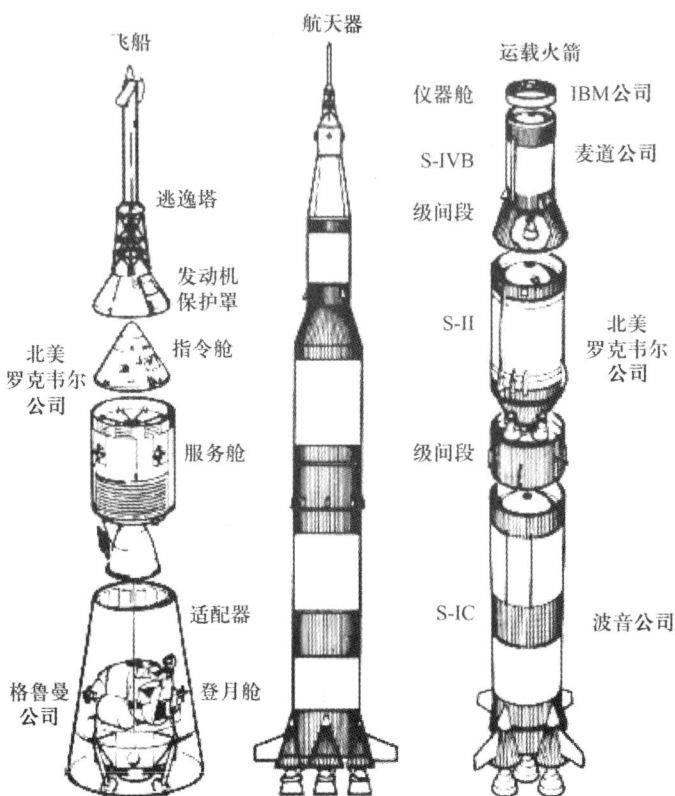

图 2-1　　"阿波罗"/"土星"航天器的组成

　　"阿波罗"飞船由指令/服务舱和登月舱组成。还有另外几个组件
—— 逃逸救生系统、保护罩和飞船/登月舱适配器 —— 它们只是在火
箭上升阶段与飞船一起飞行，然后分离抛掉。"阿波罗"飞船由休斯敦
的载人航天器控制中心负责。

　　"土星"-V 运载火箭将"阿波罗"飞船发射到月球。运载火箭和飞
船合称为"阿波罗"/"土星"航天器。

　　参试人员用肯尼迪航天中心的设施设备对航天器进行测试和发射。
其中大部分被称为地面支持设备（GSE），它们由电气支持设备（ESE）
操作和控制。地面支持设备和电气支持设备直接与航天器产品相连接，
必须谨慎管理。

2.3 管理程序

随着 NASA 在 20 世纪 60 年代初期登月任务准备工作的不断推进，"阿波罗"计划开始逐渐清晰明确起来。NASA 要在不到 100 个月的时间内在休斯敦、亨茨维尔和佛罗里达分别设计和建造新的设施，需要雇佣数以万计的具有专业技术或经验的员工，需要选择承包商制造航天器，需要管理大量的试验文书。即使加上分配给"阿波罗"计划的特别经费，"阿波罗"计划开支仍然在 1963 年超过预算。

美国海岸警卫队海军少将罗伯特·梅里里斯（Robert Merriless）在调到肯尼迪航天中心前，是 NASA 总部的预算分析师。谈到混乱的资金状况时，他说："这是一个国家工程，没有人明白'登陆月球'是个什么概念，没有人明确知道我们该如何做。国会审核我们的预算后会说，'嗯，这一部分你们列得还不够。'因此，肯尼迪航天中心将修改他们的预算，他们把预算送到总部，总部又会进一步增加，然后国会又进一步增加。这就是我们预算工作概况，真令人难以置信。你怎么知道登月到底需要多少经费？""阿波罗"计划存在着完全失控的风险。如果希望"阿波罗"计划成功，强有力的项目管理就必不可少。

1963 年 7 月，NASA 局长詹姆斯·韦伯（James Webb）宣布重组 NASA。韦伯任命乔治·缪勒（George E. Mueller）担任 NASA 总部载人航天飞行任务的副总指挥。从 9 月 1 日任命之日起，马歇尔航天中心（沃纳·冯·布劳恩（Wernher von Braun）负责）、载人航天器控制中心（罗伯特·吉尔鲁斯（Robert Gilruth）负责）和发射操作中心（后来的肯尼迪航天中心，由库尔特·德布斯（Kurt Debus）负责）的负责人都归缪勒领导。缪勒的办公室也因此成为"阿波罗"计划的中央管理机构。

缪勒需要从军方挑选一名有经验的指挥员，来领导协调规模庞大的"阿波罗"计划。他与空军协商，请来了塞缪尔·菲利普斯将军（Gen. Samuel C. Phillips）作为"阿波罗"计划的总指挥。菲利普斯带来了其他一些随从军官，从 1964 年初直到 1969 年 7 月"阿波罗"-11 发射成功，他负责管理"阿波罗"计划。

缪勒、菲利普斯、沃纳·冯·布劳恩、吉尔鲁斯和德布斯领导着整个"阿波罗"/"土星"计划。他们每一个人对登月计划的实现都至关重要。他们组成了和平时期最强大的一个领导团队（图 2-2）。

图 2-2　"阿波罗"/"土星"计划的领导团队。左起：乔治·缪勒、塞缪尔·菲利普斯
　　　　　将军、库尔特·德布斯、罗伯特·吉尔鲁斯和沃纳·冯·布劳恩

2.4　管理工作

　　管理工作（计划、协调和监督）复杂性不逊于实际完成工作（建造设施设备和测试"土星"-V 火箭、"阿波罗"飞船）。困难与挑战无法想象。在 20 世纪 60 年代，NASA 需要在肯尼迪航天中心计划和领导的员工就有 2.4 万名 —— 还不算全国各地数十万的其他员工；用于航天器测试的地面设施设备必须在肯尼迪航天中心设计和建造，可地面设施设备已经开始动工了，航天器还正在设计研制阶段；新的设施设备必须按需完工，它们必须与运载火箭和飞船的要求密切协调；必须同时通过工作流程管理多个并行任务；必须按照发射窗口来精确实施飞行计划。

　　在下面的内容中，读者将了解到肯尼迪航天中心如何安排和协调各项工作，以确保任务按照预期目标安全准时发射。

2.5　多任务并行管理

　　当"阿波罗"/"土星"计划于 1968 年末和 1969 年初全面展开时，肯尼迪航天中心通常在任何时候都有 3 个任务正在并行。通常包括：

- 一枚"阿波罗"/"土星"-V 航天器在发射工位进行最后的测试和准备发射。
- 一枚或两枚"土星"-V 火箭在垂直总装厂房高顶区进行组装和测试。
- 另一枚"土星"-V 火箭的各子级在低顶区进行检测。
- 至少一次任务的指令/服务舱和登月舱在载人航天器操作厂房中进行组装和测试。
- 另一次任务的指令/服务舱和登月舱在载人航天器操作厂房或垂直总装厂房检测。

测试操作指挥保罗·唐纳利（Paul Donnelly）和首席测试主管堂·菲利普斯（Don Phillips）负责以上任务的协调工作。尽管在唐纳利和菲利普斯的职务中都有测试这个词，但是菲利普斯说，他们的工作重点是协调测试，而不是实施测试。他解释说："测试主管负责所有的操作和时间安排，以机场管理员为例：跑道上有消防车和飞机，它们必须相互兼容，你不能在飞机着陆的时候让消防车停在跑道上，这就是一个协调人员的工作，而不是测试工程师的工作，他们主要关心测试的产品是否按照预期工作。"

"阿波罗"/"土星"的高级计划表协调所有的飞行任务及其支持要求。菲利普斯继续说道：

> 首先，你每天要召开日程安排会议。例如，你同时实施"阿波罗"-9 至"阿波罗"-11 任务，它们都有各自的产品。火箭的一些子级正在垂直总装厂房低顶区检测，另一些子级在高顶区组装和测试，还有运到发射工位的。所有这些事情必须协调兼容。"阿波罗"-9 可能在进行倒计时验证测试，同时火箭正准备加注，那你就不能在"阿波罗"-10 上安排另一个操作，这是"阿波罗"-9 的危险区域。此外，只有这么多的地面设施设备。你可能需要移动式起重机去做某事。嗯，但你只有有限数量的移动式起重机。作为管理人员，我不得不决定：到底我们要在"阿波罗"-9 还是"阿波罗"-10 上使用那件设备，还是安排其他替代工作。

每次任务每名测试主管都有一个工程师团队负责测试航天产品和支持设备。每名测试主管每天要召开针对自己负责的产品和项目的例会，这项工作可能会持续 6 个月。然后，必须对当前和计划中的任务时间表进行协调，以协调解决潜在的计划冲突。菲利普斯说，"你总是在不断考虑,'下星期到底是做这件事,还是做别的事?'你需要和你的同事一起核查,以确保他们正在做的事情和你的工作不冲突。你们能想象需要协调和使用的资源有多少吗?这是一个惊人的数字,光是建立计划时间表和确保他们协调工作就令人头疼。"

如果在 1968 年末和 1969 年初管理 3 个并行任务还不算复杂的话,菲利普斯还要同时负责管理"阿波罗"-10 任务 LC-39 发射场其余地面设施的调试工作。这意味着,除了测试航天产品,菲利普斯的团队还要调试一个新的活动发射平台、垂直总装厂房的高顶区、发射工位 B 和3 号发射控制室。

"阿波罗"/"土星"计划期间,每日计划例会的内容和复杂性都有很大的变化。火箭测试指挥诺姆·卡尔森(Norm Carlson)和吉恩·塞斯戴尔(Gene Sestile)回忆说,在 1965 年,计划是用粉笔写在黑板上的。所有参会人员提出他们的意见之后,一位摄影师将黑板上的内容拍成照片。照片内容转换为第二天的工作计划表。技术进步使得金属显示板上内容可以直接转为磁性底片,然后将其运送到印刷厂连夜印制出来(图 2–3)。

图 2–3　1965 年 9 月,火箭测试指挥诺姆·卡尔森在"土星"火箭(AS-201)每日例会上更新黑板上的工作内容

2.6 4号发射控制室

所有肯尼迪航天中心操作计划都展示在发射控制中心（LCC）4号发射控制室。

发射控制中心有4个发射控制室，其中只有3个发射控制室用于"阿波罗"/"土星"发射控制。4号发射控制室没有安装发射控制设备[①]，它主要作为LC-39发射场调试和任务计划的中央协调室。

在4号发射控制室中央，巨大的PERT图板（21 m × 5 m）占据了整整一面墙的位置。美国海军在20世纪50年代后期发明了计划评估和审查技术（Perform Evaluation and Review Technique，PERT），用于管理"北极星"潜艇和导弹系统的开发任务。PERT将一个复杂任务分解为不同的活动，用网络图给出每一项活动需要的人力、时间、资源条件和相互依赖性。PERT图清楚地显示了每一项活动的运行顺序，并确定了关键路径，关键路径中的活动延误会导致项目其余部分延迟。

打开4号发射控制室时，巨大的PERT图左侧列出了LC-39发射场的A级活动表，这些活动对AS-500F合练箭进行全功能测试至关重要。在图的其余部分显示了3个工作流程。流程1列出了AS-501运载火箭（"阿波罗"-4）最低所需的地面支持设施设备状态。这些设施包括1号活动发射平台、1号履带运输车、垂直总装厂房1号高顶区工位、1号发射控制室、发射工位A、活动服务塔加注和配气设施，以及其他地面支持和电气支持设备。流程2列出了AS-502运载火箭（"阿波罗"-6）所需的2号活动发射平台、3号高顶区、2号发射控制室和其他设备的状态。流程3列出了2号高顶区、发射工位B和3号发射控制室（1969年上半年在"阿波罗"-10首次使用）及其他相关设施的调试工作。

PERT图对面是一个面向发射工位的大窗户。图板和窗口之间的部分大约可以容纳90人。在图板上方有4个背投屏幕，用于显示现场调试信息。发射控制室中还有其他一些图表列出了LC-39发射场整个系统各方面建设和维护操作责任与接口关系（图2-4和图2-5）。

B级和C级PERT图悬挂在图板的另一面，占据了4号发射控制室的后半部分。B级PERT网络图列出了7000多个事件。承包商主要负责各自的C级活动网络图。在后厅400多平方米的墙面上列出了4

[①] 4号发射控制室在航天飞机计划中多次使用。最后的21次航天飞机任务都是在4号发射控制室实施发射的。

图 2-4 1966 年初，4 号发射控制室，左边为 A 级活动工作流程，右边为 B 级活动网络图

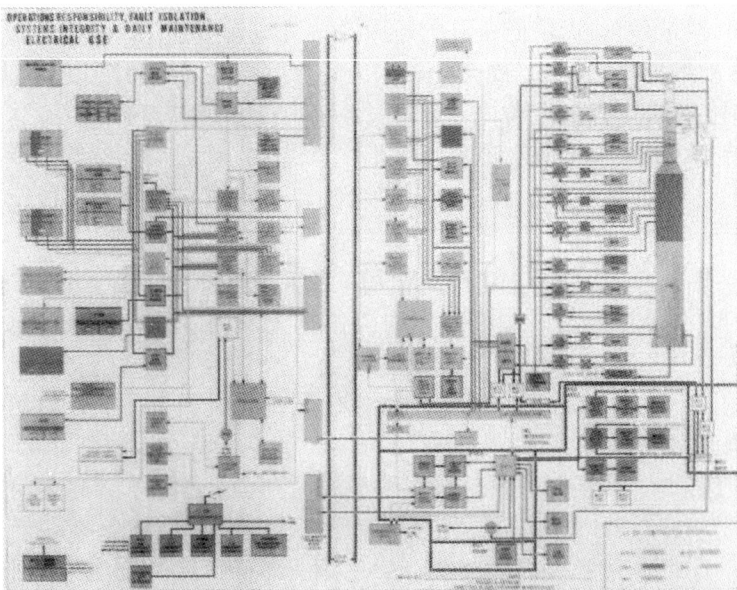

图 2-5 承包商操作责任和地面电气支持设备的接口关系图。在 LC-39 发射场调试期间，这样的图表悬挂在 4 号发射控制室中

万多项活动。活动按照工作分解结构（WBS）进行编号，使得它们可以在各级别图表之间互相连接。波音根据技术整合和评估（TIE）合同负责所有连接信息和交叉影响的维护工作，这是一项规模庞大的任务。由于 PERT 当时还没有实现计算机化处理，因此需要几十名分析人员来对所有的计划进行协调和跟踪。在 LC-39 发射场调试期间，西勒上校（Col. D. R. Sheller）负责管理波音-TIE 调度组。波音公司的员工杰拉德·奥特里（Gerald Autry）负责维护 LC-39 发射场调试和修改计划图表，他的办公室就位于 4 号发射控制室后面。

一旦 LC-39 开始全面使用，4 号发射控制室内的图表就会列出正在进行任务的总时间表及其配套需求。4 号发射控制室也是举行重要节点评审的场所。提普·泰龙（Tip Talone）说："举行这些会议时，我们站在地面看着所有人员坐在阶梯形座位上，我们后面就是这个巨大的磁性图板，用磁条列出了整个火箭工作流程。当我们重新安排工作流程时，缩短或延长工作流程，或者添加一项测试并跟踪进度，我们就用一个大的滚梯来重新安置这些磁条。在下面中间有一个跟踪状态栏，显示当前状态和将完成的任务。"（图 2-6）

图 2-6 "阿波罗"-14 飞行任务之前，航天员埃德加·米切尔（Edgar Mitchell，左，手持麦克风者）和他的同事（本迪克斯公司发射支持人员）在 4 号发射控制室。任务工作进度显示在状态板上。右上方的玻璃房间是测试主管堂·菲利普斯的办公室

2.7 洛克·佩特龙的每日工作例会

发射测试总指挥（DLO）洛克·佩特龙（Rocco Petrone）负责实施最后的发射计划。艾克·雷杰尔（Ike Rigell）是运载火箭测试总工程师，后来是运载火箭测试副总指挥。雷杰尔每天参加佩特龙的工作例会。佩特龙每天先与保罗·唐纳利进行会商，了解昨晚工作期间发生了什么情况。会商之后，佩特龙召开工作例会。雷杰尔说，例会参加人员通常包括：代表运载火箭测试方面的汉斯·格伦（Hans Gruene）和雷杰尔；代表飞船测试方面的约翰·威廉姆斯（John Williams）和泰德·萨森（Ted Sasseen）；以及佩特龙的副手沃尔特·卡皮·卡普莱恩（Walt "Kappy" Kapryan）（图 2-7）。

图 2-7　洛克·佩特龙，肯尼迪航天中心发射测试总指挥

雷杰尔认为这些会议毫无意义："洛克先生通常比格伦先生先了解问题。我和洛克关系很近；很多晚上我和他一起下班。洛克会谈到一些约翰·威廉姆斯都不了解的问题。整个例会通常是洛克在了解他们前一天晚上遇到了什么问题，且为什么他们没有解决掉。在汤姆·奥马利（Tom O'Malley，罗克韦尔公司领导）的员工告诉他发生过几次问题后，洛克非常生气，他命令约翰·威廉姆斯将奥马利带来参加工作例会。之前没有其他承包商参加过例会。"

2.8 发射测试总指挥计划表

单个任务的最高级别计划表称为 DLO 计划表，因为它是由发射测试总指挥负责并批准的计划表。"阿波罗"-11 任务之前，洛克·佩特龙担任总指挥，沃尔特·卡普莱恩从"阿波罗"-12 任务起担任总指挥。

DLO 计划表显示了航天器每个组成部分——指令/服务舱、登月舱、月球车（用于以后的任务）、运载火箭，以及最终在垂直总装厂房或发射工位的整个航天器工作流程的主要活动。该计划表涵盖了任务中从第一件产品运到肯尼迪航天中心直到发射的整个过程。管理人员通过查看瀑布图，就可以轻松地了解任务有哪些活动和重要节点。

　　在整个任务期内，只有当出现重要偏差或者与另一个任务发生冲突，才会对计划表进行适当调整。这份计划表是公开的，发布到 NASA 总部以及新闻界。因此肯尼迪航天中心管理层除非绝对需要，一般不会对计划表进行任何调整。

　　"阿波罗"-15 飞船指令长戴维·斯科特（Dave Scott）认为发射任务可以如此提前确定计划，而且没有计算机帮助，令人不可思议。他说："在发射前的几个月，他们就会说，'我们将在 7 月 26 日上午 9 点 36 分发射。'那就是我们发射的时刻，一切会准备就绪，真是令人难以置信。今天你都不一定能这样做，没有人能做到。这个惊人成就一部分原因是卡纳维拉尔角强有力的管理。他们采用了巨大的流程图 —— 非常庞大 —— 将所有组成部分纳入其中，然后所有工作都按时完成。公众不知道这一切是怎么发生的。"（图 2-8 和图 2-9）

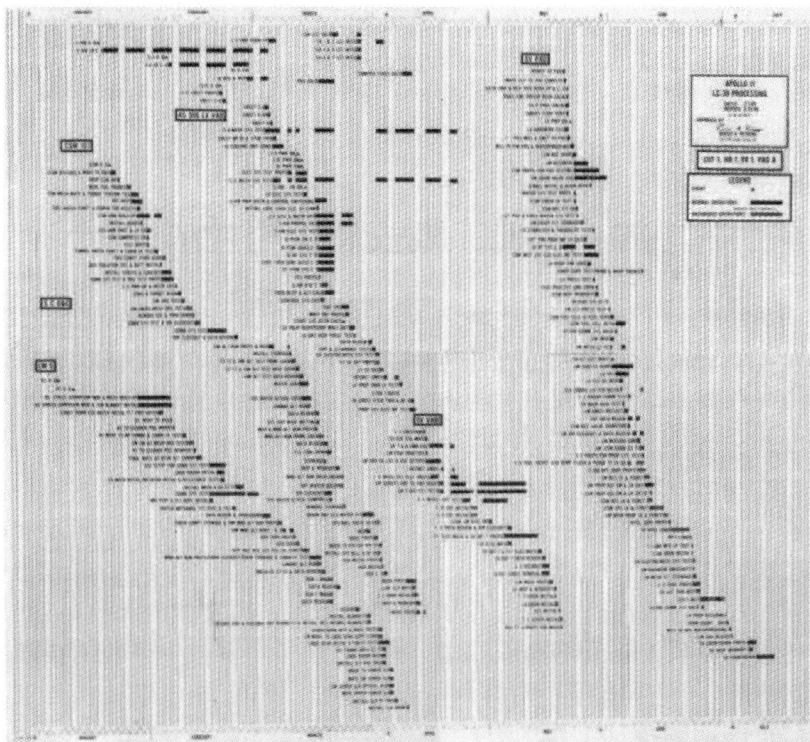

图 2-8　"阿波罗"-11 任务 DLO 计划表，1969 年 5 月 23 日修订。四条瀑布线代表指令/服务舱、登月舱、垂直总装厂房内火箭/飞船组合体和发射工位火箭/飞船组合体关键活动及重要测试项目

图 2–9　测试主管堂·菲利普斯与 AS-205（"阿波罗"-7）火箭产品和地面支持设备
计划表

2.9　72 小时/11 天计划表和史努比

支撑 DLO 计划表的是 LC-39 发射场 72 小时/11 天工作计划表。该
计划表的 72 小时部分显示了未来 3 天每小时的工作活动。计划表的 11
天部分预测了接下来两个工作周的关键事件，时间表按每天 3 个工作
班次划分。

72 小时/11 天计划表按照地点将 LC-39 发射场所有工作活动整合
起来。它在一份文件中列出短期和近期的工作计划，有助于确定和补
救潜在的工作计划冲突。

工作计划表由飞船和运载火箭部门分解，然后再由承包商细分。
它还包括在载人航天器操作厂房、垂直总装厂房和发射工位的技术服
务支持部分。它列出了所有计划中设施维护、停电、计算机支持要求或
任何可能影响测试工作的事件等（图 2–10）。

在 LC-39 发射场调试之前首先使用了该计划表。从那时起，该计
划表就是肯尼迪航天中心确保完成任务的承诺。堂·菲利普斯说："从
LC-34 发射场'阿波罗'-7 开始，我们就可以从我以下的层级运行该计

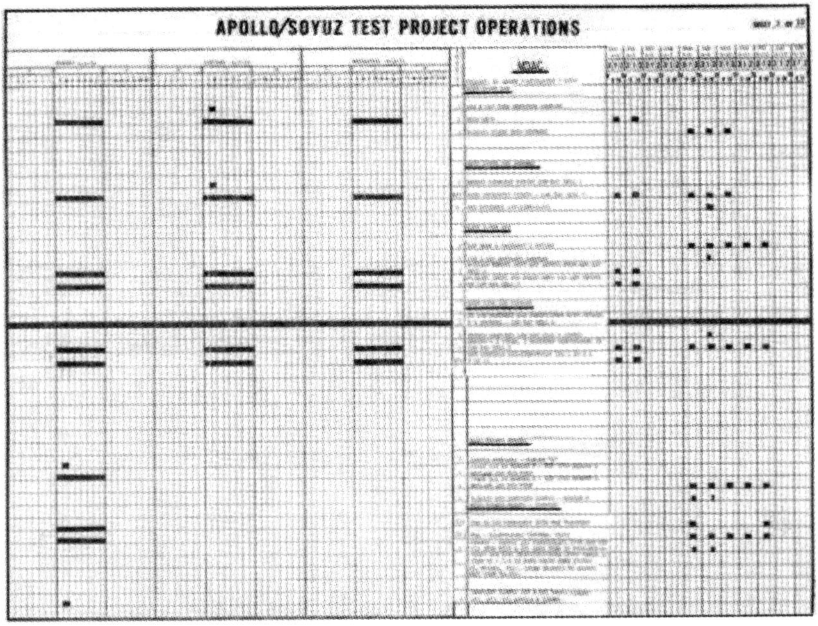

图 2-10 "阿波罗"/"联盟"试验计划（ASTP）任务流程的 LC-39 发射场 72 小时/11 天计划表节选。该任务每天只安排了一个班次，因此计划表相对简单

划表。在 LC-39 发射场，我们整个测试团队可以不受任何政治阻碍。我们在卡纳维拉尔角有空军部队。任何时候我签署这个 72 小时/11 天计划表，都可以获得空军部队支援。我可以在该文件上签名要求空军派飞机。令人难以置信的是，只要签署这样一份计划表，我们就能够自主决定需要多少经费，因为我们有华盛顿的授权。华盛顿告诉空军，'无论 NASA 想要干什么，你就按其要求去做。'所以，我们做任何事情不会有任何问题，这是赋予我们的职责。"

整个工作流程中的管理人员都能够理解这种高度协作的要求和影响，即使有时这种协作让他们一些工作难以实现。恩尔尼·雷耶斯（Ernie Reyes）说，"任务底线是，飞船在垂直总装厂房与运载火箭完成组装并转运时，我们必须在同一天开始转运。当履带车已经就位，所有人的准备工作必须完成。"

鲍勃·庞德（Bob Pound）可以作为这种协作活动的一个例子，他在火箭测试人员和支持机构之间担任联络员的角色。他的工作包括促进双方之间在计划和执行方面的沟通交流。他和中央仪器设备处理中心（CIF）的技术人员协调火箭测试团队向地面支持机构提出的调度和遥测需求。

一个有代表性的协调计划表是发射倒计时测试时制定的所谓"scroll"表。这个表列出了倒计时期间每小时内"土星"-V、指令/服务舱、登月舱和技术支持区所有工作活动的顺序。它与各种倒计时程序文件中的时间安排相一致，可以全面了解发射工位上的各项工作活动。特别是，在有危险操作时，它会将该时段及发射工位需要清除无关人员的区域突出显示出来（图 2–11）。

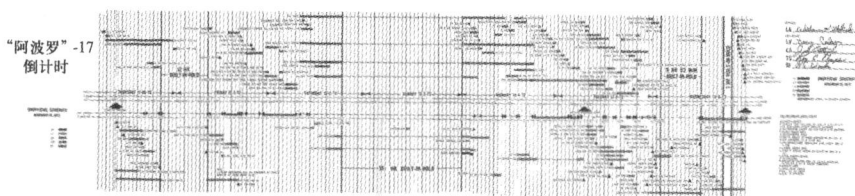

图 2–11　"阿波罗"-17 倒计时"scroll"表。飞船测试活动在表的上方，火箭测试活动在表的下方，倒计时期间安排了 4 个时间段用于处理问题

飞船、运载火箭和地面支持机构在每次任务中都制定各自的 72 小时/11 天计划表。每天下午 1：00 在 4 号发射控制室召开会议时，飞船、运载火箭和地面支持机构的负责人汇报重要节点的状态变化，并确定下一阶段关键工作活动和需求。这些信息输入到综合计划表中，并汇总形成整个 LC-39 发射场 72 小时/11 天计划表。

运载火箭和飞船提出的计划表是他们完成工作的最佳预期（也是承诺）。他们反映的是"现实"，这有时与肯尼迪航天中心对外宣布的发射测试总指挥计划表相冲突。诺姆·卡尔森回忆起有一次总部质疑下面一个部门的计划表与公开发布的计划表不一致：

NASA 总部掌握着我们的每日运载火箭工作计划表。它有时令洛克感到惊讶和尴尬。如果我们签署一个与他发布承诺的内容相矛盾的计划表，他会不高兴。我们向他解释，"我们能怎么做？我们理解项目计划。（我不想说'政治'这个词，但就是这个意思。）但真正的计划表是我们现在正在做的工作。我们必须制定这样的计划表，否则我们没法管理。"洛克最终妥协了，他说他理解，但他说，"也许解决办法是你们不签发计划表。"这似乎是一个大闹剧，但政治是很激烈的。我们仍旧每

天制定计划表 —— 我们不得不这样做 —— 但我们不再签发。

每个部门都要召开各自的每日工作例会，更新其 72 小时/11 天计划表。吉尔罗伊·乔（Gilroy Chow）是格鲁曼公司一名装配和测试计划员。他回忆说，参加 NASA 飞船测试部门主任乔治·佩奇（George Page）召开的每日协调例会有大约 8～10 名承包商负责人，其中包括格鲁曼公司代表（负责登月舱）、北美罗克韦尔公司代表（负责指令/服务舱）、卫康和公司代表（负责安全和消防）和本迪克斯公司代表（负责安全和起重机操作）。乔说："我们会核查我们的需求，或是我们与其他承包商协调的地方。例如，载人航天器操作厂房内的吊车必须进行协调，因为它是由第三方运作的。并不是我们何时想用都可以，我们需要与罗克韦尔公司协商。这些事情每天都要协调好。"

当指令/服务舱团队的每日计划表中出现了卡通图案，他们的计划表在肯尼迪航天中心一下子出名了。约翰·特赖布（John Tribe）说该传统形成于 1968 年"阿波罗"-7 任务（图 2-12）：

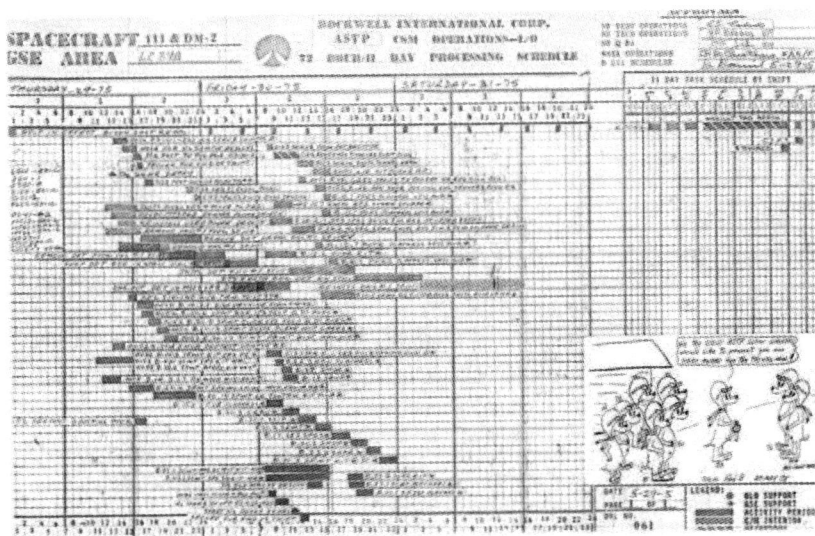

图 2-12　ASTP 任务的指令/服务舱团队 72 小时/11 天计划表，上面有史努比卡通图案

恩尔尼·雷耶斯首先提出了采用史努比作为团队代言人的想法，北美罗克韦尔公司的调度员阿尔·廷尼雷略（Al Tinnirello）将它变为现实。他和查克·戴维斯（Chuck Davis），

以及后来加入的比尔·特罗特（Bill Trott）、约翰·特赖布、恩尔尼·雷耶斯、查理·史蒂文森（Charlie Stevenson）和韦恩·斯塔拉德（Wayne Stallard），轮流绘画并加上有趣的对话。这些人的共同努力创造了这一事件。

史努比是每一份发布的指令/服务舱计划表的组成部分，计划表很快被人用"史努比"代称。这个卡通小狗的人气如此之大，以至于每名高级管理人员每天都会去欣赏计划图，有时还会抗议他们在图中被描绘的形象。能够出现在卡通图案中甚至成为一种荣誉。卡通图案不仅反映繁琐的工作，还包括对员工长时间工作、困难和疾病的同情。它的人气使人们更加关注计划表，逐渐成为管理层和员工之间有重要影响的非正式沟通工具。

2.10 承包商管理

肯尼迪航天中心绝大多数工作人员是承包商的雇员。1969 年初，肯尼迪航天中心约有 3000 名联邦政府工作人员，约有 21000 名承包商雇员。一般来说，NASA 员工负责任务中所有协调和管理工作，承包商雇员负责实际操作。

航天产品按照设计中心管理的合同生产制造。马歇尔航天飞行中心负责运载火箭，载人航天器中心负责飞船。肯尼迪航天中心及其承包商负责产品运到中心后的装配、检验、测试、组装和发射工作。

肯尼迪航天中心的所有承包商承担着重要任务，但是因为内容的关联性，在本书中只会关注其中的一些承包商，这些承包商是：

- 波音公司（简称波音或 TBC）：负责火箭 S-IC 级、推进剂加注设备和操作、地面支持设备操作、技术集成和评估（TIE）、"阿波罗"计划末期的消防服务。
- 北美罗克韦尔公司（NAR）：负责"阿波罗"飞船指令/服务舱、火箭 S-II 级、飞船/登月舱适配器（SLA）、逃逸救生系统（LES）。北美航空公司（NAA）原本是以上这些产品的承包商，也是唯一同时负责飞船和运载火箭产品的承包商。北美航空公司于 1967 年 3 月与罗克韦尔 – 标准公司（Rockwell-Standard）合并为北美罗克韦尔公司。北美罗克韦尔公司在 1973 年改名为罗克韦尔国际公司。

- 麦道公司：负责火箭 S-IVB 级。原 S-IVB 合同由道格拉斯飞机公司负责。道格拉斯公司于 1967 年与麦克唐纳飞机公司合并。该公司的空间和导弹部门是新成立的子公司麦克唐纳·道格拉斯航天公司（MDAC）的一部分。
- IBM 公司：负责仪器舱、运行和维护运载火箭地面计算机系统、电气支持设备。
- 格鲁曼航空工程公司（Grumman 或 GAEC）：负责登月舱。
- 通用电气公司（GE）：负责飞船测试设备、电气支持设备。
- 美国无线电公司（RCA）：负责火箭地面计算机系统。
- 本迪克斯公司（Bendix）：负责发射支持服务（起重机操作、高空模拟室、洁净室等）
- 克莱斯勒公司：负责火箭 S-IB 级。
- 罗克韦尔公司洛克达因分公司（Rocketdyne）：负责发动机维护和质量控制。

图 2-13 显示了在"阿波罗"计划期间肯尼迪航天中心的主要承包商及其负责领域。

肯尼迪航天中心"阿波罗"/"土星"团队

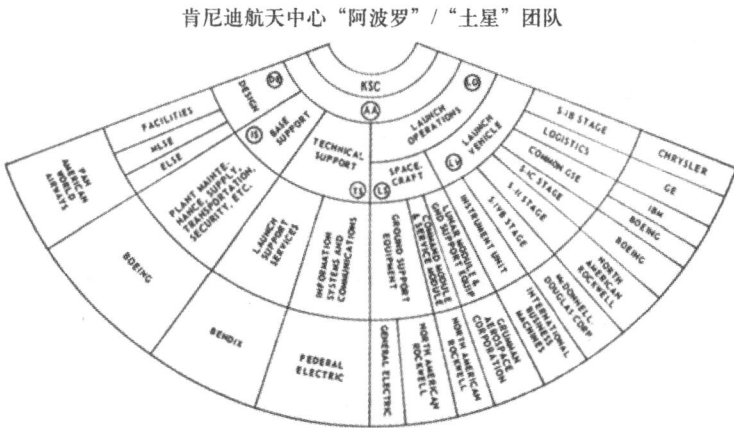

图 2-13　1972 年肯尼迪航天中心主要承包商和其负责领域

NASA 工作人员和承包商之间的关系通常是融洽和相互尊重的。NASA 的杰基·史密斯（Jackie Smith）说："我们很多人在一起团结协作得很好，项目成功的很大一部分因素要归功于合作、相互沟通和开放。我认为 NASA 非常幸运，因为他们遇上了高水平的承包商和高素质的承包商雇员。NASA 和承包商双方各层机构之间的关系非常融洽。我和他们中的每个人都相处得不错,这是一个真正的伙伴关系。"

2.11 "加塞""沙袋"和"雨伞"

自古以来做计划时都需要在预估每件工作需要的时长基础上,"加塞"上预留时间,以防工作出现意外情况,这并不认为是过于谨慎小心。毕竟,最好是少承诺而多做事,而不是其他。

项目管理中的不成文规定是每个人都会尽可能保守地估计。当要求解释时,他们通常会告诉你,他们的估计即使不超前也是精确的。同时,看到其他人都在明目张胆地"加塞"估计时间,他会感到不满。

"阿波罗"/"土星"计划也是如此。面对的挑战如此艰巨,使用的技术如此新颖,时间压力如此紧迫,工作压力如此之大,可以理解管理人员都试图给自己一个喘息的机会。在 LC-39 发射场调试和首次"阿波罗"/"土星"任务时期尤为明显,因为之前这么复杂的任务从来没有先例。

在航天产品首飞任务中,让肯尼迪航天中心庆幸的是,因为研制测试的原因这些航天产品会延迟进场,有时延迟会有几个月时间。这给了肯尼迪航天中心一个喘息的机会,可以安心准备自己的工作。然而,制造商的延迟也会使肯尼迪航天中心的工作更加复杂。例如,"土星"-V 火箭已经准备进行组装,但是就缺第二子级,第二子级将在几个星期后运到。在没有第二子级的情况下如何进行"土星"-V 火箭的组装和测试?(读者将在本书后面部分看到肯尼迪航天中心的应对方法。)

"沙袋"则是发生问题后拖延汇报时间,直到无法隐瞒。没有人希望因为自己的问题延误时限,从而让洛克·佩特龙或 T. J. 奥马利(T. J. O'Malley)这样的高级领导勃然大怒。你会经常等到最后一分钟,希望有其他承包商在你之前汇报他们发生了问题。如果运气好的话,另一个承包商解决问题需要的时间也许足够你处理自己的问题。当其他承包商被领导关注、拖延了时间,你就处在他的"雨伞"庇护下。你可以专心处理你的问题,不用向领导请求延期,没有比这更好的了。没有人希望成为那个打着"雨伞"的人。

在工作压力大、承包商多的条件下,这些做法是可以理解的,毕竟没有承包商愿意拖延计划而受到指责。当承包商进度表现与奖金挂钩时尤其如此。"沙袋"加大了管理过程的复杂性，NASA增加了遇到意外延迟的风险。如果有人在最后一刻才向NASA汇报说，他们将要错过交付日期了，那就可能为时已晚，没有办法挽回了。如果这种情况发生在发射倒计时阶段，可能会导致中止发射，而这种情况本可以通过提前警告加以避免。

2.12　承包商的计划和汇报

虽然每个公司跟踪进度和处理问题的方法不尽相同，但所有承包商都有一个共同的目标，即让每名雇员都有效地工作，按期完成任务。

弗莱德·科迪亚（Fred Cordia）是罗克韦尔公司S-Ⅱ级的负责人员。他通常在上午8点换班期间召开班前会，所有现场操作的参试代表参加。S-Ⅱ级测试指挥和发射工位领导将班前会安排在管理信息和控制室（MIC）。如果同时有两项任务在执行，会议会依次处理每项任务。每个测试工程小组在举行全体班前会之前，向测试指挥提交他们工作活动的草案。这些活动被汇编成一份当日计划表，并在上午8时发布。一旦在会议上批准和签署通过，计划表就被复制并成为当日的"行动命令"。当天的第二班岗在下午4时开始，类似的班前会在下午3：45同样在管理信息和控制室召开。

管理信息和控制室有一张瀑布图，显示了发射所需各项活动的计划表。这一切的核心是测试程序计划表。管理信息和控制室也是高层管理人员每周复查工作进展的场所，他们负责检查计划表各方面落实情况，涵盖从顶层直到每个单项活动。科迪亚表示，"在周五管理会议之前，根据每项操作活动的状态，显示效果会有所区别。一个红色的磁性标签会标示出延误的活动和相关负责团队。这样的处理结果使所有团队都尽力来优先处理自己负责的活动，以便不在周五管理会议上出丑。系统的设计目的是为了警示，它确实有效。没有人希望在周五管理会议上，贴着红色磁条的自己的大名出现在高层领导面前。"

约翰·特赖布补充说，另一个罗克韦尔公司的耻辱徽章是紫色标签——意味着尚未解决的最后一项工作。没有人想在周五管理会议上被贴上紫色标签（图2-14）。

LM-5负责人马库斯·古坎德（Marcus Goodkind）回忆起在格鲁曼公司测试团队中从事管理工作面临的挑战："我每天要在我的办公室或

图 2-14 "阿波罗"-16 任务测试期间飞船测试计划表调整卡通图。罗克韦尔公司的阿尔·廷尼雷略坐在桌子旁边,显然对再一次修正计划表非常不安

会议上花很多时间 —— 会议非常多。每天早上 8:00 有一次会议。我们探讨昨晚发生的事情 —— 问题现象、发现过程和解决方法。登月舱一直问题不断,总是出现一些无法预知的问题,我们必须弄清楚如何解决问题,这样才能进行下一步工作。"吉尔罗伊·乔回忆说,格鲁曼公司的领导乔治·斯格拉(George Skurla)要求每天向他提供两份计划表,一份 72 小时/11 天计划表和一份每日状态汇报。乔说,航天员弗莱德·海斯(Fred Haise)经常在格鲁曼公司计划办公室附近"溜达",就是想了解当天登月舱测试进展。

2.13 沟通是关键

虽然在外界人员看来,肯尼迪航天中心制定的文件数量巨大,大量时间浪费在各种状态和计划会上,但这是保持项目进度的关键。每个人都能切实感受到来自上面的压力,这个压力不是高高在上,而是培养起员工的紧迫感,并使他们的工作状态在整个计划中保持在非常高的水平。沟通和协调确保了资源能够按需部署,所有承包商都能朝着同样的目标去努力。

"阿波罗"/"土星"的特征之一是,各级员工为了工作或解决问题,有权与任何他们需要的人沟通交流。只要管理人员随时掌握问题情况,就不需要扩大问题,问题可以通过找到合适的人员来处理。

最后,这些流程让每个人都明白自己的工作在整个任务中的作用,灌输给员工一种主人翁意识和责任感。雷耶斯总结说：

> 肯尼迪航天中心有很多沟通交流。我们有详细的流程图，让每个人了解其他人都在做什么。对我们来说，我的管理人员知道将要干什么，我作为负责人知道将要干什么，这非常关键，但最重要的是，基层员工知道需要完成哪些工作才能到达下一个目标。"你必须解决所有的问题，因为接下来会有一个大的测试。"各级员工都清楚地了解我们前面的目标。

第 3 章

需求、测试和计算机化

3.1 技术状态控制

技术状态控制在这样一本关于登月发射的书籍中让读者听起来并不感兴趣。然而，要知道"阿波罗"/"土星"-V 航天器是由 100 多万个零件、电缆和焊点组成的，如果航天器各组成部分和工作情况没有详细记录，火箭将永远不会发射成功。每名员工只要与产品或地面设备打交道，技术状态控制工作就是他日常工作的一部分。如果不介绍员工工作的技术状态控制流程，就没法了解肯尼迪航天中心的发射操作。

肯尼迪航天中心有一个笑话："当文件堆起来与火箭一样高的时候，火箭就可以发射了。"读者将明白这种情况有时并不夸张（图 3-1）。

图 3-1　一名飞船测试工程师在处理大量试验文书，约翰·特赖布（John Tribe）绘制

在本章的后半部分，读者将看到 NASA 是如何在"阿波罗"飞船和"土星"火箭上使用计算机来提高测试效率。那时肯尼迪航天中心的绝大多数工作还需要纸质文件，但工程师开始利用计算机来处理复杂的航天系统。

3.2　需求为先

需求是航天器上每一个硬件设计和测试的源动力。从顶层需求开始，例如，"'阿波罗'/'土星'系统必须将一名航天员送上月球并安全返回地球"，然后为了实现这一目标，往下逐层增加各种系统必须达到的细节需求。需求文件告诉设计者必须达到的要求，而不是告诉设计者为了满足要求该如何去设计一个系统。可能有很多种方法来满足要求，设计者需要在许多可能的方案中，根据成本、进度和可行性进行综合选择。

随着"土星"火箭和"阿波罗"飞船设计不断改进，有些系统的需求随之发生了变化。例如，"阿波罗"/"土星"-V 航天器总重量受 F-1 发动机总推力大小的限制，火箭重量不能超过发动机最大推力。这个要求会分解为对火箭每一子级的重量要求。火箭 S-IC 级和 S-IVB 级比 S-II 级研发得早，设计定型时 S-IC 级和 S-IVB 级重量超标。这导致火箭 S-II 级最大允许重量的要求发生改变，大约减少了 3600 kg，S-II 级的燃料和液氧贮箱不得不重新设计，这些设计也必须与地面支持系统协调配合。

设计和制造过程非常复杂。工程师和制造商希望设计和生产的航天产品技术状态能够完全满足发射要求。NASA 能够在非常短的时间内、在没有计算机辅助设计/计算机辅助制造（CAD/CAM）软件的帮助下，同时设计和制造"土星"-V 火箭、"阿波罗"飞船和发射支持设施，这一切令人感到惊讶。

当"阿波罗"飞船和"土星"火箭运到肯尼迪航天中心时，火箭和飞船都已经通过出厂测试，且满足设计要求。肯尼迪航天中心的任务是进行系统集成，将所有航天产品组装在一起并进行测试，以确保整个"阿波罗"/"土星"系统满足设计要求。正如读者将在整本书中了解的，这项任务并不那么简单（NASA 的一些中心就是这么认为的）。每当拔掉电气插头或修理泄漏的燃料箱，这样的工作就改变了火箭的技术状态，即使最小的变化也意味着火箭的状态不再是先前通过测试的状

态。这可能在不知不觉中引发错误，最终导致部件失效，甚至整个运载
火箭发生故障。必须进行必要的测试，以确保航天器在新的状态下仍
然满足要求。如果不能满足要求，航天器必须返回到原来的技术状态。

3.3 技术状态检查日志和工程通知单

火箭各子级的技术状态 —— 发动机的安装、每根电缆和管道的连接，
甚至每个螺栓的拧紧度 —— 都完整地记录在技术状态检查日志（CIL）
中。每个承包商的质量管理组织用技术状态检查日志来记录火箭的状态。

肯尼迪航天中心发射测试主管部门制定整个火箭和地面支持系统
的测试要求。承包商的设计部门明确发射准备阶段的测试内容。测试
要求以测试要求大纲（TRD）的形式发布，并纳入到技术状态检查日
志。在测试要求大纲中指定的所有测试必须由承包商的测试部门完成，
并接受质量控制（QC）小组的监督。一旦满足技术状态检查日志中的
所有测试要求，在飞行准备审查中就认为该产品已经满足设计要求，
并且可以准备发射。

设计部门可以通过发布工程通知单（EO）的形式，对产品的技术
状态进行修改或调整。任何影响到火箭的形状、功能或配合方面的工
程通知单，以及不在合同范围内的工程通知单，必须由总工程师和总
指挥批准。一旦变更得到批准，工程通知单就正式发布，并记录在技术
状态检查日志中。工程通知单的变更意味着新的要求，它由测试部门
进行检测，以确保产品满足新的技术状态要求。

当技术状态变更积累到一定量，承包商将会使用"下一个装配编
号"，新的顶层设计图将包含之前的技术状态变更。

3.4 测试步骤

技术状态检查日志和测试要求大纲控制着肯尼迪航天中心测试和
发射阶段各项工作活动。承包商的测试部门负责编写测试步骤，它既
可以是测试检查规程，也可以是测试准备工作表。测试部门随后必须
在 NASA 和承包商质量控制代表在场的情况下，按照步骤实施测试。

3.4.1 测试检查规程

负责某一子系统的承包商工程师制定该子系统的测试检查规程 (TCP)。测试检查规程明确子系统（火箭各子级，甚至全箭）的测试步骤。

火箭各子级承包商的牵头测试工程师、测试主管、测试指挥、设计联络工程师和质量人员成立审查小组，负责审查测试检查规程草案。各方通过协商讨论并达成一致意见后，签署批准测试检查规程。

在肯尼迪航天中心，NASA 的技术代表被分配到每个监督小组（电气、机械和仪表）。技术代表负责复审、签署并批准承包商制定的测试检查规程。

3.4.2 测试准备工作表

承包商的测试部门可以制定测试准备工作表（TPS），用于临时变更产品的技术状态，从而进行特殊测试或排除故障。这看上去就像拔掉一个插头然后再插回一样简单。对火箭来说，如果你拔下了一个连接器，然后再次插回，你将如何确保所有的连接都是完好的，连接器中没有弯曲的插针？测试准备工作表必须确保测试结束后产品技术状态保持不变。测试准备工作表规定的活动必须至少有 3 个人证明。

3.4.3 总检查程序

总检查程序（ITP）针对的是多系统或全箭的检查测试。总检查程序包括全系统测试（OAT）、飞行准备测试（FRT）、推进剂加注、雷电后再测试、应急程序测试、倒计时验证测试（CDDT）和发射倒计时测试（LCD）。

总检查程序记录了测试活动的每个步骤。运载火箭总检查程序由发射控制中心负责管理。飞船总检查程序（例如用于指令舱和登月舱之间的机械对接测试）由位于载人航天器操作厂房的接收检查设备控制室（ACE）负责管理。NASA 的测试指挥在发射控制中心运行飞船总检查程序，发射控制室和接收检查设备控制室负责协助。质量控制人员现场记录各项测试活动的执行情况。

当 NASA 收到一个总检查测试的请求时，NASA 会发布一个测试目录表和测试大纲。波音公司负责收集火箭各子级承包商的测试需求并撰写测试检查规程初稿。NASA 随后主持召开会议，与各承包商讨论规程初稿（图 3–2）。

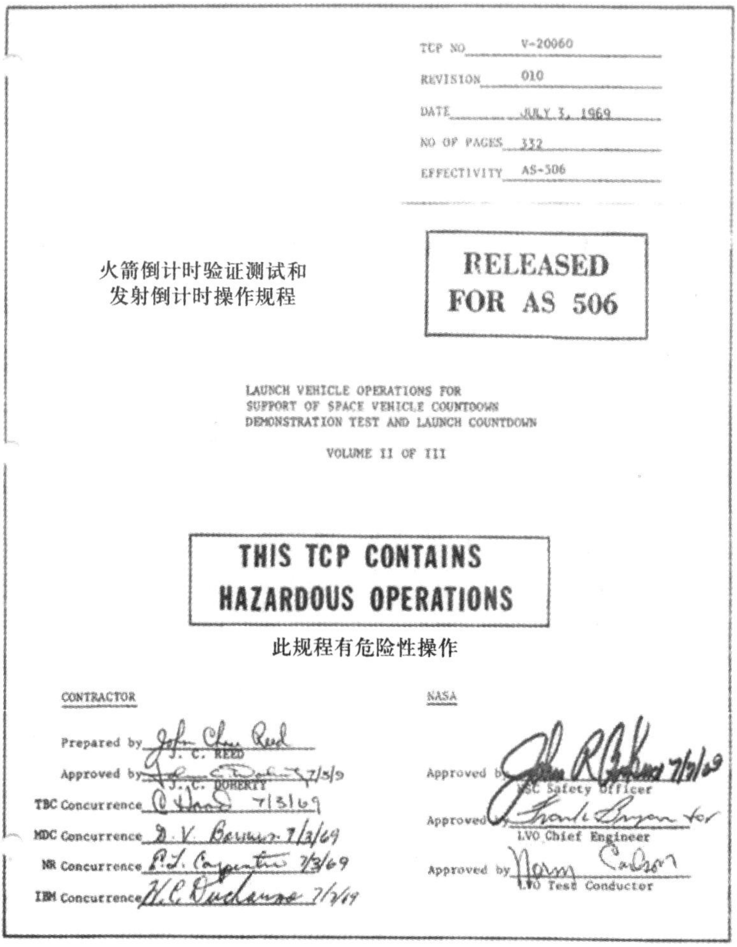

TCP NO V-20060

REVISION 010

DATE JULY 3, 1969

NO OF PAGES 332

EFFECTIVITY AS-506

火箭倒计时验证测试和
发射倒计时操作规程

RELEASED
FOR AS 506

LAUNCH VEHICLE OPERATIONS FOR
SUPPORT OF SPACE VEHICLE COUNTDOWN
DEMONSTRATION TEST AND LAUNCH COUNTDOWN

VOLUME II OF III

THIS TCP CONTAINS
HAZARDOUS OPERATIONS

此规程有危险性操作

CONTRACTOR

Prepared by J. C. REED

Approved by J. C. DOHERTY 7/3/69

TBC Concurrence 7/3/69

MDC Concurrence D. V. Bowers 7/3/69

NR Concurrence 7/3/69

IBM Concurrence 7/3/69

NASA

Approved by 7/3/69 KSC Safety Officer

Approved by LVO Chief Engineer

Approved by LVO Test Conductor

图 3–2 “阿波罗”-11 发射倒计时测试检查规程第 II 卷封面，由火箭测试部门编写

3.4.4 测试前汇报

在进行重大测试之前，测试团队要向肯尼迪航天中心的高级管理人员汇报准备情况。发射测试总指挥洛克 · 佩特龙（Rocco Petrone）主持汇报会。佩特龙是一个认真负责的人，他非常敬业，对准备工作要求很高。

例如，在“阿波罗”-5 登月舱推进剂加注测试前汇报时，佩特龙发现一个承包商团队没有做好准备。助理工程师提普 · 泰龙（Tip Talone）

回忆起那次汇报会：

　　每当我们进行重大危险测试或重要的总检查测试时，洛克都要求召开测试前汇报会。我们在 LC-37 发射场首次进行登月舱自燃推进剂加注时，举行了一个联合测试前汇报会，因为我们（运载火箭部门）要对 S-IVB 级辅助推进系统（APS）进行加注，飞船部门也要进行登月舱加注。我首先汇报火箭推进剂加注准备情况，然后格鲁曼公司登月舱参试人员汇报他们的准备情况。

　　因为之前已经向洛克做过两三次这样的汇报，我们没有太多要增加的工作，所以我们的汇报轻松通过。我们只是汇报："这是我们要做的，这是测试规程，我们所有参试人员都经过考核认证，这是我们的资格证书。"这是计划表，这是测试方式，这是发生问题和影响报告；问题是否影响测试；如果问题不影响测试，计划什么时间去解决？如果问题影响测试，在你必须暂停测试去彻底解决问题前，还可以进行哪些工作？这都有严格要求。这套制度运行良好。它有很多检查和监督，同时没有太多的文书工作，因为你关心的只是最关键的事情。我们以前向洛克汇报过多次，我们知道该怎么做。

　　然后格鲁曼公司的人开始汇报登月舱情况。因为他们之前从来没有做过汇报，他们汇报得磕磕巴巴，对上述问题没有任何准备。他们不清楚测试规程的最新版本号，没有问题预案和影响报告。"你们的影响列表在哪里？""嗯，我们还没有做影响列表。"

　　突然，洛克狠狠地拍了下桌子（这只是刚开始拍），他个子很高，曾是陆军足球队的一名防守球员。每个人都小心翼翼："哦，坏了！洛克发火了！他像要吃了我们！"他站起来，怒吼道："斯格拉在哪儿？"他喊了两三次。最后乔治从房间后面站起来，他说："我在这儿，洛克。"洛克说，"到这里来，乔治。"他用手指点着乔治。乔治蹑摸着走了过去。洛克开始长篇大论，质问乔治是否听清楚了，你对下属满意吗？你觉得准备工作做好了吗？你认为有什么理由继续进行测试，或者是否应该中止测试？你们还需要多少时间？乔治的头越来越低，洛克的形象越来越高大。最后，洛克说："我们不会批准这个测试。明天我们不会进行加注，下周我们也不会加注，我们一直不会加注，直到你 —— 乔治，能够给我把所有没说清的问题汇报清楚，让我满意为止。我不在乎多等一个月，我知道时间压力很大，但我们不能因为你们没准备好，最终导致发射工位和火箭爆炸。"他气冲冲地离开了房间。

堂·菲利普斯（Don Phillips）也参加了这次会议，他回忆说："我从来没有见过有人这样说话。洛克明白该如何处理。乔治是一个杰出的人物，第二次世界大战时他曾在'地狱猫'和'野猫'飞机上工作过。但他来到这里，对航天任务和洛克的做事方式还不太了解。第一次向洛克汇报让他有点紧张，格鲁曼公司只是没太重视要完成的工作。洛克只是以此为例来教育大家。这就是你从洛克身上学到的东西，你永远不会让这种事再次发生。"

3.4.5　测试和检查记录

所有运载火箭或飞船的测试检查规程（TCP）和测试准备工作表（TPS）被记录到相关的测试和检查记录（TAIR）本中。火箭各子级的测试和检查记录本全面地记录了在发射前需要完成的所有任务。质量控制小组负责保管测试和检查记录，质量控制小组不在场时，测试和检查记录是不容许打开的。

每个系统（如推进、仪器仪表、液压等）都有各自的测试和检查记录本。质量控制小组及测试部门用测试和检查记录本来记录火箭或飞船上所有工作，包括改造、测试和维护等。弗莱德·科迪亚（Fred Cordia）说："任何时候你断开连接器、操作阀门、断开气管或打开开关，都必须按照测试准备工作表（TPS）的要求去做，并记录在相关测试和检查记录本上。"

恩尔尼·雷耶斯（Ernie Reyes）介绍了飞船工作中测试和检查记录过程："你写的每一张纸都制成索引插入到记录本中。当你要完成纸上的工作时，要把一张黄色的表单放在本中替换。完成工作并盖好印章后，再把它放回，检查索引，把它与其他完成的记录放在一起。"

质量控制小组负责维护测试和检查记录站的所有文书工作，那是一个受保护（进入受控）区域。火箭各子级或飞船各舱段（如指令舱、登月舱下降段等）和它们的每个子系统都有一份测试和检查记录本。当飞船从载人航天器操作厂房转运到垂直总装厂房，记录站也随之转移。

当火箭转运到发射工位，记录站转移到发射工位附近的一辆拖车上。

火箭各子级的技术员/质量控制代表还可以在测试和检查记录本中记录维护或外观检查发现的异常（通常称为"squawk"）处理工作。异常可能包括损坏或劣化的零部件或改变技术状态未经批准的操作。测试工程师必须处理该事项，即修复异常并恢复技术状态。

随着任务进展和飞行准备测试的临近，质量控制小组将复查测试和检查记录中每一项仍未解决的事项。在测试和检查记录中为未解决事项设立清单，以便于在发射前对未解决事项进行监督。

在所有未解决事项处理完毕并通过质量控制小组检查后，测试和检查记录本将被封存。测试和检查记录本由质量控制小组存档。所有测试和检查记录本都必须封存，即所有工作文件必须在发射前完整齐全。

承包商和 NASA 工作人员监督所有未解决事项的进展，确保任务顺利实施。例如，弗莱德·科迪亚将赫尔·比林斯（Herm Billings）当作火箭 S-II 级电气技术状态修改的"王牌"。有好几次，比林斯在倒计时进行时及时解决了问题，避免了推迟发射。

3.4.6 测试问题报告

在调试 LC-39 发射场和首次测试"土星"-V 运载火箭时，NASA 认识到，传统的质量控制问题报告和处理系统难以满足如此复杂大系统的要求。NASA 新建了一个测试问题报告（TPR）系统，可以帮助 NASA 工程和管理人员清楚地了解在测试或倒计时期间发生的问题。这些事项需要及时处理，否则测试或发射有可能被暂停。

任何需要工程部门处理的问题承包商都要撰写测试问题报告。报告需要 NASA 相关负责工程师的签名。弗兰克·布莱恩（Frank Bryan）说，"测试问题报告系统的关键在于问题是直接转到工程部门，并且可以直接到达发射控制室高层。通常的问题跟踪系统是靠质量控制系统，就是质量控制文件。它们没有副本，也不分发，没有管理可见性。但是测试问题报告会被分发，测试问题报告系统发展成为一个杰出的工程和管理可见性工具，使得发射团队能够管理组装、测试和发射全过程。"

典型的测试问题报告通常记录一个问题是如何被排查定位的，以及缺陷改正和重新测试情况。当发生的问题可以定位并采取合适措施加以解决，测试问题报告才能够通过。

当一个问题不能定位和解决，也无法进一步排查时，测试问题报告被当作一个“幽灵”(phantom)搁置起来。这就需要一个合理的说明,描述问题情况、可用的解决措施,以及问题复现时风险可控的原因。还需要得到 NASA 部门主管和总工程师的批准,并且要向发射总指挥进行简要汇报(图 3-3)。

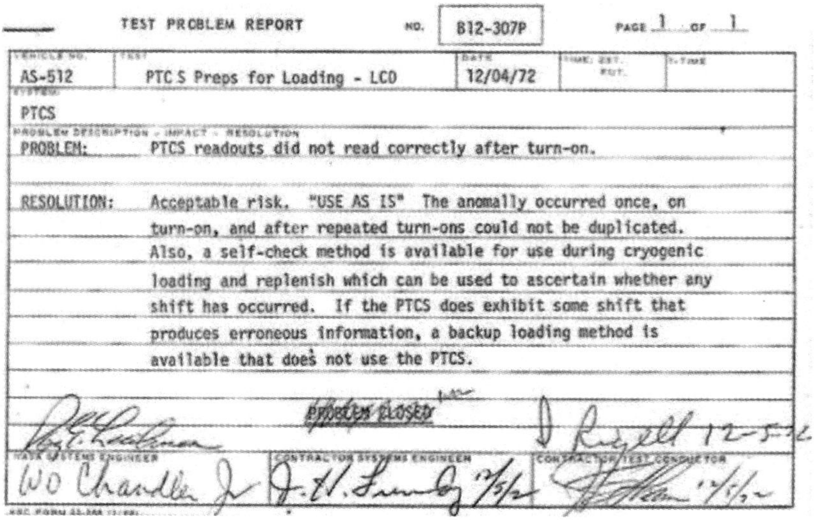

TEST PROBLEM REPORT NO. 812-307P PAGE 1 OF 1

AS-512 | PTCS Preps for Loading - LCO | 12/04/72

PTCS

PROBLEM: PTCS readouts did not read correctly after turn-on.

RESOLUTION: Acceptable risk. "USE AS IS" The anomally occurred once, on turn-on, and after repeated turn-ons could not be duplicated. Also, a self-check method is available for use during cryogenic loading and replenish which can be used to ascertain whether any shift has occurred. If the PTCS does exhibit some shift that produces erroneous information, a backup loading method is available that does not use the PTCS.

PROBLEM CLOSED

NASA SYSTEMS ENGINEER | CONTRACTOR SYSTEMS ENGINEER | CONTRACTOR TEST CONDUCTOR

图 3-3 一份“幽灵”问题(发生一次后不再复现)的测试问题报告。测试问题报告解决措施写到,如果问题再次复现,可以采取有效措施,因此风险是可以接受的

所有标为“幽灵”的测试问题报告在发射准备和飞行准备审查会上向管理层汇报。审查会中,这类“幽灵”问题被改称为“不明原因的异常”。

在任务期间,会定期发布一份测试问题报告表。倒计时期间,每个小时会发布一份测试问题报告表。布莱恩说:“测试问题报告状态日志发给坐在我旁边的那些人,3 个运载火箭部门(机械、电气和仪器仪表)主管,报告中每一个问题都属于这 3 个人负责的领域。”

最后,在每次发射后,所有测试问题报告要形成一份总结报告。总结报告由肯尼迪航天中心存档。

3.4.7 偏差记录和材料复核

偏差记录(DR)由承包商质量控制组织编写,内容为不满足测试检查规程或测试准备工作表要求的活动或事项。偏差记录中的任何故障部分都被标记为红色。偏差记录将录入到相应的测试和检查记录本

中，故障部分会被带编号的红色标签标记。

直到测试工程师和现场设计部门联络员处理和签署完后，测试和检查记录本中的偏差记录才算解决。许多处理措施需要对零部件重新进行功能检查，然后才能将偏差记录从测试和检查记录本中移除并存档。

如果一个事项或部件无法恢复到设计状态或满足技术状态要求，则偏差报告就升级为材料复核（MR）状态。材料复核委员会讨论偏差的处理意见。NASA 与承包商的设计部门、测试部门和质量部门的代表组成材料复核委员会。如果部件的功能没有丧失，则认为可以接受。

在测试期间，如果存在未诊断明确的问题，可以在不停止测试的情况下将其记录在临时偏差报告（IDR）。测试完成后，临时偏差报告将会进一步调查，分配到适当的系统中，如果合适，将升级为偏差报告。

故障排除记录表（TRS）用于记录针对测试问题报告（NASA）或偏差报告（承包商）而进行的各种故障排除活动。

3.4.8　NASA 在测试和检测工作中的角色

NASA 在"阿波罗"计划测试和检测工作中扮演的角色是管理和咨询。在"水星/红石"计划中，NASA 的火箭工程师和技术人员与承包商协商后，直接在产品上工作，转动扳手、连接线缆等。这种角色对于不太复杂的火箭和较小的"水星"工作团队尚可接受。对于"阿波罗"计划，NASA 决定不再为了满足计划要求而增加政府工作人员规模，他们采用更灵活的方式，让运载火箭和飞船承包商负责所有与产品相关的操作工作。

这种方式对 NASA 的技术人员和机械师影响显著。由于他们非常熟悉组装和测试火箭的技术工作，NASA 认为这些技术人员和机械师作为质量控制检查员更有价值（图 3-4）。

许多技术人员对新的工作角色感到不高兴，因为他们不能再直接操作产品了。艾克·雷杰尔（Ike Rigell）回忆说："这是一个符合发展规律的事情，但其中一些人不能或只是不想做出转变。有人跑来找我，哭着说：'你就是不信任我! 你知道我一直干得很好嘛!' 我说，'伯特，不是这样，这只是我们需要的工作方式。'"

质量控制检查员 J. I. 丹尼尔（J. I. Daniel）记得，有时角色转变很困难，因为，"如果一个 NASA 质量控制检查员做了任何操作工作，他们会被训斥。有时很难去克制。你知道修复工作需要怎么做，可是偏偏

图 3-4　1966 年 4 月，卡纳维拉尔角能力训练班的毕业学员，NASA 的技术人员通过培训成为质量控制检查员。从左到右：乔治·莫里（George Murray）、约翰·费根（John Fagan）、罗伯特·哈特利（Robert Hartley）、约瑟夫·汉德（Joseph Hand）、詹姆斯·格拉斯（James Glass）、威尔顿·布尚（Wilton Bushong）、詹姆斯·库巴斯克（James Kubasko）、克里夫德·斯科特（Clifford Scott）、萨缪尔·格林布利（Samuel Grimbly）、弗兰克·哈里斯（Frank Harris）、杰拉德·格兰特（Gerald Grant）、约翰·沃特（John Watt）、罗伯特·哈特利（Robert Hartley）、凯莉·菲奥伦蒂诺（Kelly Fiorentino），及一名未知姓名的技术员兼教员

你不能自己动手去做。"

　　甚至承包商的工程师通常也被禁止在他们公司的产品上动手操作，这是承包商的技术员负责的领域。

　　NASA 的何塞·加西亚（Jose Garcia）说："在'阿波罗'计划中，NASA 提出要求，承包商编写测试规程，然后我们审查规程。测试时承包商技术人员负责实际操作。技术人员操作时，我只是在调度边坐着，然后 NASA 和承包商的质量控制小组在完成每一步时进行监督和检查，总是有检查和制约。"

　　虽然 NASA 没有实际动手操作，但是他们承担着监督和检查操作的任务。与 NASA 合作之初，让那些曾经习惯于美国空军（USAF）导弹计划工作方式的承包商感到不适。美国空军不像 NASA 有多年发射运载火箭的经验，发射操作指挥（LVO）的根基可以追溯到沃纳·冯·布劳恩（Wernher von Braun）和陆军弹道导弹局时期。美国空军在导弹合同中使用了交钥匙方法，让承包商负责测试和检测的主要责任。这些承包商在与 NASA 合作时失去了一些自主性和灵活性。NASA 在咨询和管理方面比以往更多地参与到承包商的日常测试和检测工作中。虽然管理风格的转变最初可能令人不适，承包商最终发现这更像是一种工作方式的改变，而不是障碍。鉴于"土星"-V 的复杂性，承包商非常钦佩 NASA 在整合多个系统方面的能力。

NASA 的韦尔比·里斯勒（Welby Risler）说，"NASA 让我们从一开始就跟随一切情况。我们会参加 20% 的设计审查会，60% 的复查会。我们必须签署各种各样的文件。起初，承包商对此很抵制。过了一段时间后，他们意识到他们喜欢这种方式。他们会告诉我们，'我们遇到一个问题。我们可以这样做。'作为工程师，我们可以查看并说，'嘿，这种方法看起来不错。'然后签署并同意，让任务继续前进。但我们有时喜欢承包商的角色！"

3.4.9 质量控制检查

NASA 的质量控制代表监督测试和各项活动。每个质量控制代表被授予掌管几个带编号印章，在执行测试规程时，每一步都要盖上印章。质量控制代表在文件上盖章，表明测试经过监督，并且满足技术要求。印章的序列号由肯尼迪航天中心可靠性和质量保证办公室发布和控制，用以识别监督人员。质量控制检查员的印章包括（图 3-5）：

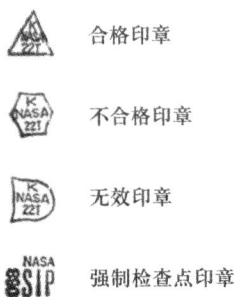

合格印章

不合格印章

无效印章

强制检查点印章

图 3-5　NASA 质量控制印章

- 合格印章：如果质量控制检查员代表监督了测试并确认结果满足技术要求，检查员会盖上三角形印章，表示该项目或文件符合测试规程并满足 NASA 的技术要求。

- 不合格印章：六角形印章表示经检查该事项或文件不满足技术要求。盖有六角形印章的项目必须开展进一步的改正、检查、测试工作，或承包商测试部门确定的改进措施。项目可能会写入偏差记录中，并作为偏差输入到测试和检查记录本中。
- 无效印章：D 形印章表示以前政府部门检查、测试和发布的文件无效。
- 监测检查点或强制检查点（MIP）印章：一个方形印章，表明 NASA 质量控制人员下一步工作中需要监督的任务、操作或过程。对于某些项目，承包商质量控制人员可以自行监督测试，并确认满足技术要求。对更关键的项目，NASA 的质量控制检查员也需要进行监督。NASA 的质量控制代表决定需要监督的测试项目。NASA 的工程部门将在测试规程和某些工作授权文书中加盖强制检查点（MIP）印章。当承包商测试工程师遇到任何一个强制检查点印章时，如果没有 NASA 质量控制代表在场，他不能继续进行测试。

测试前的标准流程需要承包商质量控制检查员或承包商测试工程师通知 NASA 质量控制代表。NASA 质量控制代表可以接受邀请或拒绝参加。如果 NASA 质量控制代表说参加，但在测试开始前 20 分钟内没有到场，测试可以在 NASA 质量控制代表不在场的情况下开始。这是火箭测试中承包商和 NASA 之间的一个不成文规定。承包商质量控制代表在被要求进行监督时，必须在测试前 5 分钟到达。

NASA 质量控制代表与承包商之间的关系通常是良好的，双方相互尊重。如果 NASA 质量控制代表无法按时到达，监督测试的承包商质量控制工作通常能够满足 NASA 质量控制要求。

J. I. 丹尼尔（J. I. Daniel）还记得他的一些职责：

> 我们要参加每一项测试。我们按照测试规程的每一步进行监督盖章。如果我们不喜欢盖章，我们就画一条对角线并注明问题，直到他们给出解决措施文件 —— 表明问题已经解决。
>
> 如果我不在文件上盖章，罗克韦尔公司的同事会感到沮丧。你还要接受休斯敦的检查，他们向你施压，要求你盖章。你能做的就是告诉他们提供解决措施文件。当他们证实问题是"可接受的"，然后我们就会盖章。
>
> 准备发射时，他们请求给一个"go"命令。质量控制代表给出的"go"意味着所有测试经过了监督检查。

格鲁曼公司首席质量控制检查员弗莱德·洛西（Fred Losee）非常喜欢他的工作。他手下有 21 名质量控制人员，每班 7 人。麦道公司的质量经理吉恩·斯皮尔格（Gene Spilger）说，严格的流程得到了回报：

> 老实说，我们有点吹毛求疵。我们有很多责任，必须认真对待。当接收火箭产品时，我们在垂直总装厂房低顶区仔细地检查。我们只是对所有产品进行一个全面彻底的检查，确保一切产品状态良好，可以参加测试。大多数检查在生产厂家已经做过。我在亨廷顿海滩的厂家进行过质量检查，我们认为我们在那里的检查已经非常彻底了。然而萨克拉门托的厂家会找出我们在亨廷顿海滩疏忽的 100 万件事情，然后我们在肯尼迪航天中心还会找出萨克拉门托疏忽的 100 万件事情。

诺姆·卡尔森（Norm Carlson）说："接收产品时，我们要反复测试，以确保一切正常。我想这就是我们成功的原因。艾克对测试工作总是非常认真。"卡尔森并不是说 NASA 只是为了测试而测试。所有测试只开展到所需程度上，以确保产品能够按照设计工作。过度测试可能与测试不足一样危险，因为产品可能在整个寿命期内只有有限的运行次数。

3.5　测试流程的研发

NASA 和承包商工程师在 LC-39 发射场建设过程中，花费了很多心血来研究航天器组装和测试流程。他们需要制定出详细的测试流程，这将成为 LC-39 发射场处理每一次"阿波罗"/"土星"发射任务的标准。

提普·泰龙注意到，德国火箭科学家在马歇尔航天中心工作时表现出严谨的组织纪律性。卡尔森在马歇尔航天中心参加工作，他说，他们（德国人）除了进行测试，就是审查测试规程。

火箭 S-IVB 级工程师吉姆·奥格尔（Jim Ogle）在"土星"-V 首次飞行准备程序前进行了将近一年的准备。他说："我为 S-IVB 级制定的一份文件是'故障分析'之类的东西。我负责 J-2 发动机和遥测系统。我们拟制这份文件，是因为 NASA 希望将许多故障排除自动化。我们五六个人组成的团队的办公室位于垂直总装厂房第 22 层。这项工作进行到 1967 年 11 月 501 任务（'阿波罗'-4）。我们花了一年时间完成。"

里奇·罗比塔耶（Rich Robitaille）注意到，即使在一个承包商内部，协调配合也可能存在问题："研制部门在出厂前会对火箭 S-II 级进行彻底的检查测试，他们有自己的测试团队负责编写测试规程。密西西比（测试部门）又有自己的测试团队，他们不喜欢告诉研制部门他们遇到的问题，又重新编写自己的测试规程。然后产品运到肯尼迪，我们又有自己的测试规程，几乎就像 3 个独立的团体在工作。"最终，肯尼迪航天中心的测试工程师与研制和测试部门人员相互沟通，并依靠他们帮着进行故障排除工作。

每个承包商的雇员都为其公司对"阿波罗"计划的贡献感到自豪，没有人希望任务失败。洛克达因公司的现场经理李·肖雷德（Lee Solid）谈到开发洛克达因公司的发动机测试规程（"阿波罗"/"土星"-V 每一级上都采用了洛克达因公司的发动机）：

> 发动机总是灾难性故障的最大潜在因素。我们理解自己要做很多分析工作。其中一个事情是，我们需要审查数据，评估每一次成功和失败。在最后的飞行中，没有办法这样做了，但我相信这些工作真的带来了回报。这就是为什么我们有 100% 的成功率。我们所面临的挑战是要预想可能会出现什么故障，并在故障发生前提出解决方案。这种工作要我们从测试工作中脱离出来，也许我们要求不同。我担心人为差错。你可能在不知不觉中对产品造成损害，特别是当大家都聚集在一个狭窄的工作区域时[①]。

> 我们要参加很多火箭总检查工作，要进行单元级和系统级的泄漏检查，进行各种验证测试，有些项目要进行好几次。你的工作可能是总检查测试的一部分，如果你发现了一些问题，就必须去解决这个问题，并再次测试以确认已经解决了问题。

> 德布斯博士（Dr. Debus）是一名发动机专家。我会拿着图纸去德布斯的办公室，向他解释我们遇到的问题。我们遇到一个又一个发动机方面的问题，然后我们不断试验、改进，这一切他似乎还很满意。我们几乎一直忙于处理各种问题。

弗兰克·布莱恩着重强调了波音公司工作人员在如此忙乱的工作环境和严格的任务期限内协调各方面需求的重要意义：

[①] 弗莱德·科迪亚回忆起在火箭 S-II 级尾段时，看到工程技术人员爬到发动机上工作。科迪亚注意到技术人员没意识到正站在一根线缆上。这可能会无意中导致故障，需要花费许多时间来确定问题的根源。科迪亚请领导注意这个问题，不要去惩罚这名技术人员，而是教育其他技术人员在箭体内工作时需要注意他们站立的位置。

我们开始"土星"-V 工作时,测试规程方面有大量的工作要去完成。只是收集整理和审查这些规程就是一项巨大的任务。每当规程遇到冲突需要解决时,我们和承包商多次召开规程审查会,会议往往开到深夜,拥挤的会议室烟雾缭绕。在总检查程序中,每个承包商将有一个代表。NASA 的系统工程师将审查承包商负责系统的程序。

我负责用带状图记录所有的工作流程,然后由波音公司的人员负责完善细节。他们提出第一稿,并将它发给所有承包商。承包商会用粗重的红线修改。如果有人要在射前 30 分钟进行工作,他们就去找波音公司的人员,让他在下一稿中加入该项工作。很多事情相互冲突,我们集合起来逐页商讨,可怜的波音公司人员负责跟踪记录。

我们有好几个波音公司抄写员(这是我们对他们的称呼)负责制定这些规程。蔡斯·里德(Chase Reed)负责倒计时程序。一个书记员疯狂地在一堆文件中跑来跑去,这幅画像描绘的人物就是蔡斯!蔡斯跟踪记录要花费很长的时间。如果我们遇到一个问题,或者我们不得不制定一个新的程序,例如应急程序,就会召集所有承包商开会。蔡斯参加会议并记录。他会提出一个主程序,并打印出草稿。他在承包商和 NASA 间协调联系,经过检查后最终制定出正式文件。

3.5.1 工作流程

站在 NASA 操作工程师的角度,在承包商和 NASA 组织之间协调各种测试和检查经常令人头疼。飞船和运载火箭团队有不同的试验程序,并且质量控制检查方式也不相同。在工程和质量控制部门之间,特别是遇到那些非常相信自己的专业知识,工作压力巨大的人员时,偶尔会出现不和谐的情况。格鲁曼公司的质量控制检查员弗莱德·洛西说,"困难的是人们会变得很紧张,有些人真的不知道流程是怎么运行的,当出现问题时他们会感到不安,遇到挫折时会责怪我。除非我认可同意,没人能继续下一步工作。有个人就威胁举报我破坏登月计划!"

弗莱德·科迪亚说承包商测试工程师经常觉得自己工作困难重重。他们负责编写和实施一项程序,对火箭操作负有直接责任,但他们没有权力去决策,因为他们做的一切事情要得到很多人的批准。测试工程师在他负责的产品上可以进行什么操作受到技术状态检查日志中各项规定的严格限制。科迪亚对此感觉是"对最底层的微观管理",他解释说:

> 火箭或各子级在制造阶段和交付 NASA 期间都要进行测试。在进入发射场时还要进一步测试。以火箭 S-II 级为例,5台发动机在密西西比试验工厂(MTF)组装后进行测试,然后S-II 级运到肯尼迪航天中心。密西西比试验工厂的测试包括全时长点火测试,其中发动机需要像发射时一样工作。所有这些测试确保该子级在发射前能够满足要求。

> 运抵发射场后,肯尼迪航天中心按照工作流程对该级火箭进行进一步测试。当通过各种测试到达飞行准备测试(FRT)阶段,就表明该级火箭已经具备发射条件。

> 一旦通过飞行准备测试,那时对之前已经反复测试的技术状态进行改动就会带来很多问题。事实上,如果你需要在飞行准备测试后断开电气插头,并且无法用随后的测试检测插头的每个引脚,你就必须对插头进行 X 射线检测,以确保所有插针连接到位。有时连接插头,插针可能会回缩,与插孔没有连接。这时你就倒霉了!电路之前已经反复测试,这并不意味着之后每次断开和重新连接还能正常工作,因为插针可能没有连接上。所以你不得不再次测试以确保每一个连接正常。

有时虽然感觉很痛苦,这种严格的审查和检测让大家对发射成功充满信心。乔安·摩根(JoAnn Morgan)说:"你编写的规程运行良好。有时需要做一些修改,但是你一步步在完善。有时你可以提前完成任务,而测试的其他部分可能要多花些时间,但是一切都成功了。我们发射团队知道该如何去完成任务,'阿波罗'-8 任务就是证明,我们可以完成登月任务!"

3.5.2 日志

所有测试工程师都有一本日志。测试工程师每天在日志中记录自己的活动并签名。工程师还会记录测试期间得到的数据。有问题的事情也要记录和解释。如果在测试期间发生灾难性故障或设备受损,日志将被上交封存。日志是工程师们工作活动的检查证据。

记录日志的做法推广到最高级别的参试人员。即使是 NASA 的测试指挥（他们对所有测试活动全权负责）在测试和倒计时期间也要记录日志（图 3-6）。

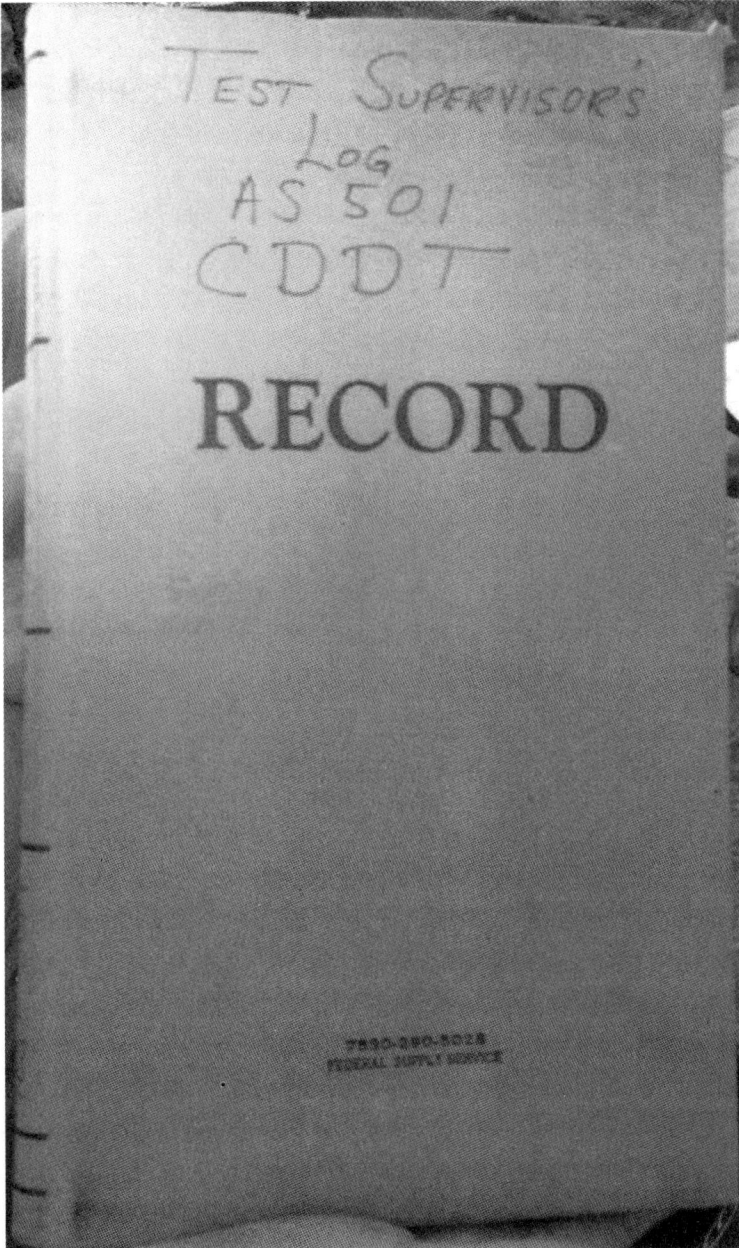

图 3-6　"阿波罗"-4（AS-501）倒计时验证测试火箭测试指挥的日志

3.6 认证

一些测试操作需要工程师和技术人员进行资格认证。例如，每个负责操作发射控制室内控制台（承包商研制）的承包商工程师，要通过相关资格认证。在箭上工作时，承包商资格认证工作有时分为 3 个步骤。首先参加培训班，演示他们学到的技能（在监督指导下），并在某些情况下回答专家审查委员会提出的问题。

罗克韦尔公司在某些关键岗位最后一步认证过程中采用了专家审查委员会方式。该委员会由承包商监理工程师和相关专家组成，他们询问认证候选人专业方面的问题。在听取候选人对他们问题的答复后，委员会将共同评估候选人的熟练程度。通过专家审查委员会意味着候选人具备在相关岗位上工作的资格。

许多与发射流程相关的工作活动需要进行认证。尤其在垂直总装厂房或发射工位上工作，那里有很多潜在的危险因素。与自燃推进剂打交道的人员必须经过自主式大气防护服（SCAPE）资格认证。发射工位工作人员必须经过基本的发射工位安全认证，在危险操作任务期间如果位于发射工位上，就要懂得应急救生系统的使用方法（图 3-7）。

里奇·罗比塔耶说："垂直总装厂房调试期间，我们正在进行参试资格认证。有不同类型的测试：火箭是如何工作的？在这种情况下你该做什么？之后，他们会在流程中人为加入故障，他们实际上在模拟发射任务，人为加入一个故障，你必须确定故障是什么。这是参试资格认证方式，这要在发射前几个月进行，你必须通过相关岗位认证！"

质量控制小组记录所有承包商技术员和工程师的认证和培训情况。质量控制小组监督重要测试的人员配备情况，未经认证的人不能参加测试。参试人员携带资格认证卡来证明他们的工作资格。在产品受损或故障调查期间，要对认证记录进行审查。

吉姆·奥格尔说："我通过了多个岗位资格认证，某次任务我在仪器控制台工作，另一次任务在命令/自毁控制台工作，还有一次在楼下的遥测试验室工作，因为我是仪器仪表、遥测和无线电工程师，还在垂直总装厂房 22 层的 B4MS 控制台工作。我们都要带上资格认证卡，表明具备岗位资格。我大概有 10 个不同的资格认证卡。"

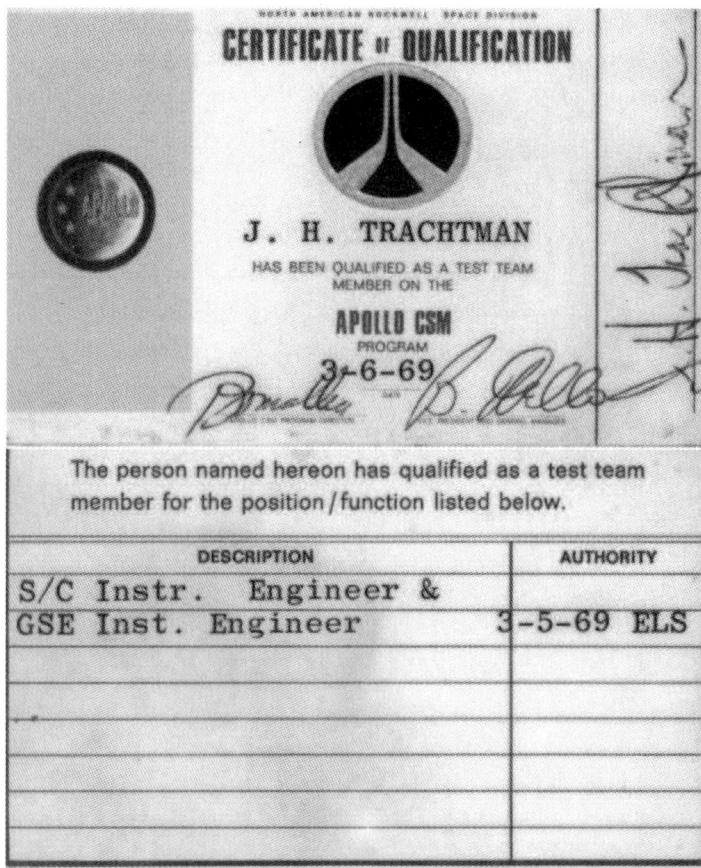

图 3-7 资格认证卡，证明罗克韦尔公司飞船测试团队的工程师具备仪器操作的资格（中间文字意思为：该人员具备下表列出的岗位资格）

3.7 计算机化

"阿波罗" / "土星" 计划最大的技术进步之一是 NASA 学会了如何使用计算机。肯尼迪航天中心的计算机系统是那个时代最先进的，没有它们，"土星" 火箭不可能发射成功。

不算 "土星"-V 火箭和 "阿波罗" 飞船内部的计算机系统，肯尼迪航天中心的许多测试、检测和发射工作需要用到诸多计算机系统。每个系统对 "阿波罗" / "土星" 计划的成功至关重要，因为航天器已经发展得如此复杂，远远超过纯人工测试的水平。计算机自动执行许多测试和检查任务，确保了航天器和地面系统的可靠性与质量。

读者在这里将了解到肯尼迪航天中心 4 个最重要地面系统的基本功能，这些系统是：

（1）"土星"火箭发射计算机系统，负责管理"土星"-V 火箭的测试和发射。亨茨维尔的马歇尔航天飞行中心负责该系统的研发。运载火箭操作部门在肯尼迪航天中心负责该系统的运行。

（2）飞船接收检测设备（ACE-S/C）系统，负责管理"阿波罗"指令/服务舱及登月舱的测试和检测。休斯敦的载人航天飞行中心负责该系统的研发。飞船操作部门在肯尼迪航天中心负责该系统的运行。

（3）中央仪器设备计算机系统，负责监测和处理火箭遥测信息以及肯尼迪航天中心地面支持设备的信息。该系统由肯尼迪航天中心负责研发。

（4）推进剂贮箱计算机系统（PTCS），负责发射准备期间液氧和液氢加注工作。该系统由肯尼迪航天中心负责研发。

3.8 "土星"火箭发射计算机系统

"土星"火箭发射计算机系统（也称为地面发射计算机系统）控制着"土星"-V 及其地面支持设备的测试和检测。该系统官方的缩写是 SLCC 或 GLCC，虽然似乎没有人这样称呼它。该系统的核心组件是 RCA 110A 计算机，所有人都将该系统简称为"110""110A"或"地面计算机"。

RCA 系统早期的故障是许多问题的根源。那时很少有工程师相信地面计算机。然而，整个"阿波罗"计划的成功要靠计算机在发射控制中心和火箭（位于发射工位上）之间传递信息。如果计算机不能正常工作，则没有替代方式。发射控制中心离 LC-39 发射工位太远，无法采取直连线缆方式进行测试，因此必须采用计算机作为双方之间沟通的桥梁。最终，计算机的故障都解决了，工程师们逐渐相信计算机的能力，该计算机在发射倒计时中运行良好。

计算机成对工作，一个在地堡或发射控制室，另一个在远端的火箭附近。在 LC-34 和 LC-37 发射场，远端计算机在发射工位下面的自动地面控制系统设备（AGCS）室。在 LC-39 发射场，远端计算机位于活动发射平台的基座内，活动发射平台可以放置在垂直总装厂房或发射工位（图 3-8）。

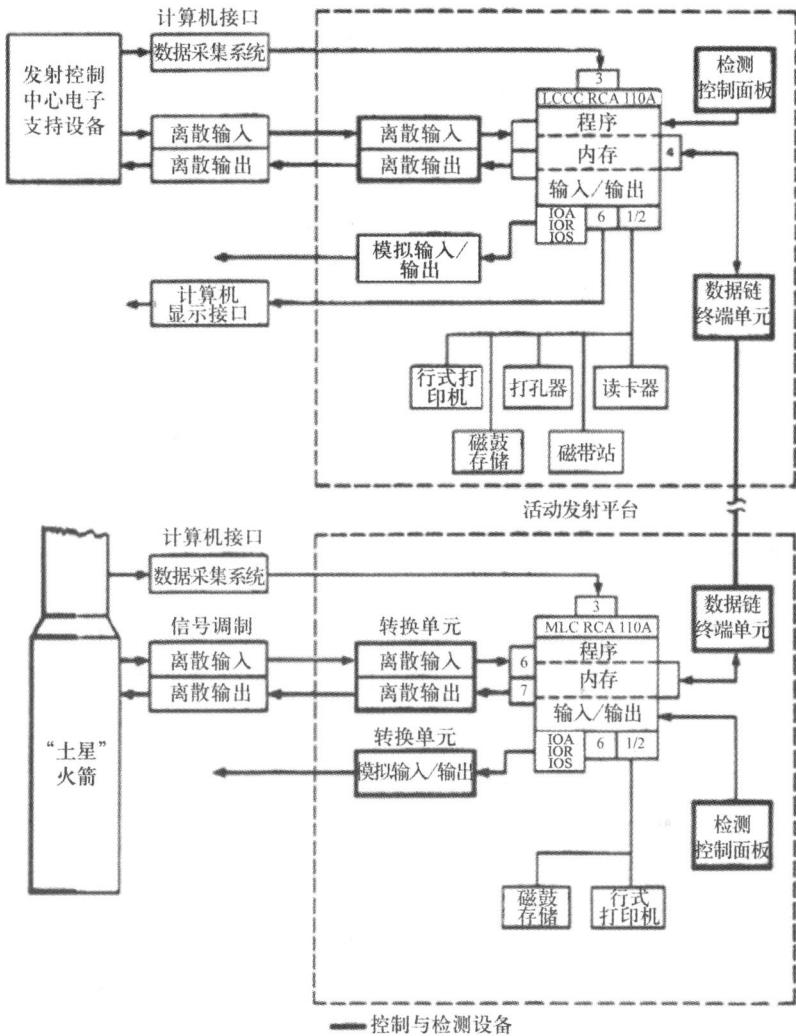

图 3-8 "土星"火箭地面计算机系统结构简图

发射控制室的计算机系统是人机交互接口，活动发射平台的计算机系统是火箭－计算机交互接口。两台计算机通过同轴数据链路进行通信。计算机与计算机之间的数据链路是火箭与发射控制室人员之间信息的主要传输途径。许多工程师在任务前期不喜欢这种方式，他们不信任计算机，而是想用自己的线缆与火箭连接。

为了解决问题，NASA 管理层作出了一些让步。首先，在发射控制室与发射工位之间设置连接线缆，用以实现一些关键功能。这样一旦发生计算机完全失效的情况，火箭和发射工位仍然可以被控制在安全状态。

第二个妥协是设置一个独特的开关状态控制台。大多数开关有 3 种状态："ON""OFF"和"AUTO"状态。当开关处于"ON"状态时，连接发射控制室离散输入机柜的线缆。发射控制室计算机将从离散输入机柜读取开关位置，并通过数据链路将"ON"命令发送到活动发射平台计算机。活动发射平台计算机将向发射工位的输出机柜（该机柜与火箭之间有信号传输线缆）发送一个命令，将功能设置为"ON"状态。相反，如果工程师将开关置于"OFF"状态，则连接离散输入机柜的"OFF"位置线缆，且两台计算机将对与"OFF"条件相关的继电器加电。如果开关处于"AUTO"状态，则没有相应的线缆。计算机认为在该开关上没有信号，开关处于自动模式。在没有"ON"或"OFF"信号时，计算机有权根据正在运行的程序来自主控制（图 3-9）。

图 3-9 发射控制室液氧控制面板的一部分，上面有 3 个"ON-OFF-AUTO"开关。切换到"AUTO"状态，允许计算机自动执行测试功能；将开关切换到"ON"或"OFF"状态，立即命令计算机执行该功能或暂停测试程序

任何时候如果工程师看到错误发生，他们可以将开关从"AUTO"状态切换到"ON"或"OFF"状态，计算机将立即执行工程师想要的功能。当这种情况发生时，正在执行的软件将暂停并停止发送命令。因此，工程师可以对他的系统进行控制。

地面计算机系统只是一个用于测试和检测的系统。它应用于运载火箭和发射工位系统准备阶段和倒计时阶段，在倒计时 187 秒时，它对航天器的控制功能基本完成。发射后，RCA 110A 计算机与"土星"-V 火箭没有任何连接或控制。

3.8.1 110A 计算机编程

大多数 RCA 110A 的测试程序是用 ATOLL 语言（接收测试或发射语言）编写。相对于 20 世纪 60 年代的其他计算机语言，该语言相对容易使用，但是用 ATOLL 语言编程仍然需要一定的编程能力。HILA 是早期"土星"任务使用的另一种语言，最终被 ATOLL 语言淘汰。

编写运载火箭测试和检测程序的过程对肯尼迪航天中心来说是一大挑战。马歇尔航天飞行中心派出编程工程师收集技术要求，再返回亨茨维尔，大约 6 个月之内编写出一份草案以供审查。对肯尼迪航天中心的工程师来说，这个过程过于缓慢。肯尼迪航天中心纠结于如何使用本地资源来编写测试程序。由于被测试系统和子系统非常复杂，是向软件工程师解释这些系统的功能，还是让火箭系统工程师来学习深奥的计算机编程知识？这两种方法各有利弊。

最后，肯尼迪航天中心混合使用两种方法，这似乎是最好的解决方案。有些火箭系统工程师学习编程非常高效，而有些需要软件工程师进行帮助，还有一些人认为让程序员了解他们的系统并让程序员去编写软件更容易（图 3-10）。

图 3-10　发射控制室 B 区 15 个控制台中的一个。工程师可以在这些控制台上运行测试程序并查看实时测试数据

3.8.2　火箭测试系统

在计算机测试系统中，计算机对设定测试程序中火箭和地面支持设备的每个项目进行测试。计算机发出命令并接收来自火箭或地面设备的响应，与计算机预期结果进行比较。如果接收到的响应正确，则计算机执行下一步测试工作；如果响应不正确，计算机在发射控制室相关控制台上为测试人员显示故障。计算机还可以通过编程提供故障分析或精确定位等相关指示。

工程师和管理者关心的问题是：计算机是否能够节省测试和检测时间？可以用突发防护系统（EDS）来说明肯尼迪航天中心自动化测试的性能。乔·梅德洛克（Joe Medlock）说：

> 如果全手工操作，EDS 检查可能需要 6~8 小时。按照真值表对各条冗余逻辑链路分别测试，这是非常乏味的。用计算机和 ATOLL 语言执行就很方便。软件首次运行花费了大约 6 小时。这对工程师不算是打击，在一次检查会议中，我们发现了一个错误，每次 ATOLL 程序来到一个分支，都会回头去寻找步数！之后，用改正的程序检查花费时间不到 1 小时。我记不得流程中检查运行了多少次，但是它确实节省了大量时间，并且可以重复进行。

随着"阿波罗"/"土星"技术的不断发展，RCA 110A 计算机的应用也在不断扩展。测试工程师开始信赖计算机。在 AS-501（"阿波罗"-4）发射倒计时中，使用了 21 个 ATOLL 程序；在"阿波罗"-11 中，增加到 43 个；"阿波罗"-14 则进一步增加到 105 个。到了"阿波罗"-17，大多数倒计时程序都是自动运行的了，以致波音公司的比尔·海因克（Bill Heink）在倒计时测试中感觉"非常无聊"。

3.9　其他火箭计算机系统

运载火箭测试系统中使用的其他几个比较重要的计算机系统介绍如下。

3.9.1 数字数据采集系统

数字数据采集系统（DDAS）由遥测设备、数据传输设备和接收/传输数据的地面站组成。发出测试指令后，数字数据采集系统采集"土星"-V火箭和地面电气支持设备的响应输出。数字数据采集系统将测试数据发送到活动发射平台、发射控制室和中央仪器设备处理中心，接收的火箭测试响应数据将格式化后用于显示和进一步处理。

3.9.2 数字事件评估系统

"土星"-V测试操作采用了两套数字事件评估系统（DEE）。数字事件评估系统监测特定的事件，当监测的事件状态发生变化时，可以提供相应的时间记录。

DEE-3主要用于监测推进剂加注状态。DEE-3计算机位于发射工位终端连接室内。它可以监测与推进剂加注、环境控制系统、发射工位消防控制和数字事件评估系统相关的768个事件状态。

DEE-6C计算机位于活动发射平台10A房间，它将信息发送到发射控制室的五个打印机站。DEE-6C可以监测与脐带塔、发射工位地面支持设备和数字事件评估系统相关的4320路离散信号。

DEE-6C使用一台具有32K字节内存的SDS-930计算机。计算机接收并存储来自运载火箭的离散输入。当DEE-6C监测的任何离散事件状态发生改变时，发射控制室的打印机实时打印出数据。数据也保存在磁带中（图3-11和图3-12）。

图3-11　发射控制室DEE-6C计算机的打印控制台。当监测的离散输入/输出状态发生变化时，将打印出一行数据

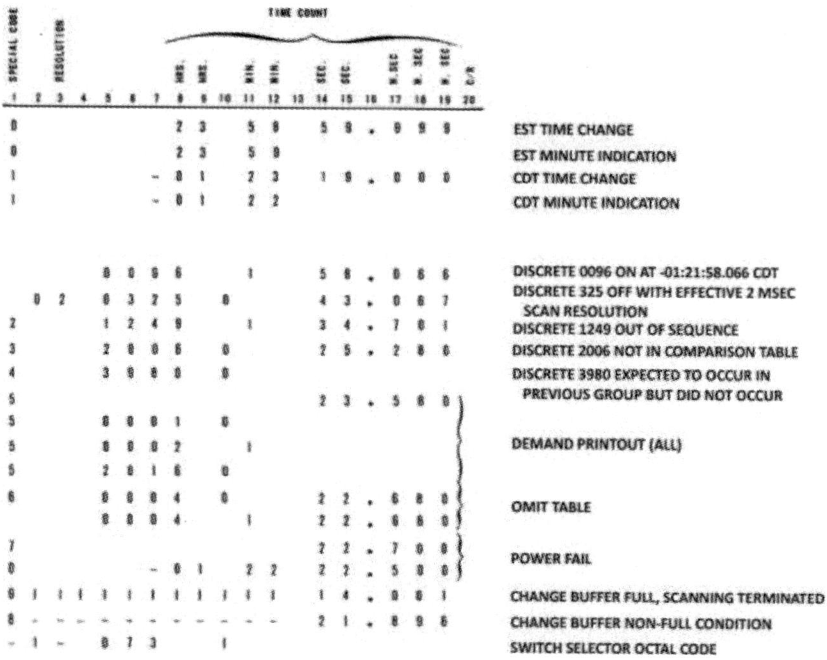

TIME COUNT

SPECIAL CODE	RESOLUTION				HRS.	HRS.	MIN.	MIN.	SEC.	SEC.	M. SEC	M. SEC	M. SEC	G/R	

Column header numbers: 1 2 3 4 5 6 7 8 9 10 11 12 13 14 15 16 17 18 19 20

Right-side descriptions:

- EST TIME CHANGE
- EST MINUTE INDICATION
- CDT TIME CHANGE
- CDT MINUTE INDICATION
- DISCRETE 0096 ON AT -01:21:58.066 CDT
- DISCRETE 325 OFF WITH EFFECTIVE 2 MSEC SCAN RESOLUTION
- DISCRETE 1249 OUT OF SEQUENCE
- DISCRETE 2006 NOT IN COMPARISON TABLE
- DISCRETE 3980 EXPECTED TO OCCUR IN PREVIOUS GROUP BUT DID NOT OCCUR
- DEMAND PRINTOUT (ALL)
- OMIT TABLE
- POWER FAIL
- CHANGE BUFFER FULL, SCANNING TERMINATED
- CHANGE BUFFER NON-FULL CONDITION
- SWITCH SELECTOR OCTAL CODE

图 3–12　DEE-6C 计算机打印输出示例。这些数字信息可以满足跟踪火箭和地面支持系统状态变化的要求

3.9.3　测试分析系统

火箭测试计算机为 RCA 110A 计算机和 DEE 计算机所有 28V 离散信号增加时间标记。通过特殊的程序，可以使参试人员检查给定时间段内离散信号之间的关系。例如，参试人员需要检查事件是否以正确的顺序发生，并且没有发生意外事件。读者将在第 10 章中了解到测试分析系统如何在"天空实验室"-2 任务中发现了电气支持设备的一个潜在致命缺陷。

3.9.4　马歇尔试验计算机系统

马歇尔航天飞行中心有一套复制的试验计算机系统。该系统的技术状态与肯尼迪航天中心发射控制室和活动发射平台的所有计算机与电气支持设备保持一致。

试验计算机系统用于肯尼迪航天中心 RCA 110A 和其他电气支持

设备故障排除。它还可以用于任务前检测技术状态变化。读者将会在第 10 章中了解到，"阿波罗"-17 终端倒计时时序失效时，试验计算机系统验证了修复措施是安全的。

3.10 飞船接收检查设备系统

下面将介绍肯尼迪航天中心用于"阿波罗"飞船测试的相关系统。

"阿波罗"飞船测试和检测使用的主要设备是飞船接收检查设备（ACE-S/C 或 ACE）系统。飞船接收检查设备用于测试"阿波罗"飞船所有组件各阶段的操作准备状态。飞船接收检查设备提供了一种综合集成的、自动化控制的飞船测试方法。

飞船接收检查设备是针对"阿波罗"飞船的复杂性提出的。"水星"飞船系统测试只有 88 个检查点，可以采用人工方式测试。相比之下，"阿波罗"飞船有将近 3000 个检查点，仅仅采用人工方式没法保证"阿波罗"飞船的可靠性。

飞船接收检查设备仅在发射前工作；发射后与飞船没有连接通路。飞船接收检查设备提供 3 种飞船测试模式：自动、半自动和人工模式。飞船接收检查设备系统的作用是：向飞船发出测试命令、监视和测量系统的响应、处理数据和协助诊断故障。飞船接收检查设备测试对象可以是一艘完整的飞船、飞船子系统间接口、单个子系统，甚至可以是单个部件。该系统产生大量的测试数据，并将数据在 CRT 终端和其他监视装置上实时显示。飞船接收检查设备还包括语音通话功能，可以允许参试人员相互通话，并与调度通信系统相互连接。

在载人航天器中心的指导下，飞船接收检查设备系统由通用电气公司（GE）的"阿波罗"支持部门设计、生产和维护。通用电气公司和NASA 在唐尼的罗克韦尔工厂组装了 4 套飞船接收检查设备系统，贝思佩奇的格鲁曼登月舱工厂组装了 4 套，休斯敦载人航天器中心组装了 2 套，肯尼迪航天中心安装了 6 套。在组装最后阶段，唐尼和贝思佩奇的系统负责指令/服务舱和登月舱子系统测试和综合测试；载人航天器中心的系统负责模拟任务条件下飞船测试，包括在休斯敦的空间环境试验室 A 中进行的载人"2TV-1"和"LTA-8"模拟任务，这些任务中使用的飞船接收检查设备可以帮助休斯敦获得整个登月任务的可靠数据；肯尼迪航天中心的飞船接收检查设备系统用于飞船在载人航天器操作厂房、垂直总装厂房和发射工位的测试,以确保"阿波罗"飞船具备发射条件(图 3-13)。

图 3-13 1969 年,载人航天器操作厂房内的一个飞船接收检查设备间

"阿波罗"飞船最关键的设计约束之一是尽可能减少飞船的重量。NASA 将大部分飞船接收检查设备设计为可拆卸式,以方便在发射前将测试设备从飞船中撤收。飞船接收检查设备可以连接到指令/服务舱或登月舱内的测试点。测试设备具有上行和下行链路。上行链路接收飞船接收检查设备控制室的数字命令,对命令进行解码,然后对飞船系统施加相应的激励信号。下行链路连续监测响应数据,对数据进行调制编码,并将其传输到飞船接收检查设备地面站。

飞船接收检查设备的外围设备在概念和功能上与测试设备类似,然而,外围设备主要与服务设备和地面支持设备连接,而不是与飞船连接。

3.10.1 飞船接收检查设备测试

飞船接收检查设备测试系统可以在开环和闭环模式下工作。举一个示例,坐在指令舱中的技术人员拨动开关,而飞船接收检查设备室负责监视飞船响应,这就是开环模式。闭环测试完全自动化运行。计算机向飞船发送测试指令，飞船接收检查设备系统监测响应并根据反馈执行下一步的测试操作。飞船接收检查设备上行链路可以以离散或模拟方式向飞船发出 2000 个激励信号。

这种自动发送多个激励信号的功能极大地推动了"阿波罗"计划的发展。这种功能是自适应互通程序（ADAP）发展的结果，自适应互通程序允许计算机在不影响其他计算机功能的情况下增加新的测试序列。

自动测试序列从磁带中调用并由计算机执行。飞船接收检查设备控制室可以监控自动化操作的状态，在必要的情况下，工程师也可以接管该程序。

随着"阿波罗"计划的发展，工程师可以通过设置控制台"主动随机试验选择"（START）模块上的开关来启动飞船测试。当系统进行查询时，开关向飞船接收检查设备数字指令计算机发出指令。有 3 种不同类型的 START 模块，每种模块都会启动一种类型的测试：

- R-START 模块通过继电器提供 1～4 位数据信息，用于手动控制单个事件。
- C-START 模块通过输入十进制信息作为计算机指令，人工选择相应的计算机子程序。在 C-START 模块上有 10 个旋转开关，每个开关有 12 种选项。
- K-START 模块是一个单独的模块，可以直接向"阿波罗"飞船船载导航计算机输入指令。K-START 模块的命令通过键盘或穿孔纸带输入。

在 START 模块上设置适当的参数后，工程师按下面板上的"XEQ"（执行）按钮。执行控制程序（CUE）接收指令并将其发送到飞船接收检查设备计算机。计算机向飞船接收检查测试设备或外围设备的上行链路系统发出相应的指令，由其向飞船系统或地面支持设备提供激励信号。

飞船、飞船接收检查测试设备和地面支持设备中安装的传感器负责接收数据。飞船传感器的飞行数据与飞船遥测系统飞行期间发送到地面的数据保持一致。它和飞船接收检查设备采集的其他数据被转换为脉冲编码调制格式，并通过连线传输到地面站。需要保持原始格式的其他模拟数据被转换为 FM 信号，并通过单独的连线发送到地面站。测试数据通过地面站处理并转发到相应的测试控制台。

某些飞船系统不能用接收检查设备系统进行测试。例如，雷达及无线电通信传输和干扰测试是使用地面通信站进行的。其他不用飞船接收检查设备的人工操作系统包括增压和泄漏检查，以及低温推进剂、自燃推进剂和火工品测试等（图 3–14）。

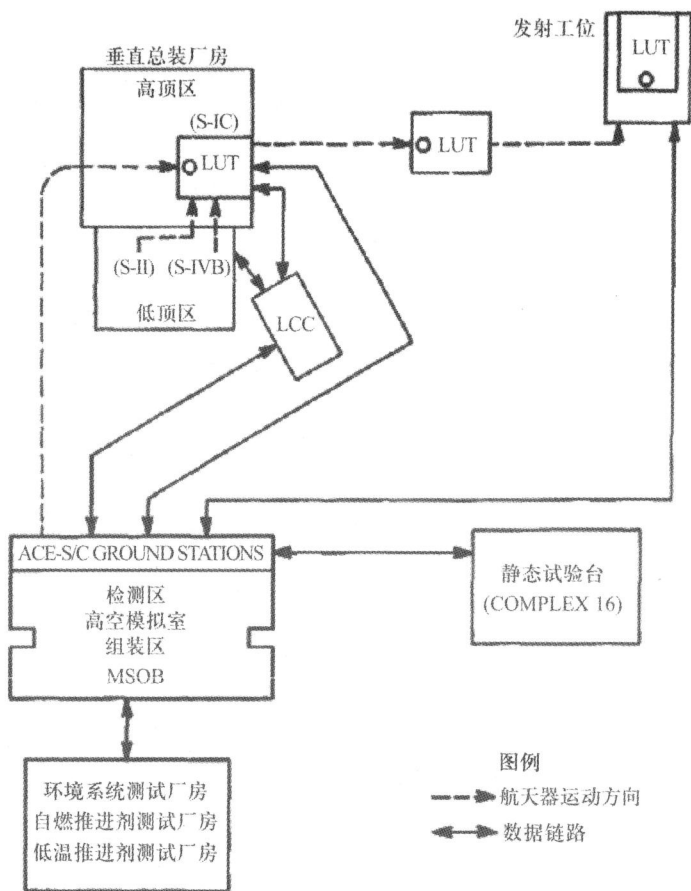

图 3–14 飞船接收检查设备数据流和接口简图。飞船接收检查设备系统用于飞船测试

飞船接收检查设备系统功能非常强大，因为它基本上可以完全控制飞船。但这也不能确保万无一失，NASA 的查理·马尔斯（Charlie Mars）曾经 3 次不小心关闭了飞船接收检查设备房间的电源。

3.10.2 快速查看数据站

虽然飞船接收检查设备系统在正式测试记录中表现良好，但在分析测试期间出现的问题时，实时 CRT 显示系统发挥的作用有限。例如，在发动机点火过程中如果出现高速波动，从 CRT 上显示的数据可能发现不了该问题。工程师需要一种更深入了解飞船系统性能的方法。

NASA 工程师马蒂·恰班（Marty Czaban）和何塞·加西亚以及原通用电气公司的仪器工程师吉恩·瑟斯顿（Gene Thurston）（他目前在罗克韦尔公司工作）设计和组建了一个称为快速查看数据站（QLDS）的系统。他们将"双子座"计划剩余的硬件和购买的其他一些计算机部件拼凑在一起，组成了该系统。

快速查看数据站是一个非正式的系统。它不能向飞船发出指令（指令必须由飞船接收检查设备发送），但它可以将原始数据发回到飞船接收检查设备地面站，并将数据绘制在高速记录仪上。加西亚说："你按照文件在飞船接收检查设备间内进行测试，如果遇到一个问题，便想知道发生了什么。你可以下楼去快速查看数据站，告诉技术人员需要什么数据，通过快速查看数据站非正式地解决你的问题，然后通过系统正式处理。如果只能使用飞船接收检查设备系统，那将永远不能完成飞船发射。"

杰瑞·特拉赫特曼（Jerry Trachtman）将快速查看数据站描述为"一个带有高速数据记录仪的房间"。它位于载人航天器操作厂房的二层，即飞船接收检查设备间的下层。他介绍了快速查看数据站的使用方式：

> 在一些测试中，快速查看数据站的数据至关重要。例如，当推进系统人员检查飞船上的推进器时，我们将使用快速查看数据站来获得高速图表上的测试数据，查看推进器的电子脉冲以确保它们工作正常。我们仪表组的部分责任是检查推进器的电接口和相关仪器。
>
> 图片中 3 面墙都有数据记录仪。当测试开始时，飞船的计算机向推进器发出点火指令，这些记录仪高速打印出大卷纸带，纸带上记录了推进剂点火的数据。然后推进系统人员必须收集和分析这些纸带，以确保一切工作正常。这就是我们在快速查看数据站中所做事情的一个例子。我想它的作用恰如其名。它记录和存储实时测试数据，我们可以快速查看，看看是

否需要进行再次测试或是否有明显的问题。

快速查看数据站最终被批准成为正式系统。它在"阿波罗"-15、"阿波罗"-16 和"阿波罗"-17 测试中得到了应用。

3.11 中央仪器设备处理中心

肯尼迪航天中心的中央仪器设备处理中心（CIF）是接收和分发航天器与发射系统状态数据的协调中心。"土星"-V 运载火箭和"阿波罗"飞船在倒计时和发射期间要发送 3000 多个测试点的数据。NASA早期在带状图上记录所有航天器的数据，这样的做法难以满足"土星"-V 发射要求。NASA 设计了中央仪器设备处理中心用于接收航天器的遥测数据并实时记录。

中央仪器设备处理中心主楼和主要计算机设施位于一幢三层建筑内，毗邻肯尼迪航天中心总部。中央仪器设备处理中心天线站位于主楼以北约 2.5 千米处。天线站周围没有其他建筑物，最大程度减少了无线电干扰，使中央仪器设备处理中心天线有一个良好的工作条件。中央仪器设备处理中心于 1965 年投入使用，取代了 NASA 在机库 D 中占用的办公室。

在那个计算机体积巨大、需要大量散热的时代，中央仪器设备处理中心按照计算机房在建筑物中央，周围建有办公室的方式设计建造。中央仪器设备处理中心主要的计算机系统是一对 GE-635，它们可以在主/备份模式之间来回切换，以保持数据核心运行。科学数据系统（SDS）设计了数字采集系统（图 3-15）。

信息系统主管卡尔·森德勒（Karl Sendler）博士在"阿波罗"时期负责管理中央仪器设备处理中心。他向技术支持主管雷·克拉克（Ray Clark）汇报，后者向库尔特·德布斯（Kurt Debus）博士汇报。皮特·麦德曼（Pete Minderman）负责管理遥测组。鲁道夫·布伦斯（Rudolf Bruns）博士负责管理计算机。

几十名工程师在数据显示和评估室（307 房间，中央仪器设备处理中心最大房间之一）负责监测测试和发射倒计时情况。查克·麦凯克伦（Chuck McEachern）在信息显示室工作，他说该中心"协调从发射工位到所有地方的数据（图 3-16）"。

图 3–15　1967 年，中央仪器设备处理中心中央计算机系统（205 房间）

图 3–16　1967 年，中央仪器设备处理中心数据显示和评估室（307 房间）

仪器控制人员，如乔安·摩根在中央仪器设备处理中心承担着重要职责，她说：

> 系统有很多仪器。在中央仪器设备处理中心，我们用新的计算机和新的软件来减少航天器的导引数据。所有的软件都必须验证。数据将从发射工位传输到中央仪器设备处理中心，在发射控制中心压缩一些数据，然后其他数据必须发送到休斯敦。
>
> 如果发生错误，你必须使用所有的仪器程序去验证传感器功能是否正常、数据传输和发送到计算机是否正常，以及问题可能出在哪里。开始时这是非常艰难的，因为它采用了这么多新东西。
>
> 很多时候，只是用应用软件压缩数据并进行分析。人们需要查询长长的打印输出，来试图找出问题。有时我会用眼睛去看那些愚蠢的打印输出，试图找出异常情况的原因是信号调制解调还是传感器。

中央仪器设备处理中心在运载火箭测试或总检查测试完成后约 6 小时提供测试数据的快速分析报告。测试结束后约 24 小时，中央仪器设备处理中心生成完整的测试数据，包括时间图、带状图和数字数据打印稿。

中央仪器设备处理中心支持其他数据通信方式，如调度通信系统和工作电视系统。中央仪器设备处理中心还连接休斯敦的任务操作控制室与航天员乘组训练大楼中的模拟器。鲍勃·庞德（Bob Pound）说，"航天员在肯尼迪航天中心时，他们可以进入'阿波罗'和登月舱模拟训练器，就像他们在休斯敦的模拟器上一样。"

3.12 时间统一系统

在测试和发射期间，系统的计时和同步性至关重要。肯尼迪航天中心的时间统一系统包括中央仪器设备处理中心的中央定时站、发射控制中心和载人航天器操作厂房中的两个子中心定时站，以及 LC-39 发射场周围各个位置的终端定时单元。

中央仪器设备处理中心的中央定时站有两套相同的时间信号发生设备。两个系统相互进行比较以保持精度。它们可以与外部源（如 WWV）同步，也可与东靶场（ETR）的官方时间系统同步。

　　子中心定时站从中央仪器设备处理中心接收时间信号。为了补偿系统的延迟，中央仪器设备处理中心时钟提前发送其时间码信号，子站将时间码适当延迟以与中央仪器设备处理中心时钟同步。

　　肯尼迪航天中心倒计时定时系统使用 KSC-wide 时间数据以及在测试点本地产生的时间数据。例如，NASA 空间飞行器测试主管在发射控制室控制台上按下"COUNT DOWN START"（倒计时开始）按钮，就可以启动测试或发射倒计时时钟（图 3–17 和图 7–13）。

图 3–17　　1971 年 9 月 29 日，在"阿波罗"计划晚期的中央仪器设备处理中心中央倒计时时钟（250 房间）

3.13　推进剂贮箱计算机系统

　　推进剂贮箱计算机系统（PTCS）本身不是一台测试和检测计算机，但它可以为倒计时验证测试和发射倒计时期间的操作提供帮助。推进剂贮箱计算机系统测量和控制"土星"-V 火箭加注的推进剂重量。飞行期间氧化剂和燃料的消耗比率及燃烧时间是可以预估的。系统的作用是确定需要加注多少推进剂、精确控制加注到贮箱的推进剂重量和将飞行中剩余推进剂减少到最小。

有 6 个独立的贮箱系统，分别用于 S-IC 级、S-II 级和 S-IVB 级的燃料和液氧贮箱。推进剂贮箱计算机系统的硬件位于活动发射平台基座 9A 房间，可以在发射控制室对其进行远程监控。推进剂贮箱计算机系统具有自动（闭环）和手动（开环）两种工作方式（图 3-18）。

图 3-18　活动发射平台 9A 房间内的推进剂贮箱计算机系统。该设备安装在弹簧上，以缓冲约 14 米外"土星"-V 火箭起飞时的冲击

在每个运载火箭推进剂贮箱内安装有电容探头传感器。电容探头基本上是一个复杂的量油尺，它通过电子方式检测贮箱中推进剂的液面位置。该探头的输出驱动一个伺服系统，伺服系统控制电位计，然后将电信号发送到推进剂贮箱计算机系统，推进剂贮箱计算机系统将该

数据转换为贮箱中推进剂液位值。

推进剂贮箱计算机系统中的计算机接收发射控制室相应的贮箱计算机控制面板的指令，或接收活动发射平台推进剂控制网络的指令。计算机向补加控制阀和比率计发送模拟信号。比率计回送一个信号给贮箱计算机面板，面板上显示已经加注推进剂重量的百分比。

自动计算机系统生成离散命令，例如当推进剂在贮箱的适当位置时，可以生成"START FAST FILL"（开始快速加注）或"STOP FAST FILL"（停止快速加注）命令。这些指令可以在发射控制室监控。一旦贮箱中的推进剂达到期望的数值，计算机控制的补加阀会将推进剂保持在适当的位置。火箭位于发射工位时，贮箱中的液氢和液氧推进剂会蒸发一部分，因此闭环系统会继续补加少量液体推进剂，以确保贮箱内推进剂保持在适当水平。

推进剂贮箱计算机系统的手动计算部分还有一个比率计，它将离散信号发送到手动控制的补加系统。这种开环系统允许发射控制室的工程师根据需要手动控制推进剂加注和补加过程。

用于 S-IC 级的推进剂贮箱计算机系统与其他级的推进剂贮箱计算机系统类似，只有一些区别。S-IC 级的煤油（RP-1）燃料不是低温推进剂，它不沸腾，因此不需要补加。工程师首先进行过量加注，然后排出多余的燃料，保持 100% 重量的推进剂，以此来进行 RP-1 推进剂的调节。S-IC 级贮箱使用压力传感器和电容探头共同检测贮箱中的推进剂液位。

3.14 计算机对成功至关重要

与现代计算机软硬件相比，"阿波罗"时期肯尼迪航天中心的计算机系统可能有点过时，但本章证明了"阿波罗"/"土星"测试系统并不低级。它们可以执行极其复杂的功能，这对于登月计划的成功至关重要。相比几年前的"水星"和"双子座"计划，计算机系统的性能取得了巨大进步。软硬件可以紧密集成到技术状态控制过程中，确保"土星"-V 火箭和"阿波罗"飞船可以进行全面彻底的测试，为飞行做好准备。正是由于计算机系统为每个系统和子系统的操作提供了宝贵的记录，帮助解决问题和防止问题再次发生，倒计时和发射才得以顺利实施。

3.15　这些工作有价值吗

通过阅读前面几章的过程、控制、计划表、检查和报告，读者可能会问：这么麻烦且付出如此之多真值得吗？

"阿波罗"/"土星"计划的成功已经证明。在 1961 年 — 1975 年"土星"计划期间，没有一枚运载火箭发生灾难性的故障，成功率是火箭发射史上史无前例的。在"阿波罗"-1 火灾事故之后，"阿波罗"飞船的高质量能够保证每名航天员安全返回，虽然许多航天员私下认为他们有 1/3 的概率不能活着返回。

NASA 飞船项目工程师杰基·史密斯（Jackie Smith）几乎对每一位接受本书采访的工程师和技术人员说过：

发射日我对系统非常放心。我唯一担心的是什么事情出错。你预测不了何时会出错。有一些事情可能会出错，那会很糟糕。航天员可能拨错了开关，导致发生问题。但硬件相当宽容。你可以做很多错事，但它可以兼容。即使它失效，也会有别的措施。最终一切以安全终结。

但就火箭和飞船而言，我从来没有担心过它们的工作状况。

文书工作非常好，几乎没有错误。如果你想看到一些有趣的事情，你应该找份临时偏差报告。这允许你做一些事情，你可以说"这真的不是问题，它只是一个程序错误。"

NASA 和承包商的质量控制人员，他们拿着文件在那里。如果在那里有一个印章，就去检查。发射日的工作并不担心，因为唯一可能出问题的就是恶劣的天气或某人对某事做出错误的判断。但我对自己负责的部分感觉良好，每个系统在发射当天都准备完毕，我对我们所做的工作非常放心。

当诺姆·卡尔森被问及他是否在任务中对"土星"-V 火箭感到担心时，他说，"我从来没有对运载火箭有过任何怀疑。"（图 3–19）

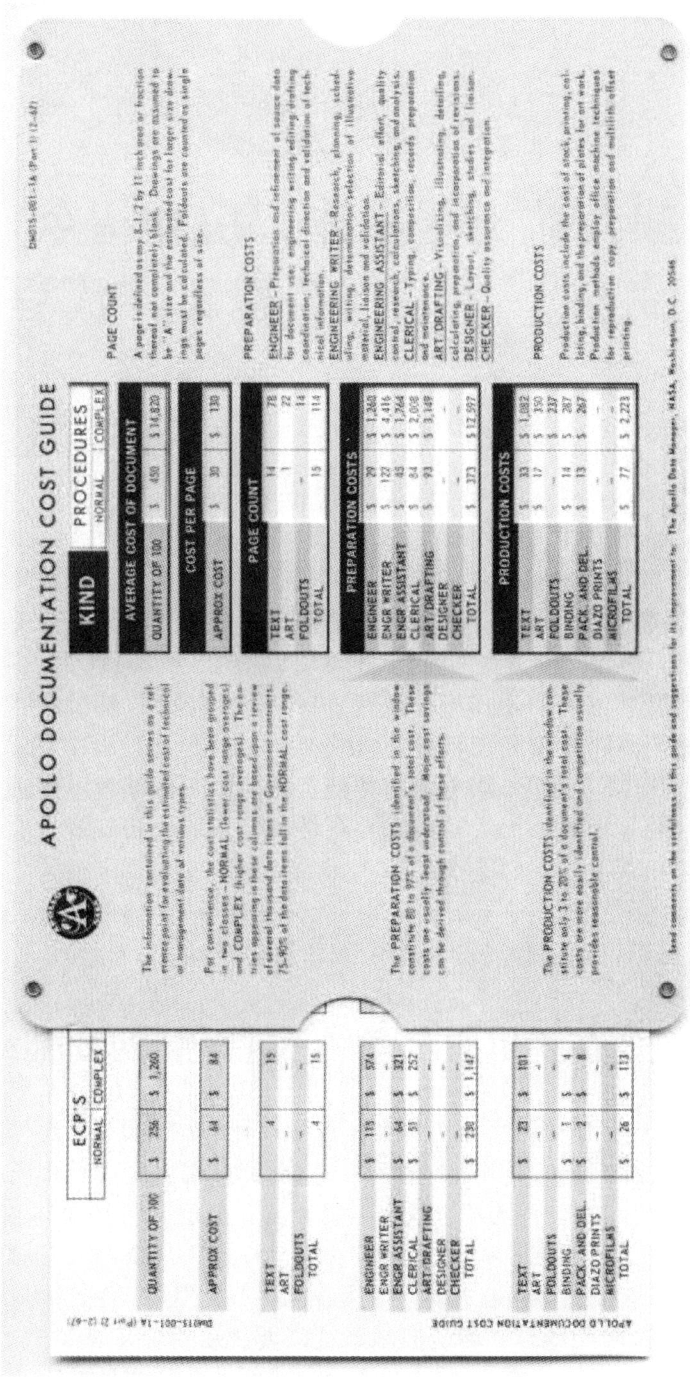

图 3-19　NASA 工程师为了评估 "阿波罗" 计划文书的价值，研发了这种 "滑动尺"

第 4 章

载人航天器操作厂房和指令/
服务舱工作流程

读者已经了解肯尼迪航天中心承担的测试任务至关重要，本章将介绍在操作中要遵守哪些原则。本章首先简要介绍肯尼迪航天中心的载人航天器操作厂房和"阿波罗"飞船。本章将以"阿波罗"-11 飞船在载人航天器操作厂房 3 个月工作流程为例，介绍"阿波罗"飞船的组装和测试过程。介绍内容将按照飞船指令/服务舱运到肯尼迪航天中心后的组装和测试流程顺序进行。第 5 章将按照登月舱的工作流程顺序进行介绍。读者还将了解到 NASA 如何准备各种科学实验设备和月球登陆车。在第 5 章最后，指令/服务舱和登月舱将组装在一起，完整的飞船将被转运至垂直总装厂房，与"土星"-V 火箭进行对接。飞船在垂直总装厂房和发射工位的工作流程将在后续章节中介绍。

4.1 为什么要在肯尼迪航天中心进行组装和测试

"阿波罗"飞船是美国第一型为深空任务而设计的航天器。飞船可以支持 3 名航天员在太空工作两个星期以上，受到极端温度以及距离地球遥远等因素的影响，一旦发生故障，航天员安全返回可能需要 5 天以上时间。导航系统需要为航天员指明方位；推进系统要将飞船推进到月球轨道，将航天员降落在月球上，然后再次点火发射，将航天员从月球轨道安全带回到地球；环境控制系统需要提供可呼吸的空气，并对舱体进行增压或减压；着陆系统必须检测返回的舱体在地球大气中的位置，并在正确的高度打开降落伞。在当时来说，"阿波罗"飞船是技术最复杂的航天器。飞船在整个制造和最后准备发射的过程中必须进行彻底和反复检测，以确保一切工作准确无误。

美国差不多每个州都为飞船生产了零部件。成千上万的零部件和几千米长的布线组成了"阿波罗"飞船。每个零部件，每个螺母和螺栓，都要符合相关技术标准，并通过检查验收合格。这些零部件被组装成部件或单元，在工厂进行检查和测试。然后，部件和单元构成飞船子系统或系统。在装入飞船前，工厂要对这些子系统和系统进行测试和检查，确保这些系统正常工作。最后，在飞船运到肯尼迪航天中心前，还要对飞船进行综合集成测试。

NASA 通过"水星"和"双子座"计划认识到，飞船的许多技术问题发现得太晚了，当飞船已经矗立在发射工位上时，改正问题会带来很多麻烦。因此，"阿波罗"飞船的工作流程要求在其早期进行更加彻底的测试，以便于更容易发现和纠正问题，减轻对发射计划的影响。

话虽这么说，可飞船的发射计划非常密集。1968 年和 1969 年的发射计划意味着，在准备下一个任务之前，无法获得上一个任务的经验教训。例如，在"阿波罗"-10 进入月球轨道之前，"阿波罗"-11 已经转运到发射工位，"阿波罗"-10 的经验教训只能用在发射工位上的"阿波罗"-11 。

问题反馈回路还意味着在肯尼迪航天中心测试期间发生的问题可以对工厂后续航天器的测试予以改进。不止一次，肯尼迪航天中心的测试对本应在工厂进行的一些测试提出了质疑。例如，一个系统被确认在工厂已经进行过端对端检查，但是在肯尼迪航天中心，发现用于连接的两根电缆都是母接口，它们根本不可能在工厂连接进行测试。

"阿波罗"飞船每次发射升空之前，要在地面上进行多次任务演练。测试的关键是防止测试不足和过于重复测试。测试是如此彻底，航天员迪克·戈登（Dick Gordon）开玩笑说："我们飞行的是一艘破旧的飞船! 当我们飞行时飞船已经很旧了，有些东西像仪表板设计工作寿命是 400 小时，我记得不一定准确，但我们在任务中总是感觉，它们已经接近设计寿命了。"

恩尔尼·雷耶斯（Ernie Reyes）同意戈登的评价。他说，飞船里有很多人白天、黑夜都在工作，"他们有点'滥用'飞船，即使测试人员穿着特殊的工作鞋，很多金属地板都被磨得闪闪发光。"

4.2 "阿波罗"飞船

本节将对"阿波罗"飞船的舱段组成进行简要介绍。"阿波罗"飞船子系统情况，或者唐尼工厂的指令/服务舱、贝思佩奇工厂的登月舱和肯特工厂的月球车的设计及建造工作，不在本书的介绍范围。本书的附录 D 为感兴趣的读者推荐了一些非常优秀的书籍。本书的姊妹书《"阿波罗"登月计划中的肯尼迪航天中心》详细描述了肯尼迪航天中心用于飞船测试和检测的设施设备及计算机系统。

"阿波罗"飞船由两个不同的舱段组成：指令/服务舱和登月舱（图 4–1）。指令/服务舱是"阿波罗"飞船的核心，它是每次载人"阿波罗"任务共同的组成部分；登月舱仅用于月球着陆任务（"阿波罗"-11 至"阿波罗"-17）、两次"合练"任务（"阿波罗"-9 和"阿波罗"-10）及一次无人飞行试验任务（"阿波罗"-5）。

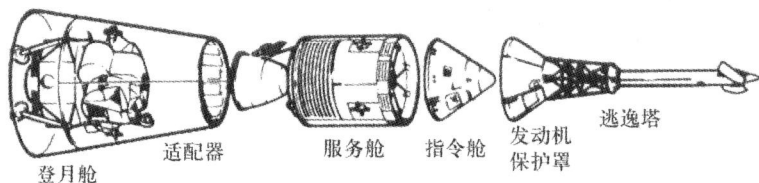

登月舱　　适配器　　服务舱　　指令舱　　发动机　　逃逸塔
　　　　　　　　　　　　　　　　　　　保护罩

图 4–1　　"阿波罗"飞船的组成

在所有飞行任务中，指令/服务舱和登月舱都有代号。当两艘飞船在太空飞行时，代号可以帮助地面控制人员区分通话的飞船。"阿波罗"-11 飞船的指令/服务舱代号是"Columbia"（哥伦比亚），登月舱代号是"Eagle"（小鹰）。

4.2.1 指令/服务舱

指令舱（CM）和服务舱（SM）大部分时期是连接在一起的，统称为指令/服务舱（CSM）。指令/服务舱的主承包商是北美航空公司，后来该公司改组为北美罗克韦尔公司。罗克韦尔公司负责在加利福尼亚州唐尼组装指令舱和服务舱（图 4–2）。

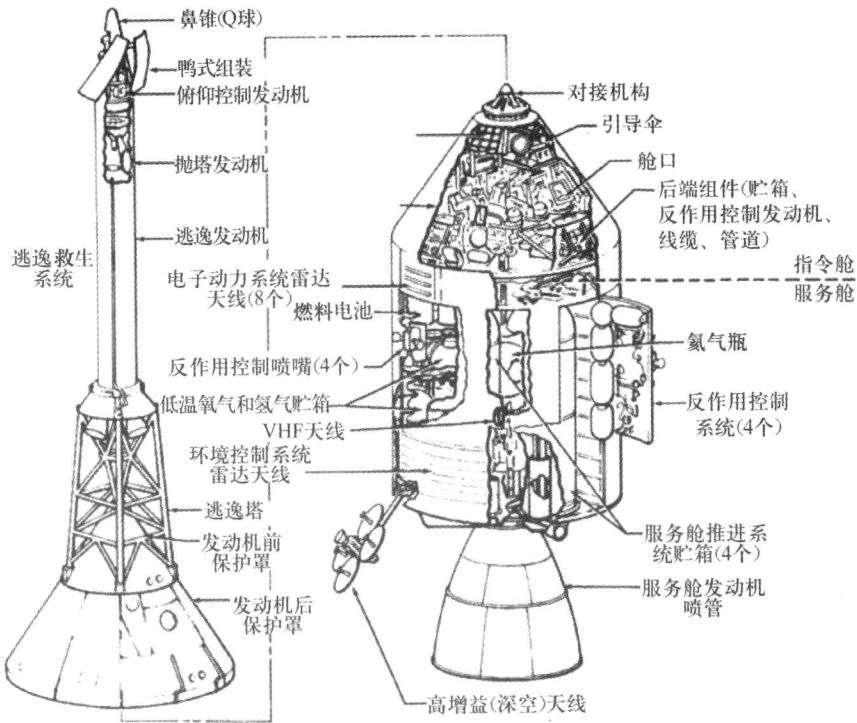

图 4-2 "阿波罗"飞船指令/服务舱和逃逸救生系统

4.2.2 指令舱

　　指令舱是整个"阿波罗"/"土星"航天器唯一完好返回地球的部分，它是3名航天员在整个任务过程中的家，经常被称为"太空舱"（capsule）。

　　锥形的指令舱高为3.5米，底部直径为3.9米。舱内可容纳3名航天员，舱内容积为6.2立方米，大致相当于一辆面包车的内部空间。虽然与"水星"和"双子座"飞船相比容积增加很多，但是3名航天员要在舱内工作两周时间，舱内生活空间显得并不是非常大。

　　除了"阿波罗"-7和"阿波罗"-8之外的所有任务中，指令舱的前端安装了对接机构，可以用来将指令舱与登月舱（"阿波罗"-9至"阿波罗"-17）、"天空实验室"空间站或"阿波罗"/"联盟"对接舱对接。指令舱对接时，探针被挪开并存放在指令舱中，航天员可以通过指令舱前端通道在对接好的航天器之间移动。

指令舱前端还安装有降落伞系统。该系统的主要部件是 2 个引导伞和 3 个主降落伞。这些降落伞可以降低指令舱返回时的下降速度，保证指令舱安全降落在海面。

指令舱侧面的梯形舱门是航天员在地面进出船舱和在空间进行舱外活动（EVA）的通道。航天员可以从内向外打开舱门。"阿波罗"-1指令舱的舱门原本是向内打开的，这被认为是导致火灾事故中航天员死亡的一个原因。

整个指令舱表面覆盖着烧蚀材料，可以通过燃烧吸收返回大气层时产生的热量。指令舱底部是厚厚的防热底。指令舱的前表面用镀铝PET 薄膜层覆盖，以增加指令舱的反光度。反光膜还可在长期任务中辅助进行热量调节。指令舱发射前在地面进行处理时，PET 膜用蓝色透明塑料膜覆盖。"天空实验室"任务中，指令舱与"天空实验室"对接时，指令舱面向太阳的一侧被涂成白色。

任务结束指令舱不再依赖服务舱，由其内部电池提供短时电力供应。指令舱安装有调节发动机，推进剂为单甲基肼（MMH）和四氧化二氮，这些发动机在返回过程中对指令舱进行控制。

4.2.3　服务舱

服务舱是连接到指令舱后端防热底的圆柱形容器。服务舱的直径约为 3.9 米，长为 7.6 米。它安装有"阿波罗"任务长期飞行的主要支持系统，包括氧气、产生电力和水的燃料电池、通信系统、姿态调节系统和用于深空推进的大型发动机。其内部从芯筒向外被分成 6 个部分。

服务舱最显著的特征是尾端的服务推进系统（SPS）大型发动机喷管。该发动机用于对飞船速度进行大幅度调整，包括中期校正、月球轨道进入、轨道环绕和高度变化、返回再入等，使用的推进剂为肼 50 和四氧化二氮。

服务推进系统发动机功率几乎是登月任务实际需要量的两倍。最初开发"阿波罗"飞船时，NASA 设计的登月任务采用地球轨道交会或直接上升方案，要求指令/服务舱全部登陆月球（即不另外设计单独的登月舱）。因此，服务推进系统发动机的设计是基于指令/服务舱能够从月球表面发射并返回地球的要求。随后 NASA 采用了月球轨道交会方案，该方案不需要服务推进系统具备如此大的功率，但是采用该方案时，服务推进系统发动机已经研发出来了。

服务舱的过度设计造成超重，用于非登月任务的"土星"-IB 运载火箭不能将加满推进剂的指令/服务舱送入到地球轨道。由于地球轨道相比登月飞行所需的燃料较少，因此地球轨道飞行任务中指令/服务舱只加注了部分推进剂。

服务舱的姿态调节系统安装在服务舱表面突出的 4 个方框上，推进剂采用 MMH 和四氧化二氮。飞船操作人员经常将那些方框形象地称为"狗窝"。

服务舱携带液态氢和液态氧以驱动燃料电池，并产生水和氧气。在"阿波罗"-13 事故后，服务舱增加了第 3 个氧气瓶，还向服务舱增加了电池，以便在紧急情况下提供应急电源。

在 J- 任务（"阿波罗"-15 至"阿波罗"-17）中，服务舱安装了科学实验设备（磁力计、光谱仪等）和相机（用于从月球轨道研究月球），这些设备被安装在科学仪器模块（SIM）托架上。

在登月任务和"阿波罗"–"联盟"试验计划（ASTP）中，一个巨大的、可操控的高增益天线阵列安装在服务舱的后端。在深空中，它可以与地球进行语音和数据传输。"阿波罗"–"联盟"试验计划中，高增益天线用于中继通信（通过地球静止轨道上的 ATS-6 卫星）。

指令舱通过 3 个张力带和 6 个压缩垫连接到服务舱。这些设备将指令舱的防热底与服务舱前端连接起来。两舱之间的外部脱插负责连接相应的管路，由火工品驱动的分离机构在指令舱重返地球大气层前切断连接。

4.2.4 第 I 组和第 II 组指令/服务舱

"阿波罗"指令/服务舱具有两种基本构型，称为第 I 组和第 II 组。第 I 组是最初设计的飞船，仅用于早期地球轨道飞行任务，它没有对接机构，并且当主舱门失效时，前端通道只用于紧急逃生。"阿波罗"-1飞船是第 I 组。火灾事故后，NASA 不再改进第 I 组，而是努力改进第 II 组指令/服务舱。所有载人"阿波罗"飞行任务使用第 II 组构型。

通过观察指令舱，可以很容易区分第 I 组和第 II 组。第 I 组指令舱没有镀铝 PET 薄膜层，并且它们被涂成灰色或白色。由于没有安装对接探测器，第 I 组指令舱前端为圆形结构。第 II 组指令舱的形状像截顶锥体，对接探测器安装在前端平面。

第 I 组和第 II 组服务舱外部散热器布置不同。"阿波罗"-6 使用的第 I 组服务舱是白色的，以匹配任务中使用的白色指令舱，但所有其他第 I 组服务舱安装带白色散热器的铝面。两种型号服务推进系统发动机隔热罩有所不同，其中第 I 组为圆形、沙漏形状，第 II 组为带圆角的矩形形状。第 I 组和第 II 组服务舱之间内部有显著差异。

第 I 组指令/服务舱编号为 CSM-0xx，第 II 组指令/服务舱编号为 CSM-1xx，其中"xx"表示制造序列。例如，"阿波罗"-1 飞船是 CSM-012，是生产的第 12 艘第 I 组指令/服务舱；"阿波罗"-11 指令/服务舱是 CSM-107，是生产的第 7 艘第 II 组指令/服务舱（图 4-3）。

图 4-3　第 I 组（左侧，AS-202 任务 011 号）和第 II 组（右侧，"阿波罗"-15 112 号）指令/服务舱对比

4.2.5 登月舱

登月舱是"阿波罗"飞船的组成部分,它负责将两名航天员降落到月球上,并将他们送回月球轨道。这是设计用于地球大气层外飞行的第一艘载人航天器,其工作环境要么是零重力环境,要么是月球表面的 1/6 重力环境。它没有必要考虑外观形状,为了节省重量,登月舱的外壳厚度仅相当于 3 张厨房用的铝箔厚度。在乘员舱内没有座位,在月球下降和上升段,航天员站在一起,通过弹簧电缆系在登月舱地板上。航天员在休息期间睡在吊床或登月舱地板上。

登月舱由两级组成,即上升级和下降级。下降级安装有下降推进系统(DPS)发动机、起落架、高压推进剂,以及航天员在月球表面上使用的实验设备和工具。在月球轨道下降阶段,下降推进系统发动机工作约 12 分钟,以实现登月舱软着陆。下降推进系统是第一个可以进行节流控制的火箭发动机。

在月球表面逗留结束后,航天员丢弃几乎所有不需要带回的东西,如工具、背包、垃圾等。火工品驱动的分离机构切断上升级和下降级之间的连接管路,爆炸螺栓解锁,大约 1 秒钟后,上升发动机点火将上升级送入月球轨道。下降级作为发射工位,将保留在月球上(图 4-4)。

与指令/服务舱对接后,航天员将转移到指令舱。一旦进入,航天员关闭舱门,并从指令舱前端切断登月舱上升级和指令舱对接机构。从"阿波罗"-11 任务以后,登月舱上升级故意坠入月球,以测试航天员留在月球表面上的地震仪。"阿波罗"-10 的上升级仍然环绕在太阳轨道上。

从"阿波罗"-14 任务起,登月舱为 H 系列模型,可以在月球上停留约 2 天。最后 3 次"阿波罗"登月任务采用 J 系列模型,可以将停留时间延长至 3 天,J 系列登月舱还携带了月球车。

登月舱按照其制造顺序分配序列号。"阿波罗"-5 为 LM-1;LM-2 没有飞行,它用于结构和起落架测试,现在史密森尼的国家航空航天博物馆;"阿波罗"-9 为 LM-3。从 LM-8/"阿波罗"-14 起,按任务顺序排列。LM-9 最初用于"阿波罗"-15,J 系列的 LM-10 代替了 LM-9。LM-9 现在肯尼迪航天中心的"阿波罗"/"土星"游客中心展示。LM-13 最初计划用于被取消的"阿波罗"-18,经过精心恢复,LM-13 在若干电视节目和电影中出现,现在纽约花园城航空摇篮博物馆展出。

雷达天线

校准光线
望远镜

惯性测量单元

S波段天线

环境控制系统
模块

乘员舱

对接通道

上升级

VHF天线

航天员飞行
时姿态

后端设备箱

氧气瓶(2个)

坐在发动机盖
上的航天员

S波段天线(2个)

反作用控制发
动机(4个)

上升发动机盖

上升级推进剂
贮箱(2个)

模块化设备装载组件(4象限)

红色对接灯

出口踏板

摄像机

燃料贮箱
(2个)

下降发动机

氧化剂贮箱
(2个)

月面探测器

下降级

着陆支架

早期"阿波罗"
科学实验箱

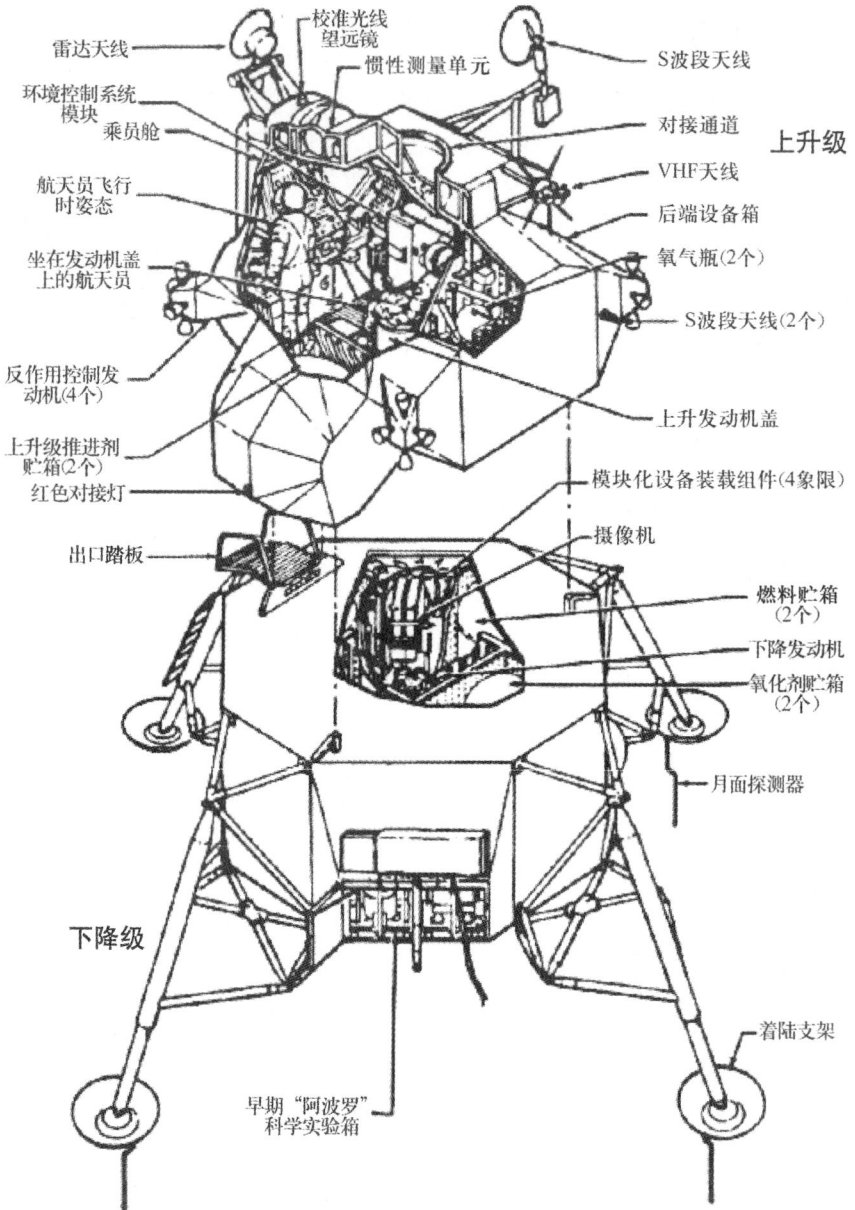

图 4-4 登月舱结构简图

4.2.6 逃逸救生系统

逃逸救生系统（LES）由"水星"飞船逃逸塔演变而来。它是一个非常强大的固体燃料火箭,其用途是在紧急情况下将指令舱迅速拉离运载火箭。

在发射工位上和飞行的最初几分钟内,逃逸救生系统连接在指令舱的前端。如果运载火箭在发射工位上即将爆炸,或者在飞行的最初几分钟内发生灾难性故障,则中止飞行命令将点燃逃逸救生系统上的固体火箭发动机,并立即将指令舱拉离运载火箭。即使"土星"-V火箭的第二级推进剂爆炸,逃逸救生系统也可将指令舱带离爆炸区,使爆炸冲击波不会危及航天员[①]。

在连接逃逸救生系统时,由玻璃纤维和软木制成的发动机保护罩(BPC)盖在指令舱上。发动机保护罩可以保护指令舱不受逃逸救生系统的发动机喷流影响。发动机保护罩还在航天器穿过大气时为指令舱提供防护。

S-II级点火后,如果中止飞行,任务程序要求使用服务舱的发动机将"阿波罗"飞船与运载火箭分离。在火箭第一级分离后,就不再需要逃逸救生系统和发动机保护罩,它们通过断开逃逸救生系统与指令舱的连接,同时启动抛塔发动机实现安全分离。

在逃逸救生系统的前端是Q球,由8个空速管组成阵列。Q球在飞行期间测量动压(q)以及通过大气的攻角,将这些关键数据传给指令舱的计算机和仪器舱。Q球是突发防护系统(EDS)的关键组成部分。

"阿波罗"逃逸救生系统在新墨西哥州的白沙导弹基地进行了测试。使用"小乔"-II火箭进行了一系列发射工位中止测试和发射试验证实逃逸救生系统在发射工位或飞行时具备逃逸救生能力。"小乔"-II项目中的几名测试指挥和工程师后来继续在肯尼迪航天中心"阿波罗"计划中工作(图4-5)。

4.2.7 飞船/登月舱适配器

飞船/登月舱适配器(SLA)是一个锥形结构,将服务舱的底座连接到运载火箭的仪器舱。它用于在发射阶段安装和保护登月舱。飞船/登月舱适配器是由覆盖着一薄片白色软木的铝材料制成的。北美罗克韦

[①]虽然S-II级相比S-IC级较小,携带推进剂较少,但是S-II级对"阿波罗"飞船的影响更大。S-II级推进剂贮箱与飞船的距离比S-IC级推进剂贮箱与飞船的距离少约40米,S-II级的液氧/液氢推进剂也比S-IC级的RP-1煤油和液氧推进剂更容易爆炸。逃逸救生系统可以将指令舱迅速撤离到S-II级爆炸冲击波影响区域之外。

图 4-5 1965 年 6 月 29 日，白沙导弹基地，模样指令舱正在进行逃逸救生系统发射
工位中止飞行试验

尔公司负责在俄克拉荷马州塔尔萨制造飞船/登月舱适配器。

飞船/登月舱适配器由两个主要部分组成。下面部分是固定结构，与运载火箭仪器舱连接，高约 2.1 米，在发射期间与登月舱通过 4 个"硬点"（hard points）连接。上、下部分的连接由 4 个铰接板组成，高约 6.2 米（图 4-6 和图 4-7）。

运载火箭完成最后一次推进（用于地球轨道调整或月球轨道转移）之后，线形爆炸索将服务舱与飞船/登月舱适配器的顶部分离。其他火工品同时点火使上部飞船/登月舱适配器像花瓣一样打开。此操作将登月舱暴露出来，以便可以从飞船/登月舱适配器中释放出来。"阿波

"阿波罗"飞船／登月舱适配器

面板通过爆炸索分离

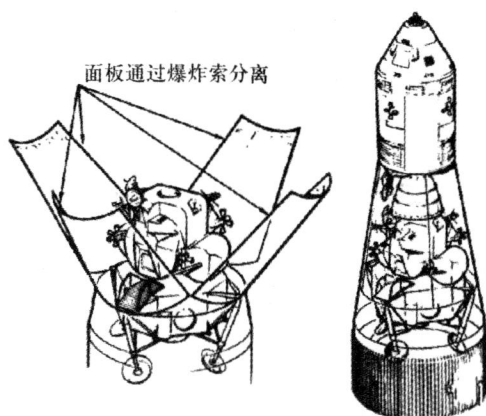

图 4-6　飞船/登月舱适配器结构简图

图 4-7　1967 年 11 月 22 日，LM-1（"阿波罗"-5）正在往飞船/登月舱适配器内安装。这是唯一一次在载人航天器操作厂房低顶区进行的匹配操作；其余操作都在高顶区进行。后续任务的飞船/登月舱适配器在这里存放。右前方的鼻锥体作为指令/服务舱参加了"阿波罗"-5 任务

罗"-7 任务以来，飞船/登月舱适配器上面部分面板通过铰链与下面部分连接，并且面板的顶部向外旋转。"阿波罗"-7 出现某个花瓣未能完全打开，NASA 随后对飞船/登月舱适配器进行了重新设计，让面板旋转回来，然后与飞船/登月舱适配器下面部分完全分离。

4.3　繁忙的飞船操作任务

在"阿波罗"计划任务繁忙时期，肯尼迪航天中心飞船测试工作每周 7 天、每天 24 小时运行。为了"阿波罗"-11 任务，洛克希德公司和格鲁曼公司的员工每天 12 小时两班倒或每天 8 小时三班倒；NASA 每天 8 小时三班倒。在周末，一些 NASA 飞船操作人员工作 12 小时，以便一些同事可以每隔一周休息一天。承包商领导与员工同样工作。格鲁曼公司的沃尔特·德莫迪（Walt Dermody）说："我们每周工作 7 天，每天 12 小时轮班，整整干了一年，期间没有圣诞节，没有感恩节，这只是为了准备 LM-1，它在 1968 年 1 月发射。已婚员工自愿在新年前夕替单身员工工作，以便单身员工可以出去约会，单身员工在圣诞前夕替已婚员工工作，以便已婚员工可以和家人团聚，今天在美国的工厂你可能看不到这种情况！"

飞船操作时间表如此紧迫有两个主要原因。第一个原因纯粹是计划要求。肯尼迪总统宣布的登月时间底限迫在眉睫。1967 年 1 月的"阿波罗"-1 火灾事故导致对指令舱许多系统进行重大改进，这使载人飞行任务发射计划延迟了一年多，进一步增加了时间压力。在第 II 组"阿波罗"飞船重新设计时，无人"阿波罗"任务继续飞行，无人飞船也必须在肯尼迪航天中心进行组装和测试。第 II 组指令/服务舱要在 1968 年 10 月与"阿波罗"-7 一起飞行。即使 1 天的延误也有可能产生连锁效应，最终影响国家制定的 1969 年底登陆月球的目标。已经部分组装的登月舱要拆开并检查可燃性材料；电线束必须用不易燃材料重新绑扎。格鲁曼公司的吉尔罗伊·乔（Gilroy Chow）说，即使登月舱舱壁上的魔术贴也要用不锈钢魔术贴替代。

另一个因素是，飞船舱段运到肯尼迪航天中心的状态，鲍伯·西克（Bob Sieck）开玩笑地称之为"需要组装"。飞船每个阶段每个舱段有很多部件要在肯尼迪航天中心进行组装和测试。西克补充道："除了测试工作外，有很多基础工作要做——结构、机械方面有很多制造和装配工作要做，才能确保飞船一切状态正常。"恩尔尼·雷耶斯认为"修理工作"是飞船操作的一项主要工作。

在休斯敦、生产厂家和肯尼迪航天中心之间不断的修改变化一直是导致工作紧张的原因。"阿波罗"计划在 20 世纪 60 年代后期要求在前一次任务结果出来之前，必须将飞船组装、测试完毕，并做好转运准备。每次任务后，返回的航天员向休斯敦汇报他们认为在下一次任务飞行之前飞船需要改进的方面。由于下一次发射任务的飞船在前一次任务飞船返回时已经离开了工厂，许多情况下已经矗立在发射工位上，改进工作不得不在肯尼迪航天中心载人航天器操作厂房、垂直总装厂房，甚至在发射工位进行。已经安装和测试的系统或部件必须从舱体内取出，以便可以安装新的模块，同时还需要新的测试和确认。

检查和测试占用了飞船操作工作的大部分时间。准备测试、执行测试、分析结果以及纠正偏差，根据测试的复杂程度可能需要几天到几周的时间。在飞船或任何子系统被准许飞行之前，测试规程和结果需要承包商和 NASA 质量控制检查员的检查和批准。

装配和检验过程的一个关键因素是每个主要飞船部件都被设计为现场置换单元（FRU）。这意味着，如果需要可以在肯尼迪航天中心更换零件或组件。从流程中下一艘飞船上更换和"窃取"组件，可以使流程顺利运行，因为许多关键部件需要很长的提前准备期。正如 NASA 登月舱项目经理约翰·普瑞斯尼尔（John Presnell）所说："有一系列飞船，你为每一艘飞船准备了部件，如果已经完工的飞船上一个部件损坏了，你可以从下一艘飞船上借。每个人都必须等着看你是否需要重新设计，然后才能继续下去。"

在"阿波罗"计划期间，在肯尼迪航天中心更换的飞船组件包括低温贮箱、反作用控制系统基座、登月舱下降发动机和惯性测量单元等。查理·马尔斯（Charlie Mars）介绍，现场置换单元概念意味着，在理论上，如果必要的话，可以交换不同登月舱的上升级和下降级（幸运的是从来没有发生）。

因此，肯尼迪航天中心的飞船操作就是将所有零部件组合在一起，确保飞船尽可能完美地工作，以确保每次任务顺利飞行。飞船工作人员、NASA 和承包商都对他们所做的工作感到非常自豪，他们疯狂地庆祝每一次任务成功，就像他们自己亲身飞行了一样。

4.4　角色和责任

本节简要介绍参与飞船装配和测试的一些参试人员的角色、职责和相互关系。

4.4.1　高级领导

在"阿波罗"计划全面开展时，约翰·威廉姆斯（John Williams）负责领导肯尼迪航天中心 NASA 飞船操作工作。向威廉姆斯汇报的人员有厄内斯特·赛兹莫尔（Ernest Sizemore，行政和资源办公室）、约翰·杰农凯迪斯（John Janokaitis，技术管理和规划办公室）、乔治·佩奇（George Page，操作部门）、乔治·萨森（George T. "Ted" Sasseen，工程部门）和乔·博比克（Joe Bobik）。佩奇的团队负责管理飞船的工作流程和测试操作。萨森的团队负责解决工程问题，以确保飞船的完整性（图 4–8）。

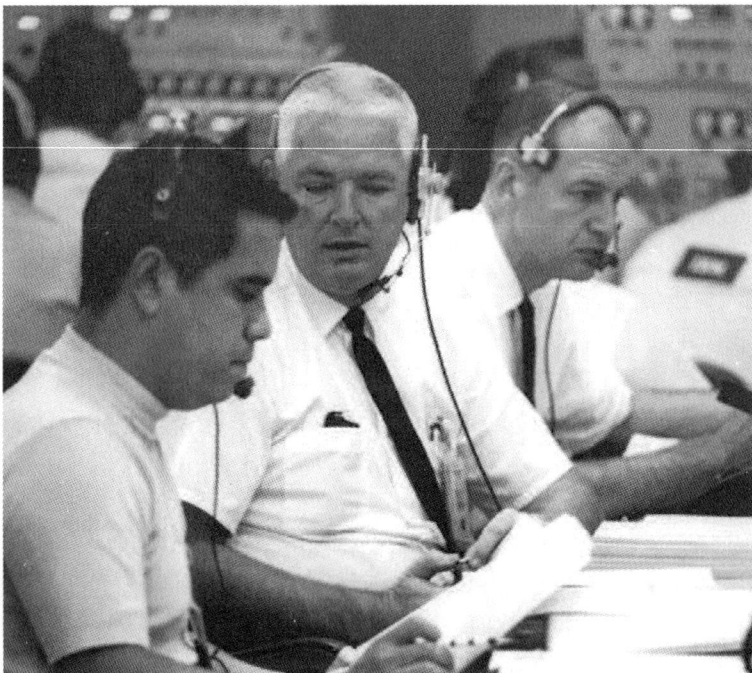

图 4–8　1968 年 10 月 11 日，"阿波罗"-7 倒计时，恩尔尼·雷耶斯、约翰·威廉姆斯和乔治·劳（George Low）（左起）在 LC-34 地堡中

对于指令/服务舱承包商北美罗克韦尔公司，托马斯·奥马利（Thomas J. O'Malley）是指令/服务舱操作的现场主管。佩奇的同事比尔·埃德森（Bill Edson）是工程运营经理。萨森的同事雷·派尔（Ray Pyle）是总工程师。约翰·汉塞尔（John Hansel）是质量总监，尼尔·穆林斯（Neil Mullins）是技术人员。约翰·海德（John Heard）在"阿波罗"-11 任务中担任 CSM-107 的指令/服务舱经理。他的同事延森（D. Jensen）是罗克韦尔公司飞船部主任（图 4-9）。

图 4-9　罗克韦尔公司指令/服务舱操作现场主管托马斯·奥马利（左侧）和 CEO 堂·比尔（Don Beall）参观载人航天器操作厂房的 ACE 控制室

乔治·斯格拉（George Skurla）负责领导格鲁曼公司的登月舱操作。格鲁曼公司指派一名航天器测试管理人员（STM），格鲁曼公司的所有测试指挥都要向他报告。每名航天器测试管理人员负责一个登月舱，从载人航天器操作厂房直到发射，整个流程他都负责（图 4-10）。佩格·休伊特（Peg Hewitt）负责管理格鲁曼公司的 ACE 控制室。她是格鲁曼公司在肯尼迪航天中心职务最高的女性。

图 4-10　格鲁曼公司的乔治·斯格拉（图中打领带、坐在桌子边上人员）在发射前与"阿波罗"-9 航天员共进早餐

4.4.2　测试团队

克拉伦斯·斯基普·绍文（Clarence "Skip" Chauvin）是 NASA 的指令/服务舱的测试指挥。当任何一项测试需要航天员进入指令/服务舱时，绍文在载人航天器操作厂房的 ACE 控制室就位。与他对应的登月舱测试指挥是赫尔曼·弗里茨·韦迪克（Herman "Fritz" Widick）。绍文和韦迪克都向乔治·佩奇汇报工作，并对飞船操作负责。他们确保测试按要求运行，为测试和检查准备所有必要的设备和人员。

绍文介绍了他作为指令/服务舱测试指挥角色的演变过程（图 4-11和图 4-12）：

早期开始测试时，我们在不同地方有两艘飞船，乔治·佩奇手下有两名主要的指令/服务舱测试指挥，迪克·普罗菲特（Dick Proffitt）和我。有些测试在 LC-39 发射场进行，我们在LC-34 发射场和航天员一起做一些类似的工作。一位经理跑来

图 4–11 "阿波罗"-12 测试中，NASA 的指令/服务舱测试指挥克拉伦斯·绍文在 ACE 控制室工作

图 4–12 NASA 的登月舱测试指挥赫尔曼·韦迪克，厂房内是"阿波罗"-17 登月舱和月球车

找乔治，他说："嗨，乔治，你在 LC-34 是那样工作，在 LC-39 你与另一个测试指挥是这样工作，为什么？"乔治说——这也是他的原则——在指令/服务舱里有航天员，绍文就是负责人；航天员在登月舱，韦迪克就是负责人。每当航天员参加肯尼迪航天中心的测试，弗里茨和我都必须戴上耳麦，进行指挥。这让我很忙！

有一次我们在发射工位工作，与此同时，我们还在高顶区处理另一个任务流程。我当时在发射工位工作，于是不得不派另一个人去高顶区指挥。高顶区的工作出了些问题。随后，我和乔治被叫到洛克·佩特龙（Rocco Petrone）的办公室。汤姆·斯塔福德（Tom Stafford）是高顶区工作的航天员，他对洛克抱怨说："嗨，洛克，他们把我当成一个二等公民。"嗯，我们被批评了，只有洛克·佩特龙能这么干！事情就这么结束了，但我更加忙碌了。

飞船测试指挥通常是测试期间唯一允许与航天员在调度上进行通话的人员。当航天员在发射控制室或休斯敦太空舱通信机（CAPCOM）操作"斯托尼"控制台时，乔治·佩奇和保罗·唐纳利（Paul Donnelly）偶尔也会在测试期间与航天员通话。如果航天员在测试期间提出技术问题，飞船测试指挥可以从他们的团队迅速得到答案。

每一次任务都由一个测试团队负责，测试团队人员由飞船操作部门分配的人员组成。在组成测试团队方面，恩尔尼·雷耶斯说：

绍文是测试团队的负责人。项目工程师负责工程师的分配。操作中工程师要三班倒，系统工程师要签署各种文书。我们与休斯敦有一条连线，他会呼叫我们，并指派一个人作为飞行乘组首席代表（FCDR）。我与他进行协调，让航天员可以参加测试或训练。飞行乘组首席代表也与我协调计划安排。这是我们唯一的连线——飞行乘组首席代表、任何未解决的"异常"（squawks）和工程问题的首席代表。

雷耶斯是 NASA 的一名操作工程师，他向佩奇汇报。他总结自己的角色是负责飞船和测试设备电缆连接/断开、加工、拆卸——任何测试必需的事情。他帮助飞船和测试系统进行排故，经常担任航天员和测试团队之间的中介。在"阿波罗"-7 发射后，雷耶斯晋升为飞行前操作部门主管。在这个岗位，他负责监督肯尼迪航天中心指令/服务舱的所有操作,他的职责还包括准备所有飞行乘组的设备和训练航天员进出指令舱舱门。他试图通过飞船流程计划表中的"史努比"卡通画给日常工作增加活力,以帮助缓解人们的工作压力(图 4-13)。

图 4-13　奥马利的秘书 —— 艾琳·罗杰斯(Irene Rogers)的卡通画,描绘奥马利著名的强硬通话方式

约翰·贝森(John Beeson)是 NASA LM-5 经理。约翰·普瑞斯尼尔也是 NASA 的登月舱经理,负责管理其他登月舱。普瑞斯尼尔在休斯敦的载人航天器中心工作,但他每年超过一半的时间待在格鲁曼公司的贝思佩奇工厂或肯尼迪航天中心。他的职责包括在项目开始时参与设计评审,然后在登月舱组装和测试时与格鲁曼公司员工一起工作。他负责登月舱正式出厂工程验收测试,确保产品已准备好运往肯尼迪航天中心。来到肯尼迪航天中心,他将产品转交给中心操作人员,由他们进行最后的测试。正如普瑞斯尼尔介绍他的角色时说:"装配或其他事项的数据都会产生偏差,这就是我们的工作,这不是简单打开一个开关然后观察运行情况,而是需要承包商的设计工程师、休斯敦的工程师和这里的工程师配合工作。这是一个全国范围的协调工作,从设计人员直到制造产品的供应商。"

杰克·史密斯(Jackie Smith)是 NASA 指令/服务舱项目工程师。他说到自己的角色:"项目工程师是负责对所有问题进行检查的人,所有的系统人员被分配到一个团队,鲍伯·西克负责一个团队,我负责另一个团队。在'阿波罗'计划中,我是'阿波罗'-7 的项目工程师

(PE)，参与第一个载人'阿波罗'发射任务，然后鲍伯和我互换，鲍伯负责'阿波罗'-8。就这样，我最后负责了'阿波罗'-11。"史密斯也负责管理肯尼迪航天中心的 ACE 系统。

西克在为通用电气公司工作 6 个月后来到 NASA。他开始在通用电气公司工作时，ACE 控制室和测试计算机系统正在进行安装。这为他转入 NASA 从事飞船操作项目工程师工作提供了一个机会。西克是指令/服务舱流程的高级项目工程师，负责向项目工程师罗杰·加斯金斯（Roger Gaskins）汇报。西克笑着回忆说，他被任命为"高级"工程师，因为他有 5 年工作经验，比很多新员工工作时间要长许多。西克的同事查理·马尔斯是登月舱的项目工程师，也负责向萨森汇报。西克说到他们的角色：

> 休斯敦和我们之间有很多联系，特别在任务早期。我们不能运行这个测试，或者我们不能满足技术要求，是因为休斯敦设计不正确。这是查理和我的职责，查理负责登月舱，而我负责指令舱。我们必须通过 RASPO（驻"阿波罗"飞船项目办公室）和休斯敦与各方进行工作协调。当我们测试产品时，如果程序没有运行，或我们不能满足技术要求，或产品不工作，我们项目工程办公室的责任就是分析这是一个程序问题、产品问题、软件问题，还是操作问题。

马库斯·古坎德（Marcus Goodkind）是格鲁曼公司的 LM-5 测试经理，比尔·沃尔德伦（Bill Waldron）是格鲁曼公司的飞船经理。当维尼·德拉皮（Vinnie Dellapi）背部受伤不得不休假时，沃尔德伦被晋升为飞船经理。古坎德说到他的角色：

> 我的团队由工程师和技术人员组成，技术人员比工程师多。团队中的工程师是发射工位领导那样的人，他们像载人航天器操作厂房的工头一样。我的团队负责为工程师提供支持——贝思佩奇的设计工程师和格鲁曼公司工程部门的测试工程师。
>
> 当格鲁曼公司第一次来到肯尼迪航天中心，他们被称为格鲁曼航天工程公司（GAEC）。有时在流程期间，他们改称为格鲁曼航天。他们总是把自己看成是一个工程部门。来自贝思佩奇的影响很多。一直有设计工程师在现场，但他们不为我工作。他们为工程部门工作。我的部门负责实际操作。老实说，这个工作压力非常大！

4.4.3 组装与测试工作

每天有大量的格鲁曼公司和罗克韦尔公司的技术人员、工程师、检查员在载人航天器操作厂房进行组装和测试工作，还有很多NASA的质量控制检查员、项目工程师、操作工程师和测试指挥，平均每两到三个承包商工作人员就有一个NASA员工。在月球车任务中，波音公司的人员负责操作月球车。为月球任务设计实验装置的科学家负责监督这些仪器的安装和校准。还有一些支持人员也在载人航天器操作厂房工作，包括高顶区的本迪克斯公司吊车操作员和救援人员，管理和维护ACE控制室设备的通用电气公司和IBM公司人员。另外还有经理、科学家、航天员和其他支持人员，载人航天器操作厂房确实是一个非常繁忙的地方。

在这个时期载人航天器操作厂房的照片上可以看到各种工作人员。穿着彩色编码服装的工作人员：在指令/服务舱区域，NASA质量检查员穿蓝色工作服，发射工位领导穿黄色工作服，工程师穿白色工作服；在登月舱区，NASA质量检查员穿绿色工作服，发射工位领导穿黄色工作服，技术人员穿白色的"防护服"（图4–14）。

格鲁曼公司和罗克韦尔公司的发射工位领导是他们各自公司的高级技术人或主管。他们监督管理飞船操作人员，以确保每个人的安全。与人们想象不同，宫特·文特（Guenter Wendt）不是罗克韦尔公司唯一的发射工位领导。雷耶斯说："我们轮换发射工位领导，我们不得不这么做，因为有很多任务，我们尽量每次任务在载人航天器操作厂房、垂直总装厂房和发射工位配置同一个人，这样航天员从始至终就会看到同一组支持人员。我们选择了一些强壮的人，以便必要时他们可以把航天员从舱内拉出来。"

卢·库拉托洛（Lou Curatolo）、赫尔曼·布莱恩特（Herman "Herm" Bryant）和堂·巴比特（Don Babbitt）也是罗克韦尔公司的发射工位领导。雷耶斯回忆说，布莱恩特负责罗克韦尔公司的"阿波罗"-10发射工位团队，库拉托洛负责"阿波罗"-11 。

弗恩·德比（Vern Derby）和卡尔·莫泽（Cal Moser）是格鲁曼公司的两名登月舱发射工位领导。德比身材矮小，非常直率，个性鲜明。雷耶斯提起德比时说："他说话像一只狮子。德比走过来，穿着黄色工作服站在那里，大声地喊叫，'好吧，你们这群家伙，让我们把这个地方处理好！'每个人都会笑着去工作。工作人员兰迪·蒂利（Randy Tilley）

图 4–14 "阿波罗"-10 登月舱正在装入适配器。不同的角色穿着不同颜色的工作服

说:'我害怕那个家伙! 他每天下午都来，大声吼叫，让每个人都忙起来。'我说，'这正是发射工位领导应该做的。'"

飞船每个子系统都由承包商工程师负责。例如，约翰·特赖布（John Tribe）1965 年作为北美航空公司的第一个反作用控制系统（RCS）工程师参与"阿波罗"计划。在"阿波罗"-1 火灾事故后，他领导 18 名工程师和技术人员负责指令/服务舱 RCS 系统。1969 年，指令/服务舱的服务推进系统也由他负责，这使他管理的团队达到 38 人。在"阿波罗"-11 后，他管理的人员减少到 20 人。他的团队主要职责是检查指令/服务舱的推进系统、支持所有综合系统测试、处理所有的自燃推进剂和高压气体，以及参加发射。他的团队还负责 S-IVB 级和登月舱自燃推进剂加注，在任务期间他们可以向休斯敦咨询。当飞船溅落在大西洋时，特赖布的团队与回收人员合作，搜救指令舱上的反作用控制系统（图 4–15）。

图 4–15 "阿波罗"-10 倒计时期间，NASA 工程师沃伦·拉基（Warren Lackie，左）和罗克韦尔公司指令/服务舱推进系统工程师约翰·特赖布在 ACE 控制室工作

沃尔特·德莫迪（Walt Dermody）是格鲁曼公司的电气技师。他说他的工作是"测试、修理、更换登月舱上必须完成的各项工作，我在那里的全部时间都在操作登月舱，加上安装工作。如果有设备坏了，我们把它取出来，修好它，再进行测试，然后把设备安装回去。"

德莫迪的工作使他经常在登月舱里与航天员一起工作，这是他承担的非常重要的职责。他说："我获得飞行员执照的原因之一是我操作过登月舱。我不希望航天员进到登月舱问我问题而我回答不上来。因此我拿到了我的私人执照，并且参加商业训练，这让我感到自信。"像德莫迪一样，加里·莫尔斯（Gary Morse）也是一个"舱中男孩"（cabin boy，格鲁曼公司这样称呼他们），他替航天员测试驾驶舱控制功能。

如前所述，NASA 所属人员不再从事飞船和运载火箭的实际操作工作。在任务前期，NASA 技术人员被培训成为质量控制检查员。丹尼尔（J. I. Daniel）是 NASA 飞船质量监督部门的检查员。他回顾说，在每个工作级别的小组中，都有四五名检查员，他们分别被分配到指令/服务舱或登月舱。

飞船所有通电测试期间，在飞船附近为承包商和 NASA 质量控制人员提供了一个工作站。他们戴着调度系统的耳麦，跟踪测试进程。当测试开始或完成时，他们会被告知，并且他们负责测试数据与正式记录的验证。当航天员不能参加某些测试时，如果测试规程需要，一名经过认证的技术人员将坐在飞船内，负责进行相应的舱内操作。

何塞·加西亚（Jose Garcia）总结了这个过程："根据技术要求，承包商编写测试和检测规程，NASA 审查规程是否正确，我们签署批准，然后我们一起负责运行。我们多数时间在 ACE 控制室戴着耳麦工作，除非要去排除故障或检查飞船；技术人员和质量控制人员在另一端，打开开关、连接各种插头。每一步都要检查签字盖章，并双岗检查。"

4.4.4　其他角色

飞船工作中还有无数其他非常重要的角色。例如，埃德·海纳（Ed Heiner）担任格鲁曼公司的合同经理。他回忆说："有时我们需要马上从迈阿密运过去一件设备，我们的飞行员经过测量发现设备装不进公司的飞机，不得不雇用商业飞机为我们服务，费用非常昂贵，但我们的态度是，计划按时进行比费用更重要。我的另一个工作是为格鲁曼公司员工发放数以千计的洁净室服装。工作结束时，我要再次把每一件衣服都收回来。有人把衣服带回家了，或把鞋子留在车里了，我必须提前做好安排。"

航天服技术员罗恩·伍兹（Ron Woods）曾在国际橡胶公司（ILC）工作过，该公司是"阿波罗"计划航天服的制造商。他在肯尼迪航天中心工作，但国际橡胶公司的工作完全由休斯敦管理。伍兹说起他的角色，"'阿波罗'计划期间，我们国际橡胶公司总共有 58 人，技术状态、管理、质量控制、后勤等人员。每次任务要有 15 套服装，要为每次任务航天员准备 15 套服装。指令长要准备一套飞行服、一套备用服和一套训练服，备份指令长要准备一套主用服装和一套备用服装，等等。你可以算算需要的数量。"

4.5 "阿波罗"飞船计划常驻办公室

载人航天器中心（MSC）负责为指令/服务舱和登月舱组装工作提供经费和订立合同。休斯敦的"阿波罗"飞船计划常驻办公室（RASPO）位于唐尼和贝思佩奇的工厂，它是承包商主要的 NASA/MSC 协调机构，负责工程相关问题处理。在肯尼迪航天中心还有一个"阿波罗"飞船计划常驻办公室。该办公室的管理员作为载人航天器中心"阿波罗"飞船计划经理的代表，并向经理汇报工作。

"阿波罗"飞船计划常驻办公室负责将载人航天器中心发射前的测试和检测要求传到肯尼迪航天中心，批准肯尼迪航天中心的测试和检测计划，并审核不满足载人航天器中心要求的偏差工作。它还负责跟踪工厂或肯尼迪航天中心流程中飞船上所有公开项目的状态。

每当飞船准备离开工厂进入肯尼迪航天中心，"阿波罗"飞船计划常驻办公室与肯尼迪航天中心审查所有试验文书。当飞船转运到肯尼迪航天中心时，在唐尼和贝思佩奇工厂没有完成的工作称为"转交工作"（traveled work），处理"转交工作"需要肯尼迪航天中心在计划表中预留出额外的时间。"阿波罗"飞船计划常驻办公室还负责检查工作是否完成，然后通知记录人员工作已经完成。

阿尔奇·莫尔斯（Archie Morse）在肯尼迪航天中心的"阿波罗"飞船计划常驻办公室负责指令/服务舱，拉尔夫·塔特尔（Ralph Tuttle）负责登月舱，他向莫尔斯汇报。格鲁曼公司的吉尔罗伊·乔记得塔特尔是"一个安静、温和、非常细致的人，就是你希望担任这个角色的那种人"。

4.6 远程支持

在组装和测试期间，甚至飞船在肯尼迪航天中心整个期间，飞船测试工程师都可以向休斯敦和承包商办公室的专家寻求支持，以帮助解决问题。西克说：

> "阿波罗"计划的一个特色是设有一个任务评估室，你可以和 NASA 及承包商的同事向休斯敦的专家请教，那里每周7天、每天24小时有人。如果你在午夜或周末需要帮助，只需要给他们打个电话："我们想和比奇航空航天公司（Beech Aerospace）谈谈，因为他们制造的贮箱看起来有问题，我们需

要清除空气。"在半小时内，他们就会打来电话，你就可以与电话另一端的专家通话，无论是公司的 CEO 还是负责产品硬件的首席工程师。不管是否有任务，通话工作都非常好。

杰克·史密斯补充说：

当时每个人都有一部家庭电话。NASA 建立了一个电话会议。你没法像现在一样只是拨一组号码，那时他们会打电话给你，说："请等待……"她会叫出你的名字，告诉大家你已经在线上。然后她会继续带来下一个人。有时这样召集人员要花费 20 分钟时间。

4.7 与航天员一起工作

"阿波罗"计划的一个显著特点是（与航天飞机计划相比），每次任务的航天员紧密参与飞船各项工作，从工厂组装到卡纳维拉尔角的检测。在检测过程中，经常可以在飞船边或 ACE 控制室看到航天员。

每次任务分配 3 组航天员。主份组有 3 名航天员，如果一切顺利他们将执行飞行任务。备份组由另外 3 名航天员组成，他们时刻准备替换，当主份组不能完成任务时，由他们执行飞行任务。最著名的一个例子是备份指令舱航天员（CMP）杰克·斯威格特（Jack Swigert）在"阿波罗"-13 发射前代替了航天员马丁利（T. K. Mattingly）。最后，还有一个支持组，他们代表主份组和备份组航天员参与流程中各项工作，以便于主份组和备份组航天员可以专注于训练。支持组要花费大量时间监控飞船检查过程，特别是在测试准备工作和解决测试过程出现的问题方面。

有些航天员比较容易共事，有些航天员则坚持驾驶舱配置要符合他们的个人口味。有一名航天员想把驾驶舱内的开关保护器涂上颜色编码（他的要求被拒绝）。一名主份组指令长与备份组争论机舱内该用什么颜色的魔术贴，主份组指令长想要白色的魔术贴和网格，备份组坚持用蓝粉色的魔术贴和网格替代。一名航天员抱怨因为参加测试，使他不得不放弃周末与一位政治家滑雪；因为愤怒，他测试期间故意磨损航天服，对飞船内部造成轻微损伤；他的行为如此出格，航天员办公室第二天派代表到飞船测试团队为他的行为道歉。然而，这些事件很少发生，大多数航天员以高度专业的姿态要求自己。许多航天员，如罗恩·伊万斯（Ron Evans），受到人们普遍尊敬，他们努力与飞船团队每个人密切协作。

　　航天员在测试过程中发现的异常和其他问题被称为"乘员异常"（crew squawks）。其中一些是对飞船操作的合理反映，而另一些则反映出个人的偏好。支持组航天员代表主份组或备份组航天员关注各种问题。航天员杰克·洛斯马（Jack Lousma）是"阿波罗"-9 支持组航天员，他说："我在 LM-3 测试期间代替航天员麦克迪维特（McDivitt）工作，当登月舱出现问题时，我会参加检查测试工作，尝试找出问题原因并解决问题，例如在机械对接测试中对接目标无法正确对齐等。我努力解决各种问题，这样麦克迪维特就不必分心。把问题留给麦克迪维特是最后的办法。"

　　必须在主份组和备份组之间解决的"乘员异常"，要比其他问题和异常优先考虑。有时这会使工程师感觉不舒服。为了不让飞船操作团队处于乘员组分歧中，休斯敦设置了飞行乘员指挥代表（FCDR）职位。在"阿波罗"-1 火灾事故之后的任务中，飞行乘员指挥代表负责协调主份组和备份组解决问题，在处理"乘员异常"时，他还担任乘员组和飞船操作部门之间的联络人。雷耶斯说，他无须被迫接受航天员提出的改变，而是让飞行乘员指挥代表承担责任，将解决异常的责任推给乘员组。他说，"最终你会问，'这个异常需要调整计划表吗？'你需要的资源和时间只能完成有限的事情。"

4.8　ACE 控制室承担的飞船测试

　　飞船测试和检测工作由载人航天器操作厂房三楼的 ACE 控制室负责运行。ACE 控制室大约有 35～50 名工程师，人数取决于正在进行测试工作的复杂性。ACE 控制室在飞船测试中的作用，类似于发射控制中心发射控制室在运载火箭测试中的作用（图 4-16 和图 4-17）。

　　测试指挥和 ACE 控制室的工程师按照打印的测试和检测规程工作。测试开始首先检查通信回路，确保工作人员就位、测试设备连接好和计算机磁带装载完毕。在"阿波罗"计划早期，约翰·特赖布说，"大多数情况下，口头通知指令舱的技术人员拨动开关。"随着计划发展，工程师通过设置主动随机试验选择（START）模块使测试工作初始化，主动随机试验选择模块给 ACE 控制室计算机发出指令，ACE 控制室计算机然后给飞船测试点或 ACE 内置设备发出命令，以执行测试。

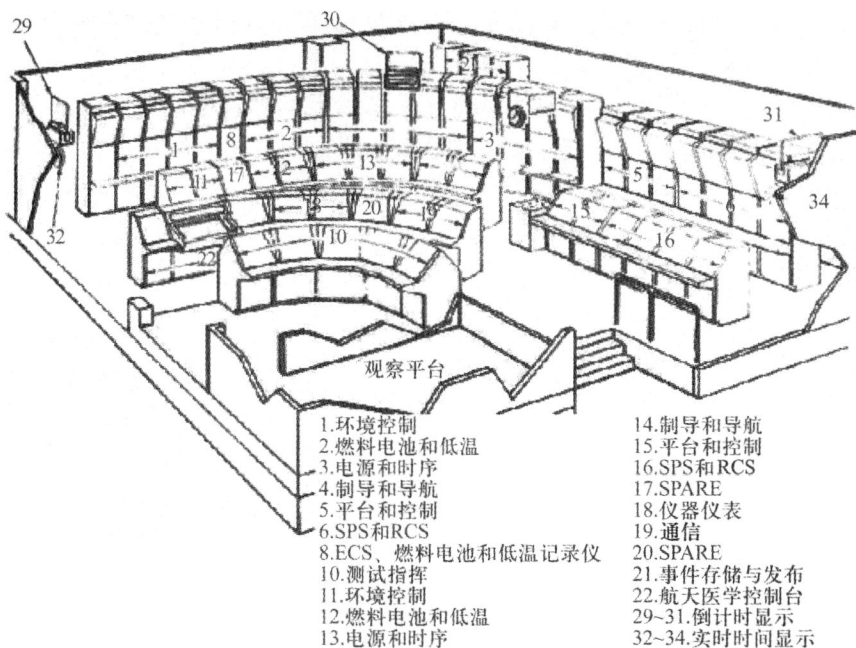

图 4-16 ACE 控制室布局图。指令/服务舱房间和登月舱房间彼此对称

观察平台

1.环境控制
2.燃料电池和低温
3.电源和时序
4.制导和导航
5.平台和控制
6.SPS和RCS
8.ECS、燃料电池和低温记录仪
10.测试指挥
11.环境控制
12.燃料电池和低温
13.电源和时序
14.制导和导航
15.平台和控制
16.SPS和RCS
17.SPARE
18.仪器仪表
19.通信
20.SPARE
21.事件存储与发布
22.航天医学控制台
29~31.倒计时显示
32~34.实时时间显示

图 4-17 1969 年 1 月 21 日,"阿波罗"-9 登月舱测试中的 ACE 控制室。左前方为迪克·梅(Dick May, 格鲁曼公司 ACE 控制室质量员)

测试数据在 ACE 控制室的纸带记录仪和 CRT 监视器上输出。载人航天器操作厂房二楼的快速查看数据站可以在必要时打印某些高速测试数据。通用电气公司负责 ACE 系统的设计人员称,"如果将连续 8 小时所有测试数据都打印出来并堆叠在'土星'-V 火箭旁边,它将比火箭还要高 65 英尺。"

4.9　载人航天器操作厂房的工作流程

在本章的剩余部分和第 5 章中,读者将看到 1969 年一季度期间"阿波罗"-11 指令/服务舱在载人航天器操作厂房的工作流程。这段工作流程通常大约需要 15 周时间。读者将看到飞船的零部件如何进入载人航天器操作厂房,飞船如何组装,以及对飞船如何进行严格测试。

每次任务的指令/服务舱和登月舱测试工作都同时进行。为了避免混淆,本书分别介绍指令/服务舱和登月舱的工作流程。登月舱和指令/服务舱与适配器总装时,工作流程在此汇合。之后,飞船将离开载人航天器操作厂房,准备与"土星"-V 火箭对接(图 4-18)。

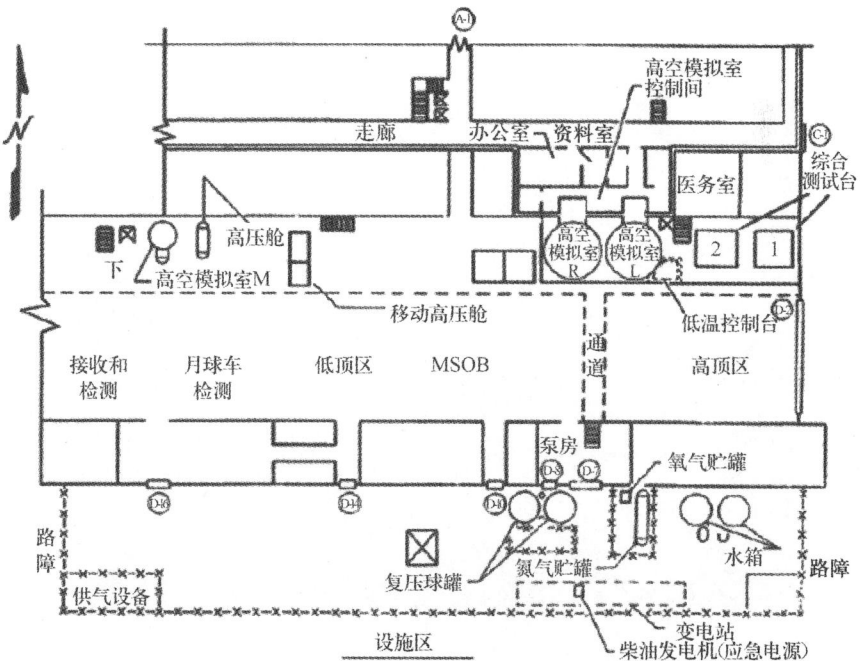

图 4-18　载人航天器操作厂房南端总装和检测区简图

4.10 指令/服务舱工作流程

指令/服务舱在载人航天器操作厂房组装和检测通常要花费 3 个月时间。"阿波罗"-11 的指令/服务舱组件于 1969 年 1 月 22 日运抵肯尼迪航天中心,4 月 14 日组装完的飞船转运到垂直总装厂房。

本章介绍了 CSM-107("哥伦比亚")的工作流程。历次任务中一些事件的顺序和时间有所变化,但通常遵循一个总体时间表。一周的开始日期是星期一,"发射倒计时"指发射前剩余天数("T-"代表发射前剩余的小时、分和秒)。序列中的所有日期都是从 1969 年开始。由于"阿波罗"计划中工作流程相对一致,因此精选了历次任务的照片来说明载人航天器操作厂房内指令/服务舱测试工作。

4.10.1 1969 年 1 月 20 日周计划(发射倒计时 177 天)

指令/服务舱组件,包括指令舱和服务舱以及各种零部件,通过 B-377-G "超级彩虹鱼"飞机空运至卡纳维拉尔角空军基地。将组件卸载装到拖车上后,拖车穿过 NASA 堤道进入载人航天器操作厂房(图 4-19)。

图 4-19 1969 年 1 月 22 日,"阿波罗"-11 指令舱和服务舱用"超级彩虹鱼"飞机运抵卡纳维拉尔角空军基地

　　每次任务需要多个架次航班才能满足飞船运输要求。1969 年 1 月 15 日,"阿波罗"-11 服务舱的反作用控制系统从唐尼起运；1 月 22 日,"阿波罗"-11 指令舱和服务舱运抵卡纳维拉尔角,大约 2 周后,登月舱运抵卡纳维拉尔角。

　　指令舱和服务舱通过载人航天器操作厂房高顶区东侧门进入,在高顶区进行拆封和检查(图 4-20)。

图 4-20　1969 年 1 月 24 日,"阿波罗"-11 指令舱和服务舱在载人航天器操作厂房进行初始检查

4.10.2　1 月 27 日周计划(发射倒计时 170 天)

　　检查指令舱的防热底是否损坏。安装指令舱的侧面舱门,检查舱门进出情况。

　　高顶区 27.5 吨吊车将服务舱吊到高空模拟室 L 中。服务舱就位后,将指令舱放置在服务舱上。从下面的图中可以看出,指令舱前端防热罩覆盖了一层蓝色透明保护膜。蓝色保护膜下是高反射性表面,它外层为镀银层,内层为镀金层,粘在指令舱的酚醛外壳上。在图片中还能看出,指令舱的后端防热大底是白色的,这与读者在博物馆看到的飞行后严重烧蚀的防热大底形成了鲜明的对比(图 4-21 和图 4-22)。

图 4–21 服务舱正在吊入高空模拟室 L。在 RCS 基座安装前，服务舱外部的填充板
提供临时的结构支撑

图 4–22 "阿波罗"-17 指令舱正在吊入高空模拟室 L。高空模拟室 L 的盖子在图片
的右侧，放置在高空模拟室 R 的顶上

飞船进入高空模拟室后，环绕的工作平台即被翻开。高空模拟室非常便于对指令/服务舱进行安装和测试，因为工作平台为人员接近飞船提供了方便的工作场所。在高空模拟室中进行安装和测试，大大减少了指令/服务舱在载人航天器操作厂房移动的次数（图 4-23）。

图 4-23　"阿波罗"-15 指令舱正在吊入高空模拟室 L。服务舱已经在高空模拟室内就位

　　虽然在指令舱外侧也有测试连接点，但是为了保持防热底的完整性，指令舱上的许多工作和测试必须从内部进行。指令舱内空间狭小不能容纳太多人员，这使得修改、安装和检测工作变得很复杂（图 4-24）。

　　服务舱外部的舱口可以提供进入其内部的通道（图 4-25）。测试人员可以爬进这些非常狭窄的区域，正如吉恩·瑟斯顿（Gene Thurston）所描述的："我在那里检查变换器，我们必须激励变换器，以确保它们工作，接收正确的数据并显示出来。有时我们遇到问题，就和质量控制人员一起爬到那里，犹如一名洞穴探险家。"

图 4-24　高空模拟室内的"阿波罗"-11 指令舱。对接探针还没有安装

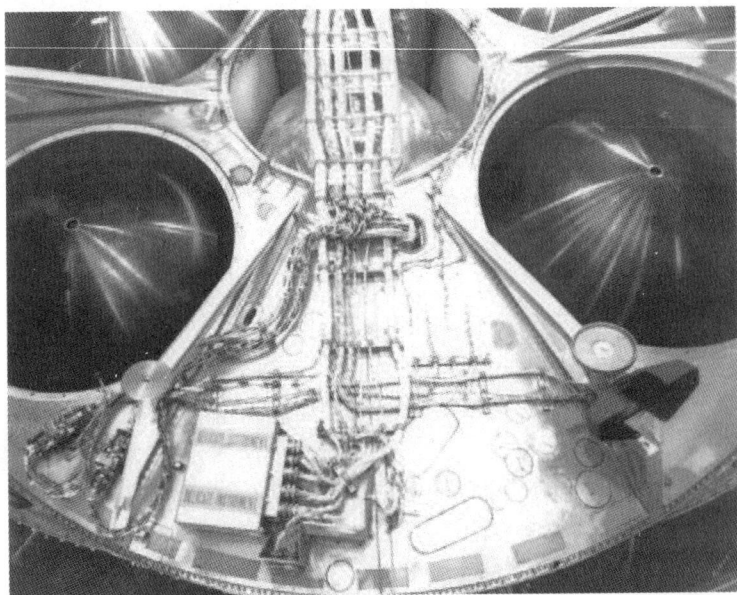

图 4-25　与指令舱对接前，服务舱的前端

技术人员将指令舱与服务舱机械对接起来。这个过程包括在指令舱防热底和服务舱前端之间安装张力机构。在机械对接后，指令舱与服务舱进行电气连接。电气系统与其他系统通过指令舱和服务舱外部的脐带通路建立连接。恩尔尼·雷耶斯谈到脐带通路的连接时说：

> 高空模拟室里有服务舱。3 个基座支撑着指令舱，并将它们连接起来。然后要把服务舱伸出来的电缆通过脐带连接到指令舱相应位置。电缆必须通过火工品驱动的分离机构，当两个舱段分离时，分离机构将电缆切断。必须把这些电缆排列整齐，然后用腻子包裹，以便能均匀切断。那里有各种液体和电气线路，大约有 1700 多根。把这些组合在一起非常繁琐！这是我们在高空模拟室最困难的工作之一。

服务舱上安装了 4 个反作用控制系统（RCS）基座。在原工作流程中，基座在自燃推进剂库房进行测试，然后转到 28 英尺工作台的独立翻转台（高顶区高空模拟室东边）上测试。最后将它们安装到服务舱上。经过几次无人"阿波罗"任务后，NASA 决定，在服务舱上安装反作用控制系统，随后进行测试一样有效。技术人员通过打开四边形舱口，甚至在必要时更换整个四边形舱口来完成部件修复。约翰·特赖布指出："指令舱和服务舱反作用控制系统的测试最终推迟到工作流程的后期，与发射工位的 K0005 初级综合测试合并。虽然这精简了日程表，但在"阿波罗"-16 转运到发射工位后，指令舱反作用控制系统贮箱隔板发生故障，导致日期延误。这需要飞船转运回垂直总装厂房并分解后修理，这显然对日程安排造成了重大影响。"（读者将会在第 7 章详细了解到这个事故）

同样在本周，要连接指令舱的环境控制系统（ECS）并检查泄漏情况（图 4-26）。

4.10.3　2 月 3 日周计划（发射倒计时 163 天）

安装指令舱对接通道的前舱门，并进行舱体泄漏检查，以确保舱体密封良好。安装乘员座椅和支撑机构。

验证指令舱前端的火工品系统。当登月舱在任务结束抛弃时，该系统负责释放对接探测器。在打开降落伞之前，该系统还负责抛掉指令舱前防热罩（图 4-27）。

图 4-26 安装前的"阿波罗"-7 服务舱反作用控制系统基座后视图（内部视图）。5 个贮箱分别为燃料和氧化剂主/副贮箱，以及一个球形氦气箱

图 4-27 检查指令舱前端的降落伞

检查指令舱的电气系统，并安装电池。指令/服务舱加电并检查仪器。进行综合系统测试。综合系统测试是载人航天器操作厂房测试工作中最重要的一个环节。综合测试在真实任务条件下检查每个子系统的运行，确定所有子系统按照设计要求协同工作，并验证子系统的电磁兼容性。这些测试确保所有主份设备工作正常，并检查备份设备和程序。

为下一周与登月舱的对接测试进行准备。

4.10.4　2月10日周计划（发射倒计时156天）

安装指令舱的乘组光学校准景象（COAS）系统。该系统有点像步枪的瞄准器，安装在最左边的舱口。指令舱航天员使用该系统进行交会对接（图4-28）。

图4-28　"阿波罗"-16指令/服务舱与登月舱机械对接测试期间，描绘丢失设备的卡通画

高空模拟室中6个折叠工作平台像花瓣一样围绕着指令舱前端，利用它们可以进行指令舱对接探测器的安装和检查。

登月舱的上升级被倒放在工作夹具上。然后用吊车将其从顶部向下放入高空模拟室 L 中，与指令舱进行模拟对接测试。这是任务中指令舱与登月舱的首次对接。下一次对接将在飞往月球的过程中，所以这次测试非常关键。NASA 必须确保登月舱上的对接目标与乘组光学校准景象、指令舱舱口上的标线准确对齐，并且对接机构能够连接、锁定。

测试还包括打开指令舱的乘员通道舱门，移开对接机构（在空间对接后也要这样做）。在没有失重的情况下，移除和接收对接机构非常困难，需要两个人站在指令舱的下部设备舱内进行。

测试完成后，登月舱和指令舱的对接机构将放回原位。登月舱分离并吊到高空模拟室外（图 4-29 和图 4-30）。

图 4-29　LM-3 上升级（"阿波罗"-9）正在吊入高空模拟室 L 中，准备进行对接测试

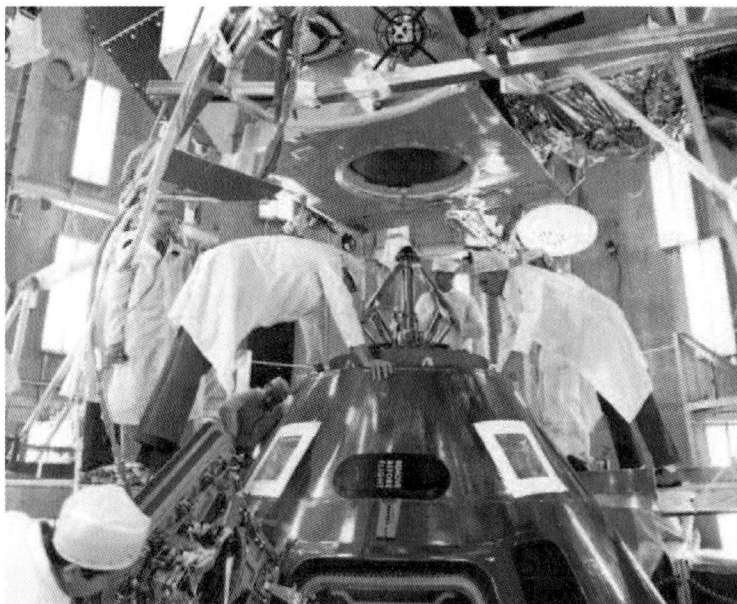

图 4-30　对接测试前，工程师检查"阿波罗"-15 指令舱对接探测器

4.10.5　2 月 17 日周计划（发射倒计时 149 天）

进行为期一周的指令/服务舱综合系统测试。彻底检查测试数据。测试工程师标出发生的问题，质量控制检查员检查临时偏差记录中的问题，解决偏差，以便指令/服务舱可以为下一关键工作做好准备——高度测试。

杰瑞·特拉赫特曼（Jerry Trachtman）提供了一个示例，说明仪表系统的问题是如何隔离和改正的：

我们检查的测试数据，不管是温度或压力或任何其他参数，先是传感器，然后信号调节器将传感器数据送到主信号调节设备（SCE）箱，将所有数据集成到 PCM 遥测。如果我们发现问题，则必须进行问题隔离。问题是在传感器还是在信号调节器？或是在 SCE 箱？或者就是系统本身的问题，而不是仪表系统的问题？我们将断开插头连接，串入测试设备。我们必须进入指令舱内部或打开服务舱来工作。技术人员进行实际操作，我们负责编写故障排除程序。

测试和故障排除有一个通信网络。我们在 ACE 控制室，向飞船技术人员逐步下达指令，同时在发射控制台显示器上监视相关数据。飞船技术人员和 ACE 控制室的工程师都戴着耳麦进行通话。有时我们会在传感器和信号调节器之间放一个分线盒，这样可以分别读出传感器的输出和信号调节器的输出，并尝试隔离故障。

每次重大测试后，是计划表中的审查时间。鲍伯·西克说：

> 飞行控制测试的工程师将查看图表记录仪上的所有数据，他们会说，"嗯，应该是这么多的俯仰、偏航。"他们需要手工检查这些数据，用计算尺测量，并在测试完成表上签字。我们都是 24/7 工作。我们说服了管理层把检查时间串行安排在流程中，然后再断开所有测试设备、转移到下一个测试流程。断开设备连接之后发现了一个问题，因为测试状态改变，问题复现的可能性会消失。所以，让所有的工作暂停，在进入下一步工作前，给我们工程师时间审查数据，确保没有任何异常。

4.10.6　3 月 3 日周计划（发射倒计时 135 天）

准备高度测试。向主份组、备份组和支持组航天员介绍测试内容。检查指令/服务舱以确保测试准备工作就绪。

高空模拟室高度测试验证飞船的完整性，并确保指令/服务舱在任务中遇到不断变化的大气压力时也能正常运行，无论是海平面空气压力还是 67 千米高度的真空。例如，高度测试会模拟重返大气到溅落海面过程。在这个测试中，高空模拟室的空气将被抽出，以模拟 67 千米高空；然后空气压力逐渐升高，模拟指令/服务舱通过大气层下降的过程。

罗素·劳埃德（Russell Lloyd）说，高空模拟室可以从真空快速调整到海平面压力，与再入过程压力变化相匹配："我们可以编程模拟降落伞下降过程，引导伞打开，速度降低一些，主伞打开，速度进一步降低。因此我们编程模拟再入过程。但是，高空模拟室不能迅速抽真空，因此不能模拟真实发射过程环境条件。"

1969 年 3 月，"阿波罗"-11 指令/服务舱进行了 4 次高度测试。这些测试包括海平面的人员进出测试、46 千米高度的无人测试和两次 61 千米高度的载人测试（其中一次主份组参加，一次备份组参加）。所有测试都在 ACE 控制室进行监控并记录在闭路电视上。

高度测试是一项危险操作，是唯一比发射更加危险的测试。一旦指令舱发生泄漏或在高空急速减压，航天员要穿上航天服。然而，他们航天服的环境控制系统必须正常运行，否则航天员可能迅速失去行动能力。如果发生任何故障，需要迅速重新增压高空模拟室，救出航天员，并将他们移到高压舱。绍文说，"我觉得他们的生命就在我手中，让我感到责任重大。任何时候，我至少有两项（有时三项）操作任务同时进行，这样做可以尽量减少航天员在高空模拟室的时间，我的责任就是尽快让他们下来。幸运的是，我们从来没有遇到故障。但测试中我无从得知，我必须做好准备！"

4.10.7　3 月 10 日周计划（发射倒计时 128 天）

安放指令舱中高度测试所需的飞行乘员设备（FCE）。

主份组航天员参加乘员舱适应性和功能测试（C^2F^2）。在此测试项目中，航天员检查测试穿着航天服是否可以接近安装的设备、座椅是否舒适，并执行其他需要的任务（图 4-31）。雷耶斯描述了 C^2F^2 的目的："你

图 4-31　"阿波罗"-15 乘员在高空模拟室进行 C^2F^2 测试。左起：戴维·斯科特（Dave Scott）、阿尔·沃登（Al Worden）和吉姆·欧文（Jim Irwin）

知道这些设备在哪里吗？一旦你拿着这些设备，知道怎么使用吗？”

甚至航天员口袋中的物品放置也要计划和训练。ILC 航天服技术员罗恩·伍兹解释说：“我被分配去负责一个乘员组，要知道他们有什么检查清单，口袋里有什么东西，确保乘员的一切都是正确的。你要进行测试，然后给航天员配上呼吸机，放到高空模拟室中的指令舱或登月舱中。”

如果乘员无法找到安放的设备，雷耶斯团队的安·蒙哥马利（Ann Montgomery）保留了一本所有飞行乘员设备的照片册，它可以显示出各设备的外观以及在飞船上的安放位置。任务期间休斯敦有该照片册的最新版本。

然后，主份组参加模拟高度测试。这是高度测试的演练，高空模拟室保持在海平面压力，以确保航天员在测试过程感到舒适。在主份组 C^2F^2 和模拟高度测试后，备份组参加同样的测试。然后审查两次模拟测试的数据。

模拟高度测试的关键环节是进出练习。它能保证在紧急情况下舱盖可以快速打开，航天员迅速撤离（图 4–32 和图 4–33）。

指令/服务舱准备高度测试。为燃料电池连接氧气和氢气管路，冲洗并更换环境控制系统中的水/乙二醇冷却剂。高度测试检查指令/服

图 4–32　1968 年 9 月 26 日，“阿波罗”-9 主份组航天员准备模拟高度测试

图 4-33　在紧急撤离演练中，救援人员将"阿波罗"-7 指令长多恩·艾西尔（Donn Eisele）从指令舱拽出

务舱在电池供电以及由服务舱燃料电池供电情况下的工作性能，燃料电池由地面气源供应气体，而不是由服务舱低温贮箱提供气源。地面支持设备也可以提供电源。

雷耶斯说，第一次在高空模拟室中测试"阿波罗"飞船时，由服务舱液氢和液氧贮箱为燃料电池供气。后来，这种情况被认为存在重大风险。在随后的试验中，燃料电池由地面支持设备提供氢气和氧气。

本周末，测试团队进行了无人高度测试。指令/服务舱通过了减压和再增压过程，指令舱内部没有乘员。指令舱减压可以使材料在真空中释放气体，从而不会使乘员接触到潜在的危险化学品。工程师随后审查测试数据。

在航天员参加测试前，无人测试还可帮助查找设备问题。罗素·劳埃德谈到早期指令/服务舱测试中的一个小问题：

> 每次我们上升到一定高度，都会失去信号（LOS）。所以，ACE 控制室里的人会喊"LOS"，进入故障排除的恐慌状态，实际没有发生任何危险，但这种问题不应该发生。他们会说："嗯，我们必须降回到海平面。"所以我们将压力升到海平

面，他们开始故障排除。

　　我们忙碌地在高空模拟室工作。我们这边参试人员没有飞船那边人员多。飞船测试可以 24/7 三班倒。我们本迪克斯团队只能两班倒（12 小时一班）。但是在 NASA 操作支持方面，我们只有一班人员。我有一位助理，是一名工程师。我们为进行这个测试大概花了三四天时间不断调整压力。飞船人员在海平面压力下排除故障时，我们两人会跑到医务室睡一会儿。我在载人航天器操作厂房连续待了 36～40 个小时，只能抽空小睡。他们会说，"好吧，我们已经完成这个故障排除程序，可以再抽真空了吗？"这时我们就会再次回去工作。他们最终解决了问题。

4.10.8　3 月 17 日周计划（发射倒计时 121 天）

　　热交换器管路中的内芯加湿和环境控制系统的其他准备工作，为即将开始的高度测试进行准备。为载人高度测试，对指令/服务舱进行另一轮的检查和准备。

　　3 月 18 日上午，"阿波罗"-11 主份组航天员穿上训练用的压力服，并预先呼吸氧气，以清除血液中溶解的氮气。电动车将他们带到高空模拟室控制室外的走廊。上午 10 时，航天员进入指令舱，进行一天时间的高度测试。高度测试期间，舱内压力从 16psi（60% 氧与 40% 氮气环境）降到 5psi（纯氧环境）。舱内处于海平面压力时，航天服环路被增压到稍高于海平面压力，以防止氮气渗入其空气供应系统（图 4–34 和图 4–35）。

　　在高度测试期间，航天员检查手动控制设备、燃料电池、环境控制系统冷却和水处理系统、制导和导航系统、平台和控制系统、尿液排泄系统和应急呼吸系统的操作。测试的一部分内容是，舱内减压，航天员依靠他们的航天服维持生命。他们甚至在舱内减压的情况下进行饮食测试，以检查他们在空间中长期失去舱内压力时照顾自己的能力。这要通过应急进食系统完成，航天员通过头盔上的一个小口进食液体食物。

　　在高度测试期间，指令舱外的电视摄像机监视航天员的工作情况。一个工程师回忆起由阿兰·谢泼德（Alan Shepard）指挥的"阿波罗"-14 高度测试。减压舱中使用应急进食系统进行进食测试时，谢泼德发现他的一个液体食品包中多余空气没有清除。随着舱内减压，食品包膨胀成一个气球。这激怒了谢泼德，他在摄像机前挥舞着食品包

图 4-34　1969 年 3 月 18 日，"阿波罗"-11 指令长尼尔·阿姆斯特朗（Neil Armstrong）准备进入指令舱进行高度测试。航天员麦克·科林斯（Mike Collins）在旁边等待

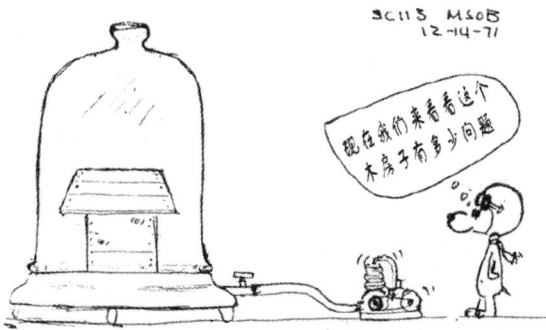

图 4-35　高度测试目的是解决产品的缺陷

让测试人员看，他认为这是一个不可原谅的质量问题。

　　在主份组完成高度测试后，服务舱的燃料电池被冷却，安放的物品从舱内移除。检查测试数据并记录偏差。除了常见的异常外，有时会有一些意想不到的结果。例如，吉恩·瑟斯顿说，"阿波罗"-15 高度测试中，科学仪器模块的一些敏感仪器上显示出意外的读数，这些后来证明是燃料电池意外释放造成的。

4.10.9 3 月 24 日周计划（发射倒计时 114 天）

重复进行上一周的载人高度测试，这次由备份组航天员完成。图 4-36 显示了"阿波罗"-15 备份组航天员理查德·戈登（Richard Gordon）、万斯·布兰德（Vance Brand）和哈里森·施密特（Harrison Schmitt）在指令舱外等待。航天员背后标志牌的内容是进入指令舱的重要提示：

图 4-36　"阿波罗"-15 备份组航天员准备进行高度测试。左起：理查德·戈登、万斯·布兰德和哈里森·施密特

舱内须知

准备工作：
（1）从口袋里取出所有物品；
（2）洁净室服装包括工作服、帽子、鞋套、密封物；
（3）记录进入指令舱所有人员和工作；

（4）从部件上去除多余的包装材料；

（5）尽快从指令舱内部清除所有废物；

（6）注意手和脚所在位置。

不准行为：

（1）不准把任何异物带入指令舱；

（2）不准使用发热性溶剂；

（3）出舱时不准遗忘任何东西；

（4）不准未经登记就移动物品；

（5）不准未经登记就取出工具；

（6）不准在洁净室区域外穿着洁净室服装（图 4-37）。

图 4-37　罗克韦尔公司发射工位领导宫特·文特帮助"阿波罗"-16 指令长约翰·杨
（John Young）进行高度测试

大自然偶尔会破坏洁净室环境。在测试"阿波罗"-12 期间，杰瑞·特拉赫特曼记得，"有人在指令舱中看到一只佛罗里达蟑螂，找到蟑螂成了一个重大问题，首先，我们必须编写一个测试流程来找蟑螂！他们没有找到蟑螂。我们都在设想任务期间蟑螂漂浮的场景。"

约翰·特赖布记得，虽然整个蟑螂没有被发现，但发现了蟑螂的一条腿，"牢牢地粘在一份偏差报告上。"在航天员从月球返回的电视新闻发布会上，航天员皮特·康拉德（Pete Conrad）就此开了一个玩笑，他举起了一张纸，上面似乎粘着一只蟑螂，他声称在食品柜里发现了这只蟑螂。任务结束后，大家知道这是康拉德的恶作剧，那是他在飞行前装在舱内的一只塑料蟑螂玩具（图 4-38）。

图 4-38 "阿波罗"-12 从月球返回的电视会议上，皮特·康拉德正在展示一只"蟑螂"

在备份组航天员完成高度测试之后，需要对指令/服务舱进行几项测试和操作，以准备将其移出高空模拟室。惯性测量单元转换为地面供电；开环通信测试确保指令/服务舱可以使用其天线与地面通信，而不必依赖直连线缆；对指令/服务舱环境控制系统的水/乙二醇冷却剂进行排空和干燥；移除安放设备，检查舱室以确保没有遗留测试设备或其他物品；对服务推进系统发动机的球阀进行泄漏检查；最后，飞船断电。

4.10.10 3 月 31 日周计划（发射倒计时 107 天）

经过 9 周的高空模拟室测试后，"阿波罗"-11 指令/服务舱于 1969 年 4 月 1 日被吊车吊出（图 4-39 和图 4-40）。

指令/服务舱被转移到南端综合测试平台，这是位于高顶区的截锥形蓝色工作台。服务舱后部防热罩支撑在工作台上后，接近服务推进

图 4-39　1969 年 4 月 1 日，正在处理两个指令/服务舱："阿波罗"-11 组装好的指令/服务舱正在从高空模拟室吊出，"阿波罗"-12 指令/服务舱正准备进入高空模拟室

图 4-40　"阿波罗"-15 指令/服务舱移到南端的综合测试平台，技术人员正准备安装高增益天线和服务推进系统发动机喷管

系统发动机喷管的工作台空间（可以通过工作台侧面上的开口进入）
就非常有限。安装喷管，对发动机进行泄漏检查。接下来，将高增益天
线阵列连接到指令/服务舱的后端（除了"阿波罗"-7 和"天空实验室"
以外的所有载人任务）。在高增益天线检查完成后，指令/服务舱基本
上成形（图 4–41）。

图 4–41 在综合测试平台上进行"阿波罗"-9 高增益天线测试

4.10.11 4 月 7 日周计划（发射倒计时 100 天）

指令/服务舱移到 1 号综合测试平台，适配器和登月舱已经在平台
就位。上一周，已经完成登月舱与适配器的安装，指令/服务舱与适配
器配合完成飞船测试和总装流程，这些工作将在第 5 章结束时介绍。

4.11 科学仪器模块实验

J 系列任务（包括"阿波罗"-15、"阿波罗"-16 和"阿波罗"-17）服务舱安装有一个科学仪器模块（SIM）。指令舱航天员在绕月轨道时在指令舱内操作科学仪器模块进行实验。

何塞·加西亚介绍了他和吉恩·瑟斯顿在肯尼迪航天中心开发测试设备和程序的情况：

> 休斯敦已经商定了科学仪器模块内的有效载荷。我去了新英格兰的 AS&E 和达拉斯的得克萨斯大学，编写技术要求。他们告诉我，在将有效载荷放入飞船之前，需要在肯尼迪航天中心做哪些测试。马蒂·恰班（Marty Czaban）和我建立了实验室进行测试。没有承包商参与实验室设计和建造。我们自己编写技术要求，运行测试。我们告诉实验人员需要多少名技术人员和工程师去肯尼迪航天中心进行测试。他们帮助我们工作，最终把实验载荷放入飞船。
>
> 我们与吉恩进行综合测试时，他负责编写科学仪器模块与飞船的综合测试规程。罗克韦尔公司正在削减人力资源。承包商原本应该编写所有的测试规程，但我们把测试规程分解开，自己编写了一部分。当然，我们总是说这是吉恩准备的，因为这是承包商应该做的方式。我们作为一个团队编写了很多文书。我和吉恩一样熟悉实验设备，因为我们已经在工厂里使用过，并通过了实验室测试。

瑟斯顿和他的同事杰瑞·特拉赫特曼经常前往承包商建造的科学仪器模块实验场所访问。在 24 个星期内，他们轮流进行了 6 个星期的访问。

科学仪器模块实验数据通过指令/服务舱遥测系统传送到地球。这需要罗克韦尔公司为实验数据单独开发一套船载数据处理系统并将其加入遥测数据流中。瑟斯顿说，"ACE 控制室用于飞船常规操作检查，但对于科学仪器模块，我们使用快速查看数据站。我们必须编写所有的软件，构建计算机 —— 所有我们需要的设备 —— 进行地面处理。然后我们去了唐尼，帮助设计师建造发送数据的船载系统。"

科学仪器模块实验包有自己的测试和检测流程。与指令/服务舱流程相比，该流程显得有点混乱。实验包要在各个承包商实验室进行制造和测试，再送到肯尼迪航天中心与飞船一起进行测试，很多情况下需要送回承包商进行返工。

科学仪器模块的载荷非常复杂。其中一个采用了现在的 CAT 扫描技术，谣言认为全景摄像机技术来源于美国间谍卫星技术。与登月舱的"阿波罗"月面实验包（ALSEP）实验一样，肯尼迪航天中心需要在实验包安装到服务舱之前对其进行测试。因为它们与指令/服务舱相连并且由指令舱内的航天员操作，所以在安装后，还需要对它们和指令/服务舱进行综合测试。

伽马射线光谱仪特别灵敏。实验设计师最初要求在为期一天的测试和校准过程中，载人航天器操作厂房 16 千米范围内不允许有任何车辆经过。这显然是不可能的，经过一番谈判，制定了一个折衷解决方案。瑟斯顿说，"梅茨格博士（Dr. Metzger）说，不能有任何移动，如果有人进入或离开飞船，必须告诉他，因为这会造成数据混乱。"雷耶斯回忆说：

> 他说，测试期间，需要知道所有车辆在停车场的停放位置，这样当他们再次测试，可以知道汽车停放在同一个地方。我们不得不把停车场关闭。有些人不想移动他们的汽车，因此我们告诉他们，下周回来时必须将汽车停在相同的位置，指向同一个方向。我开始时以为他在开玩笑。在测试的那一天，在楼内我们甚至不敢打开咖啡壶。
>
> 测试后，我问他这是否奏效。他说："是的，我们得到了很好的数据，但我想我应该与你分享，你知道这座建筑物门上的钢筋混凝土梁吗？它们真的很'热'。这些梁的辐射影响了我的测试。这些梁的原材料一定很差。"我问，"能有多差？"他说，"如果你在那里住上 100 年，你可能就会死了。"他总是乐于分享他们采集的数据。

伽马射线光谱仪部署在科学仪器模块 7.6 米长可伸缩臂的末端。质谱仪同样部署在科学仪器模块的一个 7.3 米长的伸缩臂上。任务中，伸缩臂可以多次伸出和缩回。伸缩臂不是刚性结构。相反，当伸缩臂从飞船中伸出时，它是弯曲成半刚性状态的一根金属带。这个设计理论上可以在零重力条件下工作，那时没有负载施加到金属带上，但在地面上测试就有很大的困难。临时解决方案是将 PVC 管沿纵向切成两半，并将其作为导轨放置在伸缩臂的下方，这样当金属带从飞船中伸出时，管的下半部可以支撑金属带。何塞·加西亚说（图 4-42）：

> 伸缩臂像一条丝带，安装时，它卷曲成一个杆。航天员在

图 4–42 "阿波罗"-16 指令/服务舱安装科学仪器模块质谱仪

舱内看不到它；它只有一个指示灯。当它未收回时，你必须放弃实验包，因为你不能让它来回摆动击中指令/服务舱。

我们进行了测试并安装。技术人员拿着导轨，确保金属带展开。我们试图撤回它，但没有办法，就直接把它收回去了。

老天，第二天金属带出麻烦了。我告诉调查员，"我不在乎他们告诉你什么，但是你要这样安排，它只伸出一次，获得所有你要的数据，因为你永远没有第二次机会。"我告诉我的老板，"他们要么解决这个问题，要么就让金属带工作一次，如果试图收回它，就不得不扔掉它。在技术要求中写明，尽可能伸开它，并尽可能获取数据，因为在我看来，你不会得到第二次伸出的机会。"

他采纳了我的意见，而航天员把金属带伸出的时间更长。任务中伸缩杆原本应该伸缩 15 或 20 次。果然，伸出去一次，就卡住了，不得不被扔掉。调查员后来给我写了一封感谢信，因为如果不是我告诉他，他们将得不到任何数据。

当实验包准备好进行最终的质量检验和签字时，瑟斯顿说：

光谱仪具有高反射表面，所以不会过热。散热性是指令/服务舱一项重要设计指标。我们刚刚进行了实验包清洗，我们叫质量控制人员来签字。他过来后就把手放在仪器上，说："有什么事？"我说，"嗯，现在没事了！"我们向他说明他刚才不应该把手放在仪器上，他说："哦，我的上帝！真不应该！"

NASA 打算用指令/服务舱在高空模拟室中测试科学仪器模块实验包。因为实验包经常落后于计划表，因此没法实现。实验包经常延迟，有些不得不在发射工位上进行安装。科学仪器模块密封后在高空模拟室进行测试。有一项推进器系统的功能测试，将服务舱安装科学仪器模块一侧的舱门吹掉了。在将科学仪器安装到位后，进行综合系统测试，以确保仪器设备工作正常，与指令/服务舱连接正确。

正是因为经过严格的检查和测试过程，科学仪器模块实验包在 J 系列任务中取得巨大成功。许多科学家认为，我们从科学仪器模块实验包中了解的月球知识，不比我们从月球表面采集的岩石样品获得的月球知识少（图 4-43 和图 4-44）。

图 4-43　"阿波罗"-15 科学仪器模块正在安装实验包

图 4–44   "阿波罗"-15 科学仪器模块中检测粒子和场的子卫星，将用弹簧发射到月球轨道

4.12 "天空实验室"轨道工作站和 ASTP 对接段

　　NASA 在载人航天器操作厂房测试了"天空实验室"轨道工作站的两个舱段。"阿波罗"望远镜基座（ATM）和多种对接适配器/对接舱（MDA/DM）在亨茨维尔制造，并送往休斯敦进行热真空测试。随后，它们运到肯尼迪航天中心在载人航天器操作厂房进行最后的测试。然后，它们被运到垂直总装厂房，安装在"天空实验室"任务的"土星"-V 火箭上（图 4–45 和图 4–46）。

图 4-45 "天空实验室"任务的"阿波罗"望远镜基座。左侧的"天空实验室"-2 指令/服务舱正在综合测试平台上

图 4-46 "天空实验室"多种对接适配器/对接舱在 2 号综合测试平台上

1975 年,"阿波罗 – 联盟"试验计划(ASTP)是"阿波罗"航天器最后一次飞行任务。"阿波罗 – 联盟"试验计划在最后一次"天空实验室"-4 之后 20 个月实施。当测试"阿波罗 – 联盟"试验计划飞船时,许多罗克韦尔公司的"阿波罗"工作人员已离开肯尼迪航天中心或正在从事新的航天飞机计划。从事"阿波罗 – 联盟"试验计划指令舱工作的人员数量比其他"阿波罗"任务少了很多。

在"阿波罗 – 联盟"试验计划飞船上有一个独特的硬件,即对接舱(DM),它用作对接适配器、气闸和"阿波罗"指令舱与"联盟"轨道舱之间的乘员转移区。美国和苏联飞船内的大气压力与成分不同,并且舱段对接机构类型不同,因此中间的对接舱作用非常关键。

对接舱在新命名的操作与测试厂房(O&C)进行对接测试和高空模拟室测试。对接舱在高空模拟室中进行测试时,苏联航天技术人员对对接舱进行电子和电视兼容性测试(图 4-47 和图 4-48)。

图 4-47　在 ASTP 对接舱机械对接测试中,迪克·斯雷顿(Deke Slayton)从指令舱向外观察

图 4-48　美国和苏联 ASTP 工作人员检查高空模拟室中的对接舱

第 5 章

登月舱工作流程

指令/服务舱在载人航天器操作厂房高顶区进行组装和测试时，登月舱也在同时进行测试。本章介绍登月舱的工作流程，读者还将了解到月球车是如何测试并与登月舱组装的，最后，介绍登月舱和指令/服务舱总装成为一艘完整飞船的过程。

5.1　初始检查

本章中的时间线按照"阿波罗"-11 任务的登月舱 LM-5（代号"小鹰"）在载人航天器操作厂房的工作流程进行。在不同任务中，某些测试时间安排有所变化，但总体工作流程通常遵循这个顺序和时间线。流程中所有日期年份均为 1969 年，其中"发射倒计时"是距"阿波罗"-11 发射日期（7 月 16 日）之前的天数。如第 4 章指令/服务舱工作流程介绍一样，本章精选了历次任务的照片来说明登月舱工作流程。

在登月舱运至肯尼迪航天中心之前的几周时间内，肯尼迪航天中心飞船部门的代表以及格鲁曼公司登月舱试验队半数工作人员，将从肯尼迪航天中心前往纽约的贝思佩奇，参加登月舱的正式工程验收测试。执行本次任务的航天员也参加测试。验收测试检查登月舱各系统的所有功能。测试在登月舱和其地面支持设备的 4 种不同技术状态下进行。这些测试最大限度模拟控制输入和登月舱的响应。一旦验收测试结束，发生的偏差最好在工厂及时进行解决或纠正。在许多情况下，偏差项目未能解决，将成为遗留工作。然后登月舱进行装箱并准备运输。

5.1.1 1 月 6 日至 1 月 20 日计划（发射倒计时 191 天）

登月舱如同指令/服务舱一样，在交付时经过了完全彻底检测。然而，在登月舱运到卡纳维拉尔角时，它还远远不具备发射条件。登月舱被包装为两个主要子组件（上升级和下降级）。运到肯尼迪航天中心的货物还包括许多零部件包装箱，例如起落架、爆炸装置、中止传感器组件和交会雷达等（图 5–1）。

图 5–1　1969 年 1 月 9 日，"超级彩虹鱼"飞机将"阿波罗"-11 LM-5 的下降级运至卡纳维拉尔角空军基地

LM-5 的上升级在 1969 年 1 月 8 日用"超级彩虹鱼"飞机从贝思佩奇运到肯尼迪航天中心，下降级在 1 月 12 日到达。到达卡纳维拉尔角空军基地后，各种登月舱组件通过拖车运往载人航天器操作厂房，进入西侧大门（低顶区），进行初始接收和检查。初始检查后，交会雷达组件被运到 RF 测试厂房进行测试；中止传感器组件运到稳定和控制实验室进行校准（图 5–2、图 5–3 和图 5–4）。

技术人员对上升级和下降级进行拆箱检查，然后将其移到低顶区的工作平台上进行检查，其中包括推进系统的压力测试。工程师用氦气对推进系统增压，通过"嗅探器"检查氦气泄漏，来检测压力下降的速率。

图 5-2 "阿波罗"-15 登月舱下降级正在准备进行初始检查

图 5-3 LM-4 上升级("阿波罗"-10）运到载人航天器操作厂房后等待拆箱

图 5-4　"阿波罗"-15 登月舱上升级进行初始检查

5.2　登月舱的问题

　　每个登月舱都有自己的一些问题，在载人航天器操作厂房初始检查中就发现了一些登月舱具有重大问题，其中问题最严重的分别是LM-1（"阿波罗"-5）、LM-3（"阿波罗"-9）和 LM-8（"阿波罗"-14）。

5.2.1　LM-1

　　LM-1 是第一艘登月舱，它于 1968 年 1 月由"阿波罗"-5（AS-204）任务发射升空[①]。LM-1 进行初始检漏检查时，肯尼迪航天中心就发现了格鲁曼公司在制造和工厂测试过程方面的问题。马库斯·古坎德（Marcus Goodkind）说："贝思佩奇的设计工程师从来没有预见到我们在肯尼迪航天中心发现的问题，他们着力设计一个航天器，能够降落到月球上并

---

　　① "阿波罗"-1 任务火箭也是 AS-204。"阿波罗"-1 飞船在发射工位火灾事故中受伤严重，但是"土星"-IB 运载火箭没有受到损伤。"土星"-IB 火箭保留了 AS-204 编号，它在"阿波罗"-5 任务中将第一艘登月舱送入太空。

把航天员带回来，他们没有考虑过航天器在肯尼迪航天中心测试方面的事情，他们从来没有想过。所以，当我们进入工作流程，他们对我们发现的问题感到非常惊讶，因为他们从来没有想过测试过程的事情。"

格鲁曼公司技术员沃尔特·德莫迪（Walt Dermody）说：

> LM-1 到达的第一天就带来了问题。因为登月舱在这里（肯尼迪航天中心）有泄漏，因此登月舱在贝思佩奇的测试受到了质疑。洛克·佩特龙（Rocco Petrone）对乔治·斯格拉（George Skurla）说这是他见过的最糟糕的航天器。

> 但是在贝思佩奇的测试与这里不同。这里的一些技术要求从来没有发给贝思佩奇的工程师，甚至所使用测试设备的类型也不同，这里的设备更先进，而贝思佩奇用的是旧设备。

> 当你用氦气对航天器进行检测时，这真的很疯狂。因为氦气上升，它会进入口袋，待在航天器内部上层，直到最终消散。你用嗅探器去检测，检测到的泄漏也许是你打开一条缝时造成的，并不是真的泄漏。

对登月舱推进剂系统密封性能的担心使测试团队对贮箱完整性感到紧张。格鲁曼公司质量检查员弗莱德·洛西（Fred Losee）回忆说："我们有一名员工在贮箱上检查泄漏，他正站在贮箱上，一个灯泡从天花板上掉了下来，撞到地面并弹开，这把他吓晕了！之后，他们给每盏灯都加装了灯罩。"

斯格拉对氦气泄漏深感忧虑。吉尔罗伊·乔（Gilroy Chow）回忆说："我们在进行泄漏测试时遇到麻烦，乔治过来说，'我们准备怎么解决这个问题？'乔治不喜欢他从技术人员那里得到的答案，所以他告诉技术人员，'我要用手指堵着耳朵，站在这里，直到你不再让它泄漏！'这是星期天晚上了，乔治的睡衣从他的裤子下面伸出来。他一直把手指堵住耳朵，站了很长时间。"

格鲁曼公司技术员迪克·克拉维奇（Dick Koralewicz）介绍了问题和最终的解决方案："LM-1 运来时，出了大问题，它泄漏的像个筛子。结果是他们使用了错误的配件，导致不能保压。在经过大约一个月，每天 24 小时、每周 7 天的测试后，他们取出所有的推进管路，送回到贝思佩奇。他们重新制造和焊接了管路。也许除了几个小的地方，如管路法兰的底部，管路再没有任何结点。从那时起，每一艘飞船所有的主要推进管路都进行了焊接。"

德莫迪补充说："他们用 24K 金将所有的配件重新钎焊,所有材料都严格控制,你必须签字。你卸下一个装置,一定要想着把它装回去,并登记说明。"(图 5-5)。

图 5-5   NASA 飞船质量控制人员格雷·丘恩(Gray Chunn)的 LM-1 出入证(证件上名字拼写有误)

5.2.2　LM-3

LM-3 是第一艘载人飞行的登月舱,在初始检查时遇到重大问题。查理·马尔斯(Charlie Mars)和德莫迪说,登月舱在极性夹具中测试时,发生的问题太多,导致测试不能继续进行。惯性测量单元(IMU)测试失败,必须进行更换;登月舱顶部的交会雷达组件旋转超过其设计极限;电磁干扰问题在舱内也很严重。马尔斯说:"舱内所有电线和连接器让我们很恼火,最终我们设计了一个盘绕的捆绑方式,他们称新的电缆为'白骑士'。白骑士只是绕过了所有该死的电缆,实际上解决了这个问题。这只是 LM-3 遇到的一个问题。"

LM-3 原本打算在"阿波罗"-8 任务中飞行,但是在肯尼迪航天中心发现登月舱的故障是如此严重,有导致发射时间表延迟的风险。这也是 NASA 决定"阿波罗"-8 不搭载登月舱并将 LM-3 转到"阿波罗"-9 任务的原因之一。计划表的调整最终使 NASA 在 1969 年年底之前完成了登月任务(图 5-6 和图 5-7)。

图 5–6   LM-3 和极性夹具

图 5–7   格鲁曼公司员工的 LM-3（"阿波罗"-9）通行证

5.2.3　LM-8

LM-8 的推进系统同样在肯尼迪航天中心遇到重大问题,它原计划参加"阿波罗"-14 任务。1969 年 12 月初,下降级推进系统测试不断失败。该问题的原因是氧化剂流量控制阀故障,需要在肯尼迪航天中心更换下降发动机。德莫迪说:"必须取出发动机,我处理了很多线路和连接,进行了很多测试。那里环境糟糕,在一个大约 1.2 立方米空间里,没有能站立或躺的地方、没有可握住的东西,不能碰任何东西。管路将发动机连接到结构上,连接发动机的钛合金管是空心的,如果你对它们施加侧向负载,它们会弯曲折断。如果不小心把管路弄弯了,就需要等待 3 个月时间来制造替换零件。每个人都在喊叫,'小心! 不要踩那里!' 但你又不得不踩着什么东西!"

5.3　制造和测试

5.3.1　1 月 27 日周计划 (发射倒计时 170 天)

工作人员检查了登月舱受到应力腐蚀开裂的部分。当某些金属合金暴露于腐蚀性环境中,同时它们受到连续的应力时,就会发生应力腐蚀。在登月舱中,应力腐蚀发生在上升级后端设备舱和推进剂贮箱支撑结构的支撑管路等部位。为了减轻登月舱的重量,其金属部件进行了化学铣切以减小其厚度。铝制支撑管路重量很轻,但是一旦它们组装成登月舱结构,就会在管路施加持续的高应力。在腐蚀性环境条件 (例如,佛罗里达州潮湿的空气) 下,对每艘登月舱,都有超过 20 条的支撑管路发生应力腐蚀裂纹。

应力腐蚀裂纹也影响了"阿波罗"/"土星"航天器的其他组成部分。在"天空实验室"-4 和"阿波罗 – 联盟"试验计划中,火箭 S-IB 级尾翼都发现裂纹,同样在"阿波罗 – 联盟"试验计划中,火箭 S-IVB 级尾部级间段也发现裂纹。

更换或加强支撑管路和其他部件之后,在上升级安装了聚酯毯,下降级本周开始进行机械装配工作。

5.3.2 2月3日周计划（发射倒计时163天）

上升级安装舱门。连接上升级顶部的S波段可操纵天线，进行功能测试。

对上升级和下降级电气与仪器系统分别进行检查之后，登月舱的两个舱段暂时组合在一个测试工作台上，这个工作台称为极性夹具。极性夹具通过在3个轴上倾斜和转动登月舱来检查登月舱上的导航和控制系统，并检查系统的响应。德莫迪说："极性夹具放置在一个带有两个大电机的圆形平台上，它可将登月舱旋转大约12°或15°，但是它在所有方向上都有偏心，并且可以滚动。我们实际上对下降发动机进行旋转。所有的控制都进行了检查，我们在RCS发动机上安装了插头，系统在没有任何推进剂的情况下被增压，当你移动控制器时，发动机就会喷射，产生一个喷射压力，你可以检查持续时间和压强以确保其工作正常。阀门都能100%正常工作。"（图5-8）

图5-8　LM-4（"阿波罗"-10）上升级正下降到极性夹具中，下降级已经就位。两个舱段将临时组合进行测试

5.3.3　2 月 10 日周计划（发射倒计时 156 天）

登月舱上升级和下降级分离。上升级移动到旋转清洗夹具上，它将发现舱内或结构部分的任何松散物品。德莫迪谈到 LM-1 时说，当上升级移动到这个夹具上时，"它听起来像滚动一堆大理石"（图 5-9）。乔说："每隔一段时间，就会有一个松动的螺丝或者什么东西，乔治·斯格拉通常会很生气。"

图 5-9　LM-10（"阿波罗"-15）上升级在旋转清洗夹具上

马库斯·古坎德观察到："一个常见的现象是掉落东西、丢失东西。舱内一切东西都必须考虑，它要么安装好，要么必须取出来。很多时候，我们也解释不清，我们不得不撕开很多东西来寻找缺少的物品，无论它是一个防尘帽还是一个小螺丝或者别的什么。在太空中还是会发现一些不应该出现的物品。"

泄漏测试是确保登月舱的完整性。随后将上升级移动到高空模拟室 L 附近，其中指令舱和服务舱已经就位。下降级将放入高空模拟室 R 中（图 5-10）。

图 5-10　吊车将 LM-8（"阿波罗"-14）下降级吊入高空模拟室 R 中

2 月 11 日，LM-5 上升级由吊车提升，倒置放入到高空模拟室 L 中。在这里，进行登月舱上升级和指令舱对接机构的机械对接测试。这是"小鹰"（Eagle）和"哥伦比亚"（Columbia）首次相遇。下一次就在飞往月球的航程中（图 5-11、图 5-12、图 5-13 和图 5-14）

格鲁曼公司技术人员（和指令长）坐在指令舱中检测登月舱对接目标是否与指令舱左窗口中的乘组光学校准景象（COAS）对准，测试捕获和锁紧对接机构以确保舱段间实现硬对接。因为在测试过程中上升级是颠倒的，同时因为登月舱舱壁非常复杂，人员不能停留在登月舱内。查理·马尔斯回忆起，在"阿波罗"-12 对接测试中，航天员皮特·康拉德（Pete Conrad）在穿过对接通道并靠在登月舱顶部时，造成了"一点损伤"，登月舱的设计不能够支撑一个人的体重。

对接测试之后，上升级从高空模拟室 L 中取出，并重新放正。然后将其吊入高空模拟室 R，与登月舱下降级进行机械组合。在接下来的 6 个星期时间里，登月舱和指令/服务舱将在相邻的高空模拟室中分别进行测试。

图 5–11 技术人员对 LM-4 上升级连接一个处理装置，以准备对接测试

图 5–12 工作人员准备将 LM-6（"阿波罗"-12）上升级放入高空模拟室 L，进行机械对接测试

图 5–13 高空模拟室 L 中，LM-8 上升级正在接近"阿波罗"-14 指令舱，进行机械
对接测试

图 5–14 "阿波罗"-17 登月舱航天员哈里森·施密特（Harrison Schmitt，在舱门内
者）参加机械对接测试

5.3.4　2 月 17 日周计划（发射倒计时 149 天）

　　一旦登月舱在高空模拟室中组合完毕，技术人员就搭建地面支持设备，进行综合系统测试。在下降级的基座上安装着陆雷达阵列；安装突发防护系统（EDS）的中止传感器组件；安装飞行计算机的"编织绳"核心内存；检查惯性测量单元性能。

　　对登月舱表面进行化学取样，与其制造时的状态进行对比。在肯尼迪航天中心飞船整个工作流程中，都要进行常规化学取样，以及发射率和反射率测试，最后一次测试是在发射前一周（图 5-15）。

图 5-15　戈登·奥克斯博罗（Gordon Oxborrow）从 LM-6 表面进行化学取样

　　安装测试火工品。登月舱火工品装置用于实现一些关键功能，例如释放起落架、切断上升级和下降级连接以及启动上升发动机等。火工品试验不使用真实爆炸装置，实际上，检查目的是确保发出点火指令（从控制面板或从 ACE 控制室）后，火工品点火装置能够接收到正确的信号。

在安装和测试完这些组件之后，要进行为期一周的综合系统测试，以确保各系统能够按照要求工作。

航天员在测试期间经常访问登月舱。德莫迪回忆起一次与"阿波罗"-15登月舱航天员詹姆斯·欧文（James Irwin）的遭遇：

> 欧文来的那天我正在工作，他站在我身后的上升发动机盖上。我戴着两个耳麦，说，"你好，欧文先生。"他说，"你能把我连接到调度通信系统（OIS）上吗？"我说，"当然可以。"我们把他连到两条线路上，所以他可以听到两边的说话。我正在与两个不同系统的工程师工作，拨动开关和阅读仪表。所以我没有过多注意他。他也没有说话。
>
> 测试终于结束了。我准备离开，转过身来看见欧文手脚交叉着，头垂直向上，他竟睡着了！我摇了摇他，说，"欧文先生，我们要离开了，现在是撤离时间。"他没有醒来，天啊，我以为他死了。我只能向雷·拉索（Ray Russo，我的主管）去解释，他自己睡着了！

5.3.5　2月24日周计划（发射倒计时146天）

水/乙二醇系统进行冲洗和填充。该系统负责登月舱后端设备舱的冷却。

模块化设备装配（MESA）托盘安装在下降级上。托盘从下降级的第四象限折叠，直到梯子的左边（从登月舱前端看）。托盘装有工具、哈苏相机、样品包、电视摄像机、岩石箱以及其他在月球表面探测时需要使用的物品（图5-16）。

为了下一步高度测试，在舱内安装所需的飞行乘员装备。随后，航天员进行 C^2F^2 测试，以确保他们能够访问和操作任务中需要的飞行乘员装备。[①]

对于 C^2F^2 测试，马尔斯举了一个皮特·康拉德在 MESA 托盘上检查工具的例子："皮特和我像是在一场战斗中，因为在检查时他想把一个工具分开，我说：'你不能这样做！它是一个飞行装备！'我们没有备份。对于大多数工具，如果航天员想学习使用，他们会在实验室里进行，在实验人员帮助下学习使用工具，向其提出问题，并得到正确的解

---

① 在 C^2F^2 测试前，航天员对所有装备进行"工作台检查"，以确保能够熟练操作各种装备。

图 5-16 "阿波罗"-11 MESA 托盘，左侧可以看到一把土壤铲

答。由于某种原因，康拉德想把这个该死的工具分开，他和我就此激烈争论起来。"

5.3.6 3 月 3 日周计划（发射倒计时 135 天）

审查综合系统测试数据。记录和处理偏差。主份组航天员在海平面压力下进行模拟高度测试。这项测试的关键环节是进出舱训练，以确保航天员可以在紧急情况下从舱内迅速撤离。

5.3.7 3 月 10 日周计划（发射倒计时 128 天）

本周开始进行第二次模拟高度测试。登月舱氧气系统进行维修，环境控制系统在海平面压力下进行测试。载人高度测试准备。完成乘员装备安放。乘员舱关闭，并进行舱内泄漏检查（图 5-17）。

图 5–17　格鲁曼公司质量控制检查员（左）和航天员试验队人员（右）在高空模拟室 R 中准备高度测试（"阿波罗"-13 LM-7），一双鞋子放置在舱门外的走道上

5.3.8　3 月 17 日周计划（发射倒计时 121 天）

无人高度测试表明登月舱各系统可以支持载人高度测试。肯尼迪航天中心的高度测试经常发现登月舱的问题，因为在贝思佩奇没有高空模拟室，因此除了运到肯尼迪航天中心外，没有办法对登月舱进行真空减压和测试。

假设无人高度测试运行良好，要进行两次载人高度测试，一次是主份组航天员参加，另一次是备份组航天员参加。对于"阿波罗"-11，此次测试安排在 3 月 21 日，就在"阿波罗"-11 航天员在相邻高空模拟室中的指令舱完成高度测试后（图 5-18）。

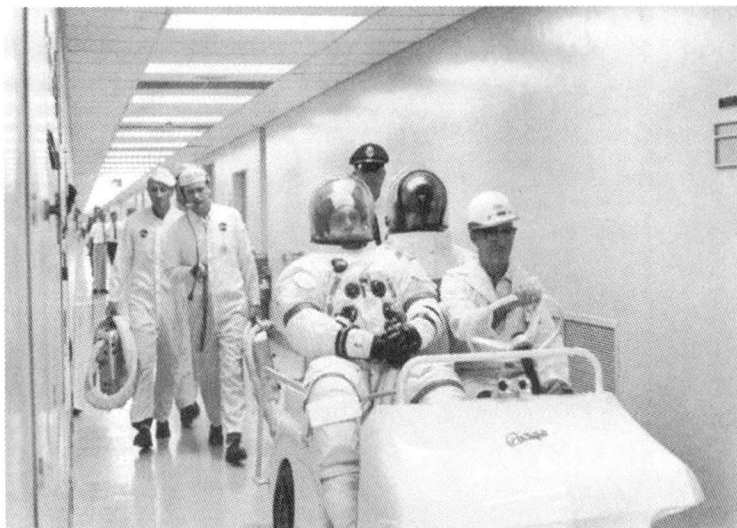

图 5-18 "阿波罗"-14 指令长阿兰·谢泼德（Alan Shepard，面对镜头者）和登月舱驾驶员埃杰·米切尔（Edger Mitchell）乘坐电瓶车从换装间前往高空模拟室进行登月舱高度测试

在每次载人高度测试期间，3 名本迪克斯公司救援专家在高空模拟室气闸舱待命。高空模拟室的双气闸允许救援队在长时间高度测试期间进行换班，而不影响测试。救援专家在模拟高度为 18000 英尺（5.5 千米）的气闸舱等待。如果在高度测试期间发生紧急情况，则测试主管将要求紧急复压，这将使高空模拟室高度下降（即大气压力增加）。即使在紧急情况下，由于高空模拟室体积巨大，需要 90 秒时间才能使高空模拟室恢复到海平面压力。

为了尽快使航天员脱离危险，紧急复压开始时，在高空模拟室和气闸舱之间将打开一个阀门，使两者的压力调整平衡为海拔 7.6 千米。这被认为是救援队进入高空模拟室的安全压力。然后救援队可以打开登月舱侧边舱门，在高空模拟室继续恢复至海平面压力时将航天员迅速救援出来（图 5-19）。

登月舱高度测试有很多技术挑战，因为登月舱不是设计在海平面压力下操作，登月舱中的环境控制系统仅在小于 5 磅/英寸²（34 千帕）的舱内压力下工作。然而，登月舱必须加电在海平面压力下进行高度测试（航天员停留在舱内）。工程解决方案是采用供氧脐带单元（O_2UU），

图 5-19　本迪克斯公司高空模拟室救援队徽章

一个地面支持系统，负责在高空模拟室中的空气排空之前为航天员提供氧气。一旦登月舱达到适当的等效高度，氧气供应就切换到船载系统。当航天员返回相同的高度时，他们将重新切换回供氧脐带单元系统。

航天员弗莱德·海斯（Fred Haise）说，登月舱内的空气再循环风扇不能在海平面压力下长时间工作，风扇设计为在 5 磅/英寸^2 的舱内压力下循环空气，如果运行时间过长，由于要推动 1 个大气压的"重"空气工作，电动机会烧坏。航天员在测试期间必须限制风扇打开的时间。航天员在海平面压力下启动风扇后要立即启动计时器。

罗素·劳埃德（Russell Lloyd）说："弗莱德·海斯是我们的试验对象。他在高空模拟室里'飞行'时间比任何其他航天员都长，因为他是我们测试供氧脐带单元功能的测试对象。他做了许多次'上下旅行'测试，帮助我们测试系统功能。"海斯告诉笔者，他和格鲁曼公司咨询飞行员乔治·道林（George Dowling）甚至"在没有飞船情况下，两人穿着压力服在高空模拟室中进行测试"。如同航天员吉姆·麦克迪维特（Jim McDivitt）总结的那样，"弗莱德·海斯辛勤的付出确保登月舱具备了让我们其他人测试的条件。"（图 5-20 和图 5-21）。

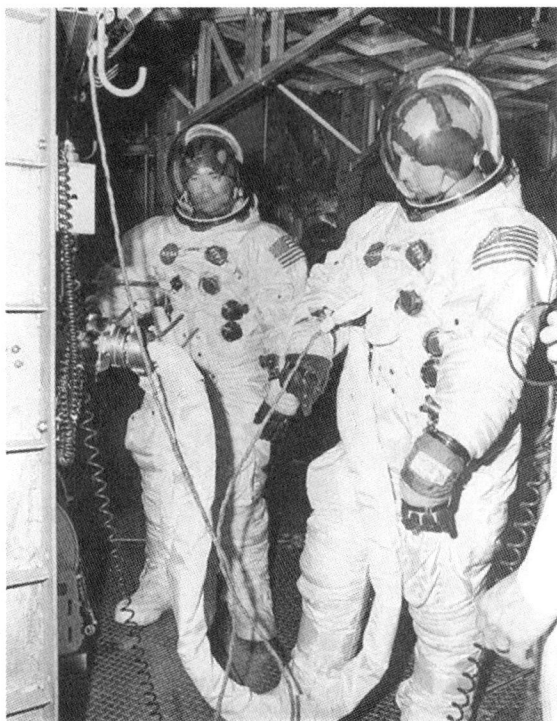

图 5-20 弗莱德·海斯（左）和格鲁曼公司咨询飞行员乔治·道林在准备登月舱高度测试

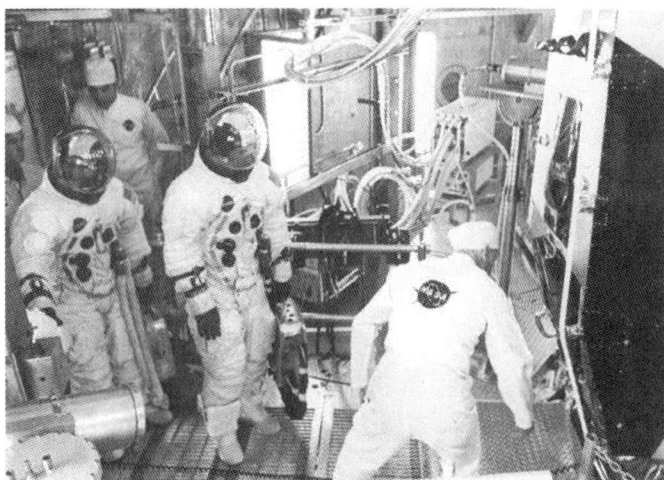

图 5-21 乔·施密特（Joe Schmitt）帮助"阿波罗"-11 备份组航天员弗莱德·海斯（左）和吉姆·洛威尔（Jim Lovell）进入 LM-5 进行高度测试

5.3.9　3月24日周计划（发射倒计时114天）

分析高度测试数据。进行最后一次无人高度测试，目的是干燥登月舱各系统。登月舱乘员舱内设备移除。在下降级安装和固定聚酯薄毯，这些毯子由15层0.5毫寸厚镀铝H膜、10层0.15毫寸厚镀铝聚酯和0.5毫寸厚H膜底层组成，毯子被折叠并夹在一起，用聚酰亚胺胶带覆盖接缝。

5.3.10　3月31日周计划（发射倒计时107天）

对LM-5来说，这是繁忙的一周。要处理高度测试中的偏差问题，并且准备将登月舱从高空模拟室中吊出。

登月舱驾驶舱的几个控制面板必须更换，古坎德说："真空会带来很多问题，我们不得不多次进行更换，因为它们在高度测试过程中失效了。当你取出一个面板，需要断开所有的连接，每一个连接必须重新测试；如果你更换了一个面板，你可能要花好几天时间重新测试。"

沃尔特·德莫迪参与了一次重要的更换工作，这是LM-5控制面板的一次常规更换。他说：

加里·莫尔斯（Gary Morse）和我配合取出面板11（断路器）。我托着面板的底部并松开了底部的束缚。加里在取顶部的两个螺栓。我告诉他，"你拿好那东西，不要掉下来，我的手在它下面接着。"他把螺栓取下来，松开了。面板掉了下来，砸到了我的手指。面板的一角穿过舱壁。舱壁表面只有0.1毫米厚，所以它毫不费力地穿透了舱壁。

朱莉·戈德法布（Julie Goldfarb）是负责修理的人员。他在贝思佩奇曾是一个机械师，是一个助理工头和真正好的钣金工。他做了一个补丁。工程部门批准了修补。我们把它钻出来，用EPON粘上[①]。通过增压测试——没有问题。仅仅把补丁粘上就花了两三天时间，测试还化了三四天时间。他们不得不对登月舱重新进行加压测试。我成了最不受欢迎的人，特别是在工程部门。

测试完毕，登月舱吊出高空模拟室（图5-22）。

[①] EPON™ 是一种专用环氧树脂。

图 5-22　LM-10（"阿波罗"-15）在高度测试后放置在工作平台上

4月1日，LM-5从高空模拟室移动到起落架支撑工作平台上。在这里，安装登月舱的起落架并进行功能测试，这些工作包括在起落架和下降级之间进行机械和电气连接以及测试展开和下锁机构（图 5-23、图 5-24、图 5-25 和图 5-26）。

"小鹰"号登月舱起落架测试期间，技术人员在展开机构中发现了故障。正常身高的男人没法挤进该机构的工作区域，所以格鲁曼公司不得不找了两个"非常苗条"的技术人员。威廉·迪斯本耐特（William Dispenette）和查尔斯·坦纳（Charles Tanner）符合要求，他们能够完成必要的修理工作。

标定登月舱着陆雷达系统。安装下降发动机和着陆雷达之间的防辐射罩。

S波段直立天线安放在登月舱的第一象限（面向登月舱时在梯子的右侧）。这个安装在三脚架上的网状天线在"阿波罗"-11 至"阿波罗"-14进行了搭载。航天员决定在"阿波罗"-11 任务中不使用它，而用在了"阿波罗"-12 和"阿波罗"-14 上。对天线进行 C^2F^2 检查，确保航天员戴着舱外活动（EVA）手套可以操作天线。乔回忆说，在 C^2F^2 测试期间，其中一个 S 波段直立伞形天线损坏。飞行装备是由金线制成的网状结构，因此必须送回制造商重新编织。

图 5-23　　LM-3 起落架展开测试

图 5-24　　LM-5 起落架展开测试。可以看到支撑脚是纯金属的。在 LM-5 运到发射工位后，NASA 决定在支撑脚上包裹一层绝缘材料（参见第 7 章）

图 5-25 LM-12("阿波罗"-17)在起落架支撑工作平台上

图 5-26 1969 年 4 月 4 日,LM-5 安装到适配器之前进行最后检测

C^2F^2 测试确保航天员可以操作月球表面实验包，这些装备安放在登月舱后端的科学设备舱（SEQ）中。马尔斯讲述了与"阿波罗"-11乘组经历的一次可怕的 C^2F^2 测试：

> 我们在晚上 7 点钟或 8 点钟开始。登月舱放置在测试工作台上。我们没有任何好的办法让航天员到达科学设备舱，并把所有的设备取出来。所以我们准备了一个没有轨道的平台，还有一个叉车，有人站在两个叉子上，尼尔和巴斯把从设备舱取出的设备交给他，然后他再把设备拿下来。
>
> 我们至少这样干了两次。按照这样的流程，我们把设备拿出来，交给这个技术人员，他又从叉车下去，交给别人。这是应急的方法。我站在边上，尼尔过来，他转身时，没有站好差点从平台上掉下来，我一把抓住了他! 我说，"尼尔! 还没到零重力的时候呢!"操作失败，但至少我没有让他摔断腿或者碰破头，我们周围没有什么东西挡着。

在最终检查之后，完整的登月舱从起落架支撑工作平台上移下来。4 月 4 日，吊车将 LM-5 移动到高顶区东端的 1 号综合测试台，在这里登月舱与适配器组装，本章最后一节将详细介绍（图 5-27）。

图 5-27　LM-5 准备与适配器组装。可以看到，登月舱的大部分仍然没有安装保温毯和面板，它们将于发射前在发射工位上安装

登月舱在载人航天器操作厂房的测试和准备工作全部完成。普瑞斯尼尔（Presnell）说，"把登月舱放入适配器中就意味着它的各系统都经过了检测，并为下一步做好了准备，从'阿波罗'-11 开始就是如此。"

这并不意味着登月舱可以发射飞行了。有趣的是，在这部分工作流程的图片中，登月舱后端的设备舱（上升级的后段）没有覆盖箔膜或合金面板。这是因为后端设备舱有水/乙二醇冷却管路，登月舱的许多电池和电子设备安装在它上面，技术人员在载人航天器操作厂房整个工作流程中需要操作这些设备，飞船在垂直总装厂房和发射工位时也需要操作这些设备。如果测试期间设备不能冷却，有可能会过热或烧坏。为了方便进入，登月舱的这个区域保持敞开状态，直到最后倒计时为止。

5.4 早期"阿波罗"科学实验包和"阿波罗"月面实验包

早期"阿波罗"科学实验包（EASEP）和"阿波罗"月面实验包（ALSEP）是"阿波罗"航天员留在月球上的一系列科学仪器。科学实验包搭载在"阿波罗"-11 飞船上。由于该次任务的主要目标是证明登月舱可以安全着陆和起飞，"阿波罗"-11 只搭载了两样仪器（后来留在月球上）。后续任务搭载的科学实验包相对要复杂得多。

科学实验包和月面实验包仪器设备在美国各地设计和制造。按计划登月舱在载人航天器操作厂房进行测试时，这些设备要运到肯尼迪航天中心；但有时月面实验包设备直到发射前还未准备好。肯尼迪航天中心工程师使用梅里特岛发射附属建筑（MILA）地面站作为测试地点，通过测试验证实验包设备与 NASA 的网络通信正常。在运到载人航天器操作厂房与登月舱组装前，月面实验包设备在肯尼迪航天中心液体测试厂房内的 Hyper-2 建筑中进行测试。

何塞·加西亚（Jose Garcia）回忆说，有时月面实验包测试过程可能令人沮丧（图 5–28 和图 5–29）：

在准备发射前，必须满足这些产品的技术要求。月面实验包技术要求文档指明，"发送这个命令，发送那个命令。"马上我的天线就要工作。你告诉我为什么只能发送这些命令？

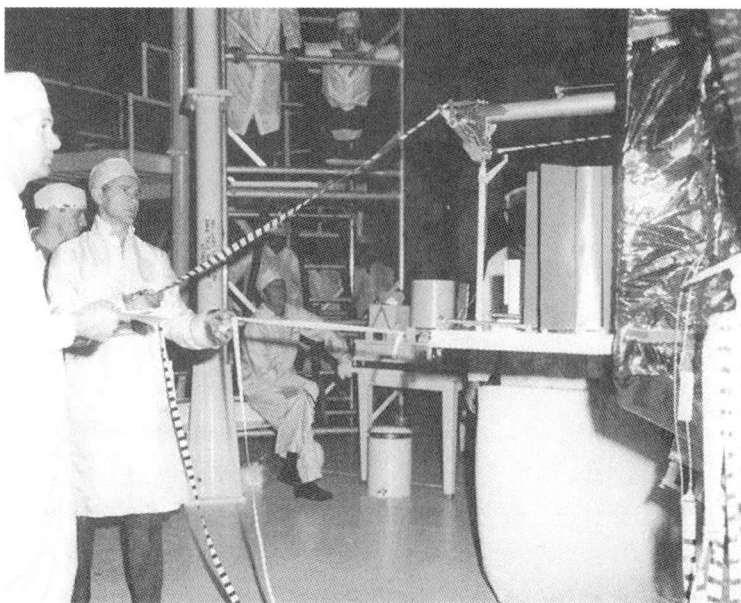

图 5-28　格鲁曼公司的汉克·罗克斯基（Hank Rokowsky，左）在观察 ALSEP 展开测试

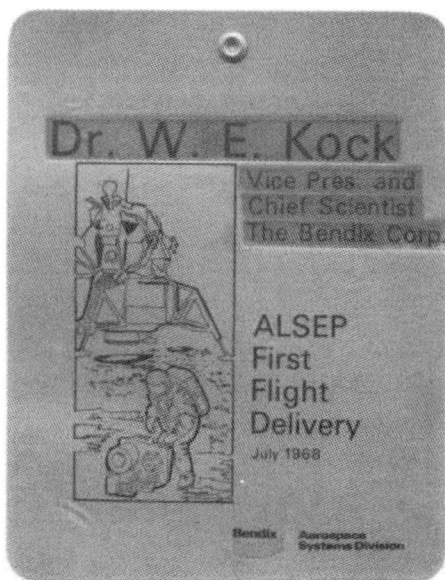

图 5-29　本迪克斯公司考克博士（Dr. W. E. Kock）的证件，他负责将第一个 ALSEP 设备运到肯尼迪航天中心

测试实验包时，我和负责调度通信的人员说，休斯敦的人正在调度上，他们可以听到，但我不想听他们说话。我锁了门，开始发送命令，并且一定要一次发送一条命令，如果一次发送 3 条或 4 条命令，就会发生故障，测试就会失败。我们记住了这一点，与飞行控制人员说，"在任何情况下都不能发送多条命令，虽然慢，但是数据正常。你必须一次发送一条命令，否则，测试就失败了。"我们清楚每一个问题，飞行控制人员可以解决这些问题，最终完成了测试工作。

有 137 个临时偏差报告（IDRs），其中 50 或 60 个偏差可能是灾难性的。他们有一个像曲棍球棍一样的设备，棍子的一端有一把钥匙。你转动钥匙、提起设备，设备弹出，然后会有一个带状电缆伸出。在有些测试中，你把钥匙放进去，把它提起来，实验包就会掉落！他们无法完成测试！我们检查了测试过程的每一个细节，最终提起实验包，测试正常通过。唯一让我感到遗憾的是我们为"阿波罗"-13 测试的月球钻从来没有用过。

我们检查了月面实验包的电气性能，在梅里特岛发射附属建筑发送命令到天线，确保通信正常。我们最终把它们组合在一起，完成了搭载工作。

5.5 "阿波罗"-15 至"阿波罗"-17 月球车工作流程

延长停留期的 J 系列任务（"阿波罗"-15 至"阿波罗"-17）按计划要在月球表面停留 3 天，为支持长期停留，它们携带了额外的给养。这些任务的最显著差异是增加了月球巡航车（LRV，或简称"月球车"），它可以使航天员在登月舱几千米范围内活动。

波音公司在华盛顿州肯特郡建造月球车，在马歇尔航天飞行中心（MSFC）进行测试。月球车从马歇尔航天飞行中心运抵肯尼迪航天中心时，外形如图 5-30 所示，月球车折叠在一个托盘上，当它装入登月舱时也是如此折叠。

登月舱从高空模拟室中取出之后和安装起落架之前，技术人员与航天员要对月球车和登月舱进行一系列 C^2F^2 检查和系统测试。登月舱

图 5-30   月球车 1 号("阿波罗"-15)从亨茨维尔运抵马歇尔航天飞行中心

和月球车测试区占据了载人航天器操作厂房低顶区西侧大部分区域，靠近高空模拟室 M（用于"水星"和"双子座"飞船的小型高压舱）。

运到载人航天器操作厂房 3 周后，格鲁曼公司和波音公司对"阿波罗"-15 月球车和登月舱进行机械配合和展开检查。展开时由一个支持机构支撑月球车的重量，因为展开机构和月球车不是在地球重力环境下工作的（图 5-31）。

月球车的铁丝网轮胎在地球上不能支撑航天员及其齿轮的重量。因此在载人航天器操作厂房用一个框架支撑月球车的底盘，这样月球车在测试时其轮胎就不会接触到地面。工程师通过移动转向手柄（月球车离开地面时）来测试月球车的导航系统，并观察月球车的计算机如何综合陀螺仪和里程表的数据。

恩尔尼·雷耶斯（Ernie Reyes）讲述了第一辆月球车上一个看似简单的问题：

图 5-31 "阿波罗"-15 月球车展开测试，支持结构支撑着月球车的重量

月球车运到肯尼迪航天中心之前，戴维·斯科特（Dave Scott）去马歇尔航天飞行中心参观月球车，他注意到安全带太长了，要求剪掉一部分，以避免安全带挡路。他用笔在要切割的地方做了一个标记，亨茨维尔答复说，"好的，我们会做一个工程指令（EO）来处理它。"当月球车运到肯尼迪航天中心，他注意到安全带没有切割。我说："戴维，你想去做吗？你要我帮助你做，还是你自己做？如果你做，没有任何麻烦；如果我做，我可能会惹大麻烦。"他说，"这是一个好主意。"他从口袋里拿出来一把剪刀，剪掉了多余部分。我说，"如果有人问，我就说，亨茨维尔和肯特的工程师答复你的请求时间太长了，所以你亲自干了。"

斯科特告诉笔者，雷耶斯的建议"是能引起别人关注的唯一方式"。

配合检查确保航天员可以穿着航天服上下月球车，并且可以移动、更换和操作他们的设备。通信和电视设备系统测试安排在月球车测试流程的后期。经过最终配合检查后，月球车可以进行安装工作（图 5-32 和图 5-33）。

图 5-32　1972 年 8 月 9 日,在月球车通信中继单元(LCRU)测试中,支持组航天员戈尔登·福勒顿(Gordon Fullerton,天线后面者)与"阿波罗"-17 主份组航天员交谈

图 5-33　"阿波罗"-16 航天员查尔斯·杜克(Charles Duke,前)和约翰·杨(John Young,图中间位于轮胎后面者)进行 C^2F^2 检查,他们检测穿着舱外活动(EVA)手套时展开月球车的能力

在飞行中,月球车安装在登月舱第一象限,即面对登月舱时梯子的右边。折叠的轮子被塞进下降级三角形空间中,平坦的车体成为该象限的外表面(图 5-34 和图 5-35)。

图 5-34   1971 年 5 月 3 日,"阿波罗"-15 航天员吉姆·欧文(Jim Irwin,中)和戴维·斯科特(背对镜头者)进行 LM-10 的月球车配合检查

图 5-35   "阿波罗"-15 登月舱月球车安装好后的状态

1972 年 3 月 16 日，"阿波罗"-15 月球车运抵载人航天器操作厂房，5 月 3 日安装到登月舱上，检查工作流程花费了整整 48 天。

5.6 飞船总装流程

5.6.1 适配器工作流程

北美罗克韦尔公司在俄克拉荷马州塔尔萨市生产制造飞船/登月舱适配器（SLA）。适配器用一架 CH-47A "支努干" 直升机运输，从塔尔萨飞往肯尼迪航天中心大约需要 36 小时，中间要降落停留几次。当直升机接近肯尼迪航天中心时，载人航天器操作厂房停车场部分区域被清理出来，直升机将适配器停放在停车场上，适配器大头安放在轮式拖车上，然后拖入载人航天器操作厂房。"阿波罗"-11 的适配器于 1969 年 1 月 10 日抵达肯尼迪航天中心（图 5-36）。

图 5-36　CH-47A 直升机将适配器运到载人航天器操作厂房停车场

　　一般在载人航天器操作厂房高顶区同时存放或处理多个适配器。当进行飞船总装时，相应的适配器被移动到高顶区东端的 1 号综合测试工作平台，工作平台四周翻板放下。然后对潜在的火灾隐患进行检查。

　　对于"阿波罗"-7 任务，流程此时要在适配器中安装对接灯和对接目标。借助这些装备，该任务的指令/服务舱航天员可以使用火箭 S-IVB 级和适配器进行交会对接试验，这对于后续任务登月舱交会对接非常有借鉴意义。

　　1969 年 3 月 24 日，"阿波罗"-11 适配器内部开始安装接线和火工品。在任务中，火工品将指令/服务舱与适配器解锁分离，将适配器上部面板向外吹，将适配器下部面板切断。然后小型发动机工作，将面板与运载火箭分离。安装碎片防护罩，它在火工品点火时可以防止碎片损伤登月舱。

　　适配器中安装火工品并不是一件容易的事。适配器是一个中空的截锥体，高约 8.5 米，底部直径约为 6.6 米，顶部直径缩小到约 4 米。工作平台只能帮助工作人员接近适配器外部，而布线和碎片防护罩必须在适配器内部安装。因此适配器下部放置了一个木制工作台，查理·马尔斯称其为"宝塔"。布线和碎片防护罩安装工作完成后，适配器上部和下部分解，"宝塔"拆除。

　　1969 年 3 月 30 日，"阿波罗"-11 适配器安装完火工品，4 月 2 日安装分离适配器面板的小型发动机。

5.6.2　登月舱与适配器组装

　　适配器下部吊入到 1 号综合测试工作平台的底座上。翻转平台打开，以便技术人员能够在适配器顶部开口处工作。

　　吊车将登月舱吊起并移动到 1 号综合测试工作平台。登月舱被悬挂在适配器下部的正上方（图 5-37 和图 5-38）。

　　使用便携式设备进行光学对准检查，确保登月舱和适配器下部定位准确。工程师对登月舱和适配器的间隙进行检查，确保两者之间有足够的间隙。间隙非常狭小，慢慢降低登月舱，小心地将起落架支腿的前端装配在适配器下部的 4 个硬点上。然后将适配器上部吊到登月舱上方，并与适配器下部组装（图 5-39、图 5-40、图 5-41 和图 5-42）。

图 5-37　LM-12（"阿波罗"-17）正吊往 1 号综合测试工作平台，准备与适配器组装。可以看到指令/服务舱在左侧 2 号测试工作平台中

图 5-38　LM-12 位于适配器下部上方

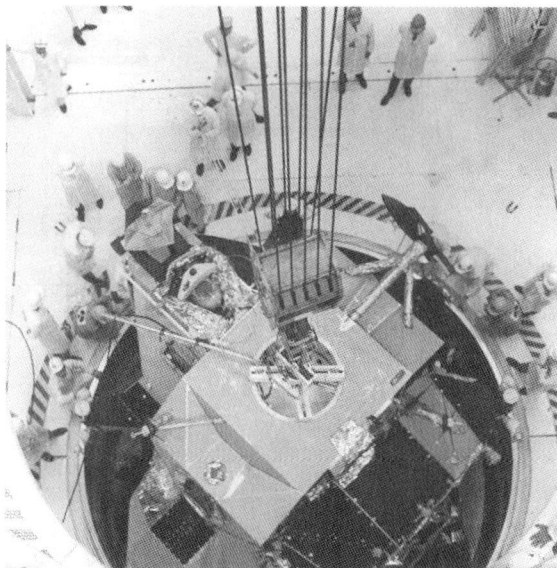

图 5–39　LM-7（"阿波罗"-13）安装在适配器下部

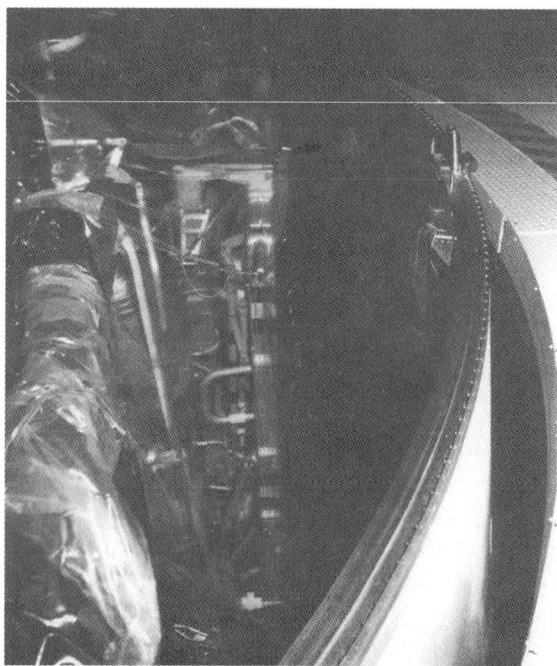

图 5–40　通过登月舱安装的月球车可以看出，适配器与登月舱之间的间隙非常狭小

图 5-41 登月舱上升级后端的设备舱还未安装

图 5-42 适配器上部吊在 LM-7（"阿波罗"-13）上面

一旦登月舱安装到位，且适配器上下两部分连接组装好，技术人员即可沿着适配器内部安装工作平台。在适配器侧面只有一个舱门，这个舱门与登月舱的舱门对齐。在狭窄的空间安装工作平台是一项精细的工作，这项工作由2~3名机械师负责完成。一名机械师抓住另一名机械师的护具，下面的人员将最底层工作平台安装在适配器内部的螺栓上；然后将工作平台拧紧；机械师完成第一层工作平台安装后，放好工作梯，再进行上一层工作平台安装，就这样逐层安装。这是一项艰巨的工作。

适配器上部有多层工作平台，通过它们可以对登月舱进行测试、检查和加注，还可以通过它们接近指令/服务舱的高增益天线和服务推进系统发动机。这些平台一直安装在适配器中，直到倒计时期间才拆除。适配器内的工作平台、服务舱高增益天线和服务推进系统发动机喷管（几乎伸到登月舱上升级的顶部），这些设备使得适配器内部非常拥挤（图5-43和图5-44）。

图5-43 登月舱与适配器组装后，适配器内部工作平台安装示意图

图 5–44　"阿波罗 – 联盟"试验计划苏联航天员阿列克谢·列昂诺夫（Alexei Leonov）检查适配器，"阿波罗"对接舱段就在这层工作平台下面

5.6.3　指令/服务舱与适配器组装

在登月舱与适配器组装完成后约一个星期，指令/服务舱从工作台吊起，开始安装在适配器顶部。进行最终检查，解决所有遗留问题；安装除雷管外的火工品。指令舱 CM-107、服务舱 SM-107、登月舱 LM-5 和适配器 SLA-14 现在总装成为"阿波罗"-11 飞船（图 5–45 和图 5–46）。

安装指令/服务舱和适配器的防风罩，它将飞船外表面完全覆盖。在飞船与运载火箭总装及转运到发射工位的过程中，防风罩一直安装在飞船上。有时飞船在转运到垂直总装厂房与运载火箭总装时，天气情况不是很理想，防风罩可以保护精密的飞船。大约 6 周后，一旦航天器转运到发射工位，活动服务塔的密封平台就位，就可以移除防风罩（图 5–47）。

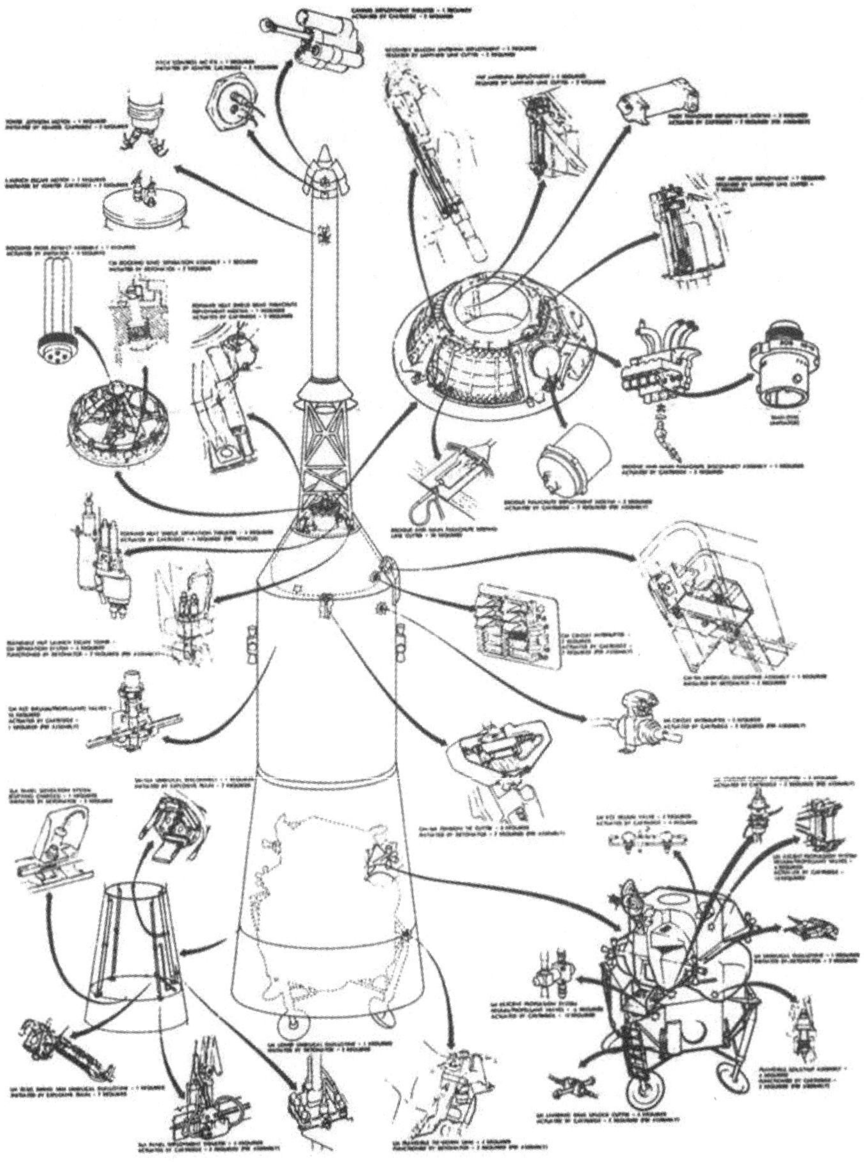

图 5-45 "阿波罗"飞船火工品布置图

图 5-46　1 号综合测试工作平台，"阿波罗"-11 指令/服务舱吊放在适配器前端

图 5-47　包裹着防风罩的"阿波罗"-15 飞船，正在吊往拖车上，准备转运至垂直总装厂房

5.6.4 转运到垂直总装厂房

防风罩安装后，飞船周围的工作平台被升起。一辆拖车通过高顶区东侧大门进入载人航天器操作厂房。组装好的指令/服务舱/登月舱/适配器作为一个整体被吊放在拖车上，转运至 8 千米外的垂直总装厂房，在那里与"土星"运载火箭进行总装。

1969 年 4 月 14 日，"阿波罗"-11 飞船离开载人航天器操作厂房。指令/服务舱在载人航天器操作厂房中共进行 82 天的检查和测试，而登月舱进行 92 天的检查和测试。

第 6 章
运载火箭在垂直总装厂房工作流程

欢迎来到肯尼迪航天中心和运载火箭测试部门。你们现在已经成为探索并最终征服太空的最伟大团队成员。你们对工作的每一份付出都将为国家和全人类的利益做出贡献……

—— 汉斯·格伦（Hans Gruene）
运载火箭测试部门主任
新员工指导手册（1971）

6.1 运载火箭测试部门

汉斯·格伦曾是沃纳·冯·布劳恩（Wernher Von Braun）领导的佩纳明德导弹基地①的火箭科学家，他负责领导肯尼迪航天中心的运载火箭测试部门。与飞船测试部门一样，运载火箭测试部门向发射测试总指挥洛克·佩特龙（Rocco Petrone）汇报工作（图 6-1）。

在"阿波罗"任务早期，测试部门许多管理人员和工程师为卡纳维拉尔角的美国陆军导弹发展部门工作，该部门后来成为陆军弹道导弹局（ABMA）。他们测试发射了"红石""木星"导弹和第一颗美国人造卫星"探险者"1 号。在参加完阿兰·谢泼德（Alan Shepard）和加斯·格里森（Gus Grissom）的"水星/红石"任务后，大多数测试发射人员跳过"水星/宇宙神"和"双子座"任务，参与到无人"土星"任务中。

---

①译者注：佩纳明德为第二次世界大战时期德国火箭研制基地，位于德国第二大岛 —— 乌色东岛的最北端，紧挨着波罗的海。

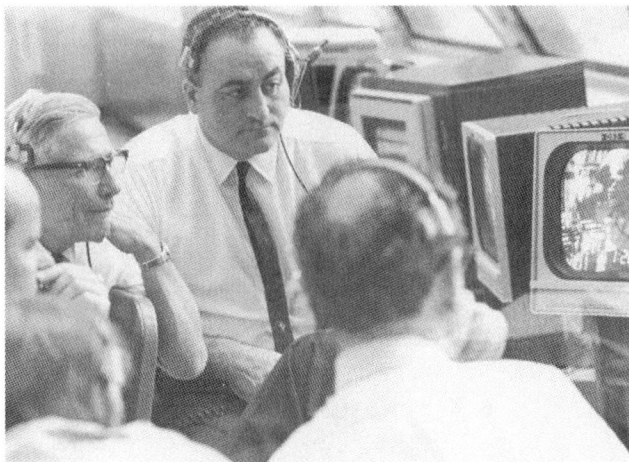

图 6-1 汉斯·格伦（左）和洛克·佩特龙在 3 号发射控制室指挥"阿波罗"-10 倒计时验证测试

需要注意的一点是，"红石"和"土星"-I 火箭都是由马歇尔航天飞行中心（MSFC）的冯·布劳恩团队设计和制造的。因为火箭测试部门（LVO）的根基在亨茨维尔，且运载火箭由马歇尔航天飞行中心设计和制造，即使在肯尼迪航天中心单独组建后，测试部门与亨茨维尔的关系也非常密切。测试部门在亨茨维尔学到的"德国工作方式"——通过测试来验证——深深地影响着测试部门的思维和工作方式。亨茨维尔强制要求每台发动机都要单独进行测试，火箭每一级在运到肯尼迪航天中心之前都要进行测试。严格的测试要求成为肯尼迪航天中心的工作方式。

6.2 LC-39 发射场

LC-39 发射场是专为支持 NASA 登月计划而设计和建造的。LC-39 发射场的新建设施（包括垂直总装厂房、发射控制中心、活动发射平台、履带运输车和发射工位）采纳了库尔特·德布斯（Kurt Debus，肯尼迪航天中心第一任主任）提出的概念。德布斯早就意识到，现有发射技术难以满足 20 世纪 60 年代末期登月计划要求。他提出在一个共享的总装区域同时测试和检查多枚火箭。从那里，总装好的火箭将被转运到发射工位，通过发射控制中心对火箭进行远程测试和发射。肯尼迪航天中心的设计工程团队，最有代表性的是唐纳德·巴克·布坎南（Donald "Buck" Buchanan，履带运输车和活动发射平台之父）和切特·

瓦西莱夫斯基（Chet Wasilewski，推进剂设施和系统负责人），将德布斯
的设想变成了现实（图 6-2 和图 6-3）。

图 6-2　1973 年，LC-39 发射场，"天空实验室"轨道空间站在发射工位 A（右），"天空实验室"-2 在发射工位 B

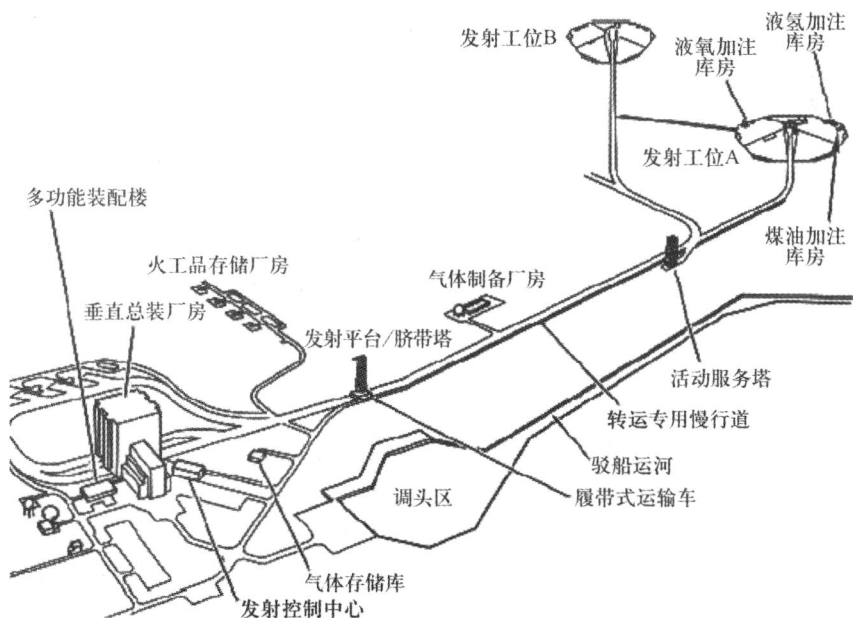

图 6-3　"阿波罗"时期 LC-39 发射场重要设施布局图

从 1966 年开始，火箭测试部门从 LC-34 和 LC-37 发射场转移到 LC-39 发射场。随着 LC-39 发射场调试运行，测试部门的大部分工作集中在垂直总装厂房、发射控制中心和发射工位。在 1968 年和 1969 年"阿波罗"计划的高峰期，发射场通常要同时测试 3 枚运载火箭：两枚在垂直总装厂房，一枚在发射工位。

对于同时测试 3 枚运载火箭，艾克·雷杰尔（Ike Rigell）说："我们的第一梯队负责流程中最前面的运载火箭，然后其他的火箭我们也会跟上。我们在发射工位有一枚火箭，在垂直总装厂房高顶区有一枚火箭，在低顶区还有一枚火箭。对它们发生的任何问题，我们都同等应对。"

从 NASA 日常管理的角度来看，弗兰克·布莱恩（Frank Bryan）补充道："NASA 的工程师被分配到不同的任务流程。在我的办公室里，我有五六个下属 —— GS-14 人员 —— 他们每个人都参与一个任务流程，比尔·海恩斯（Bill Haynes）参加这个任务流程，阿特·索耶（Art Sawyer）参加另一个任务流程，但是进行重要测试和审查时，我都会参加。"

承包商在任务中承担着重要职责。NASA 的测试部门管理着 5 个重要承包商：克莱斯勒公司（负责火箭 S-IB 级）、麦道公司（负责火箭 S-IVB 级）、IBM 公司（负责仪器舱）、罗克韦尔公司（负责火箭 S-II 级）和波音公司（负责火箭 S-IC 级和地面支持设备）。通用电气公司、本迪克斯公司和其他承包商也在发射流程中发挥着积极作用。

6.3 "土星"运载火箭

"土星"系列运载火箭是由冯·布劳恩的团队在亨茨维尔设计和制造的。"土星"火箭是美国制造的第一个大型运载火箭。第一组和第二组"土星"-I 任务（SA-1 到 SA-10）是无人状态。1964 年 1 月，SA-5 成为第一个运载能力超越苏联的美国火箭。"土星"火箭对于帮助美国在太空竞赛中取得优势地位至关重要。

有两种类型的"土星"运载火箭用于支持载人"阿波罗"任务。两级的"土星"-IB 火箭，它在"阿波罗"-7 任务中从 LC-34 发射场将一个指令/服务舱送入地球轨道，在 LC-39 发射场完成了"天空实验室"载人飞行任务和"阿波罗–联盟"试验计划（ASTP）任务；三级的"土星"-V 火箭是"土星"家族中运载能力最大的火箭，完成了两次无人飞行任务、"阿波罗"-9 和所有的登月任务，以及"天空实验室"轨道空间站任务。附录 B 列出了所有"土星"任务的完整发射清单（图 6-4）。

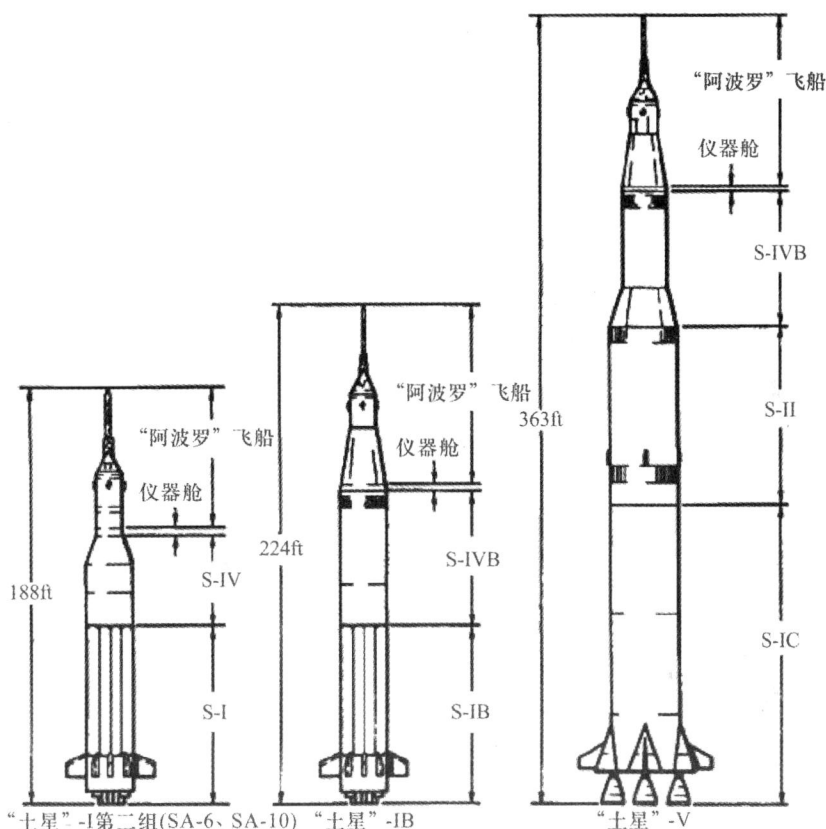

图 6-4　"土星"系列运载火箭

　　本书不探讨"土星"运载火箭的设计或制造。许多优秀书籍（最著名的是"Stages to Saturn"）介绍了"土星"运载火箭发展的历史，有兴趣了解更多详情的读者可以参考附录 D 中的资料。

　　运载火箭的序列号不一定与任务名称相关。序列号表示火箭的类别和生产序列。如，SA-x 指第一组和第二组"土星"-I 火箭；AS-2xx 指"土星"-IB 火箭；AS-5xx 指"土星"-V 火箭。因为所有的登月任务（包括"阿波罗"-11）都使用"土星"-V 运载火箭，因此本书将重点介绍"土星"-V 火箭。

　　"土星"-V 火箭由于性能升级，推力提升了约 2%。性能的改进有助于完成延长停留期的登月任务，即"阿波罗"-15 至"阿波罗"-17 任务（图 6–5）。

航天器性能

舱段	外形/英尺		重量/磅	
	直径	长度	结构重量	加注后重量
运载火箭	63.0	363		6,465,00
S-IC Base	63.0			
S-IC	33.0	138	288.650	5,030,720
S-II	33.0	81.6	80.220	1,060,420
S-IVB	21.7	59.3	24.881	260,070
IU	21.7	3.0	4.306	4,280
SLA	21.7 Base 12.8 Top			3,960
LM				33,210
SM	12.8	22	10,507	51,110
CM	12.8	12		12,366
LES	12.0	34		8,900

发动机性能

舱段	数量	型号	单台推力/磅	总推力/磅	燃烧时间/分钟
S-IC	5	F-1	1,530,000	7,650,000	2.7
S-II	5	J-2	230,000	1,150,000	6.5
S-IVB	1	J-2	204,000	208,093 198,451	1st 2.43 2nd 6.0
LM					
下降级	1		10,500	10,500	
上升级	1		3,500	3,500	
SM	1		22,000	22,000	
LES	1		150,000	150,000	

飞行参数

舱段	事件	速度（英里/小时）
S-IC	发动机关机	6,100
S-II	发动机关机	15,600
S-IVB	进入地球轨道	17,170
S-IVB	进入月球转移轨道	23,800
CSM/LM	月球转移轨道注入	3,585
S-IVB	月球冲击	5,800
LM	月球着陆	0.2
LM	月球起飞	
LM上升级	月球冲击	3,756
CSM	进入地球转移轨道	5,640
CM	进入地球	24,640

注：以上数据为估计值

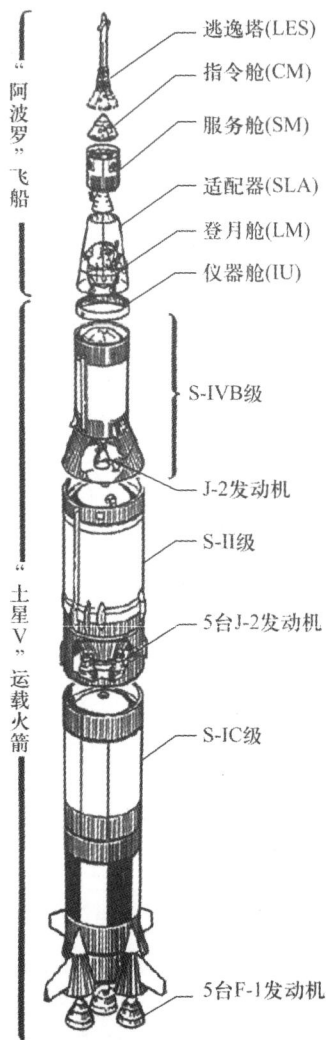

任务成功和安全是"阿波罗"任务的首要目标

图 6–5　"土星"-V 火箭参数和关键性能

右侧图示标注（自上而下）：
逃逸塔(LES)、指令舱(CM)、服务舱(SM)、适配器(SLA)、登月舱(LM)、仪器舱(IU)、S-IVB级、J-2发动机、S-II级、5台J-2发动机、S-IC级、5台F-1发动机。

左侧纵向标注："阿波罗"飞船、"土星V"运载火箭。

　　与整个登月任务时间相比，运载火箭的有效寿命相对较短。火箭 S-IC 级的 5 台 F-1 发动机在起飞前 8.9 秒点火，燃烧约 2.5 分钟，将火箭从发射工位推送到约 67 千米的高度，速度约为 2700 米/秒；当一级燃料耗尽时，S-IC 级与 S-II 级分离并落回到地球；分离后不久，S-II 级的 5 台 J-2 发动机点火，燃烧约 6 分钟，上升到 187 千米的高度，速度达到 7000 米/秒；S-II 级分离（最终落入印度洋），S-IVB 级的 1 台 J-2 发动机燃烧约 2.5 分钟，将 S-IVB 级和"阿波罗"飞船送入地球轨道；绕地球一圈半后，在太平洋上空，S-IVB 级的 J-2 发动机再次点火；6 分钟后，航天器加速到 10700 米/秒，开始飞往月球。

对于"土星"-IB 火箭承担的地球轨道任务，只需要两级即可实现入轨。火箭 S-IB 级燃烧约 2 分 20 秒，火箭到达约 59 千米的高度，速度为 2300 米/秒；S-IVB 级燃烧大约 7.5 分钟（取决于入轨高度）将"阿波罗"飞船送入轨道。

6.3.1 火箭 S-IC 级

波音在 NASA 的米丘德装配厂（MAF）负责组装"土星"-V 运载火箭第一子级 S-IC。S-IC 级上安装了 5 台洛克达因公司研制的 F-1 发动机，这是人类迄今为止最强大的发动机。发动机推进剂为 RP-1（高纯度煤油）和液氧。

"土星"-V 火箭加注后质量为 2900 吨，其中 S-IC 级推进剂质量达到 2200 吨。S-IC 级结构为 131 吨，是火箭其余结构和"阿波罗"飞船质量的两倍。综上所述，加注后的 S-IC 级质量约为 60 辆满载的 18 轮卡车质量之和。

S-IC 级燃烧时间约为 2.5 分钟。当第二级点火前分离时，"土星"-V 火箭质量只有起飞时的 22%。

5 台 F-1 发动机成十字形排列，液压伺服机构可以摆动外侧的 4 台发动机，以便控制"土星"-V 火箭的飞行方向，中心的发动机保持不动。

6.3.2 火箭 S-II 级

火箭 S-II 级由北美航空公司（NAA，后来改为北美罗克韦尔公司）在加利福尼亚州海豹滩建造。

S-II 级是"土星"-V 3 个子级中最后一个设计和制造的。由于"土星"-V 火箭其他级和飞船的重量超出设计指标，因此 S-II 级的重量必须减少。减重的一个措施是液氧贮箱和液氢贮箱采用共底结构。

在 S-II 级的后端，是连接 S-II 级与 S-IC 级的圆柱形级间段。S-IC级飞行结束时，级间段爆炸解锁，实现一、二级分离。分离后，S-II 级级间段反推火箭点火将贮箱内的推进剂向底部挤压，几秒钟后，S-II 级发动机点火，然后级间段与 S-II 级分离。此时，S-II 级不再承载级间段和反推火箭的重量。"阿波罗"/"土星"时期标志性的电影片段就是"阿波罗"-4 任务中 S-II 级级间段分离场景。

S-II 级安装了 5 台洛克达因公司研制的 J-2 发动机，推进剂为液氢和液氧。与 S-IC 级一样，S-II 级的 5 台发动机也成十字形排列，外侧发动机可以通过液压伺服机构摆动，以控制火箭飞行方向。

6.3.3 火箭 S-IVB 级

S-IVB 级是"土星"-V 火箭的第三子级。它安装了 1 台 J-2 发动机，推进剂为液氢和液氧。道格拉斯飞机公司（后来改为麦道公司）在加利福尼亚州亨廷顿海滩负责 S-IVB 级制造。

与 S-II 级一样，S-IVB 级的液氧贮箱和液氢贮箱也采用共底结构。

S-IVB 级是"土星"-V 火箭上唯一具备发动机多次启动能力的子级。为进入月球转移轨道（TLI）重新启动 J-2 发动机，两个小型辅助推进系统（APS，采用自燃推进剂）发动机点火，这将使火箭加速，从而在发动机点火前将贮箱中的推进剂挤压到底部。

"阿波罗"/"土星"时期，S-IVB 级有两种构型。S-IVB 200 系列是"土星"-IB 火箭的第二子级，不具备空中再次启动能力，因为"土星"-IB 火箭 S-IVB 级与 S-IB 级直径相同，后部级间段为圆柱形；S-IVB 500 系列用于"土星"-V 火箭，500 系列 S-IVB 级携带额外的氦气系统，用来给推进剂贮箱增压，以实现再次启动，其后部级间段为截锥形，以适应直径加大的 S-II 级。

200 系列和 500 系列后部的级间段都是 S-IVB 级的一部分，当S-IVB 级下面的火箭工作结束时，它们从 S-IVB 级的后部分离。

6.3.4 仪器舱

仪器舱（IU）是"土星"-IB 火箭和"土星"-V 火箭的大脑。它是一个高 1 米、直径 6.7 米的圆环，与火箭 S-IVB 级前端相连。IBM 公司在马歇尔航天飞行中心负责仪器舱制造。

仪器舱安装有运载火箭数字计算机（LVDC），它在飞行中负责火箭的导航计算和控制；仪器舱使用 ST-124M 惯性平台作为固定参照系；电子时序开关在预定的时间向"土星"火箭各种系统发送指令，如级间分离和发动机点火等。

6.3.5　火箭 S-IB 级

S-IB 级是"土星"-IB 运载火箭的第一子级。它安装有 8 台洛克达因公司研制的 H-1 发动机，推进剂为 RP-1 和液氧。克莱斯勒公司在路易斯安那州的 NASA 米丘德装配厂负责 S-IB 级制造。

S-IB 级由马歇尔航天飞行中心早期设计的火箭演化而来。S-IB 级主要由 8 个"红石"火箭推进剂贮箱（4 个液氧贮箱，4 个 RP-1 贮箱）围绕 1 个"木星"火箭液氧贮箱组成。S-IB 外侧的 4 台发动机配置液压伺服机构，可以用来控制"土星"-IB 火箭飞行方向。

6.4　运载火箭工作流程

与"阿波罗"飞船一样，"土星"运载火箭在肯尼迪航天中心要经过一定的测试和检测流程。在 LC-39 发射场投入使用后，垂直总装厂房、发射控制室和发射工位就成为运载火箭测试的关键场所。

火箭在垂直总装厂房的测试工作，从火箭各子级运抵肯尼迪航天中心至准备与飞船组装，大约需要 3～4 个月时间。LC-39 发射场的运载火箭工作流程与载人航天器操作厂房中飞船的工作流程平行展开。按照计划，飞船从载人航天器操作厂房转运来时，运载火箭已完成组装和第一轮总检查测试工作。一旦飞船与火箭总装完毕，"土星"运载火箭和"阿波罗"飞船就组合成为"阿波罗"/"土星"航天器。

本节按照"阿波罗"-11 任务 AS-506"土星"-V 运载火箭的工作流程展开。工作流程将按照星期划分，所有日期年份均为 1969 年，"发射倒计时"指距"阿波罗"-11 发射日（7 月 16 日）的天数。

"阿波罗"-11 航天器在垂直总装厂房中的工作流程可以分为三大阶段：

- 抵达和初始检测阶段（1969 年 1 月 29 日至 3 月 3 日）；
- 火箭组装和测试阶段（3 月 4 日至 4 月 13 日）；

- 飞船与火箭总装、航天器总检查和转运准备阶段（4 月 14 日至 5 月 19 日）。

如同介绍"阿波罗"-11 飞船工作流程的章节一样，历次任务运载火箭的测试工作顺序和时间不尽相同，但通常遵循本章所示的总体工作流程和时间表。为了更好地介绍工作流程，本章中的图片精选自历次任务。

6.4.1　交付肯尼迪航天中心前的检查工作

"土星"运载火箭的每一子级在运到肯尼迪航天中心前要经过全面测试。首先，运载火箭各级在交付 NASA 前要在生产厂家进行计算机化系统测试。与休斯敦的做法不同（休斯敦要求格鲁曼公司和罗克韦尔公司生产厂家使用与肯尼迪航天中心相同的通用电气公司的 ACE 设备），亨茨维尔允许火箭承包商生产厂家自己选择计算机化测试系统。克莱斯勒公司使用 Packard-Bell PB-250 系统进行 S-IB 级交付前测试；麦道公司的自动测试系统采用 CDC 924A 作为 S-IVB 级测试的核心单元；IBM 公司则使用与肯尼迪航天中心相同的 RCA 110A 系统进行仪器舱测试。无论使用什么计算机系统，承包商的经验表明，自动测试与手工测试相比，可以显著缩短测试时间，提高可靠性。

接下来，在运到肯尼迪航天中心前，各子级的每台发动机都要进行点火测试。当火箭各子级组装时，还需要进行一次全时长静态点火测试。这意味着火箭各子级在等效的任务时段内经过了点火测试。通过这项测试表明该级火箭可以接收交付。单台发动机和火箭各子级的静态测试为火箭完成预定任务提供了保证。

读者会记得，测试和检查流程决定发射前需要进行哪些测试。测试工作遵循循序渐进、综合测试的逻辑，每项测试和检查工作影响着后续的测试工作，通过制作测试和检查工作流程图，可以很容易地看到任务依赖性并识别出工作流程中的关键路径。本书附录 C 列出了"阿波罗"任务期间弗莱德·科迪亚（Fred Cordia）负责的火箭 S-II 级测试任务依赖关系。

6.4.2　运输到肯尼迪航天中心

"土星"运载火箭各子级从多个地方运输到肯尼迪航天中心，有些采用海运方式，有些采用空运方式：

- 火箭 S-IC 级来自马歇尔航天飞行中心或米丘德装配厂，在密西西比测试厂进行点火测试，然后通过驳船运抵肯尼迪航天中心。
- 火箭 S-II 级由驳船从加利福尼亚州海豹滩起运，通过巴拿马运河，到达密西西比测试厂进行静态点火测试，然后通过驳船运抵肯尼迪航天中心。
- 火箭 S-IVB 级从加利福尼亚州亨廷顿海滩运抵萨克拉门托试验操作厂（SACTO）进行静态点火测试，然后用 B-377-SG "超级彩虹鱼"飞机空运至肯尼迪航天中心。
- 仪器舱从马歇尔航天飞行中心用 B-377-SG "超级彩虹鱼"飞机空运至肯尼迪航天中心。

运输 S-IC 级和 S-II 级的驳船从南部进入卡纳维拉尔角，沿香蕉河上行，通过运河进入 LC-39 调头区。将产品从驳船上卸下后，拖运至垂直总装厂房。S-IVB 级和仪器舱通过"超级彩虹鱼"飞机空运至卡纳维拉尔角空军基地（CCAFS）。

6.4.3　1月20日至2月3日周计划（发射倒计时177天）

S-IVB 级是"阿波罗"-11 最早运抵肯尼迪航天中心的产品。它于 1969 年 1 月 19 日运抵卡纳维拉尔角空军基地的简易机场，然后卸到拖车上运到垂直总装厂房（图 6-6）。

图 6-6　1968 年 12 月 5 日，"阿波罗"-10 的 S-IVB 级用"超级彩虹鱼"飞机空运至卡纳维拉尔角空军基地

进入垂直总装厂房低顶区后，S-IVB 级从拖车上吊起成垂直状态，然后吊放在转移通道西侧的工作间，与 S-IVB 后部级间段组装。级间段是连接 S-IVB 级和 S-II 级的喇叭形结构（图 6-7）。

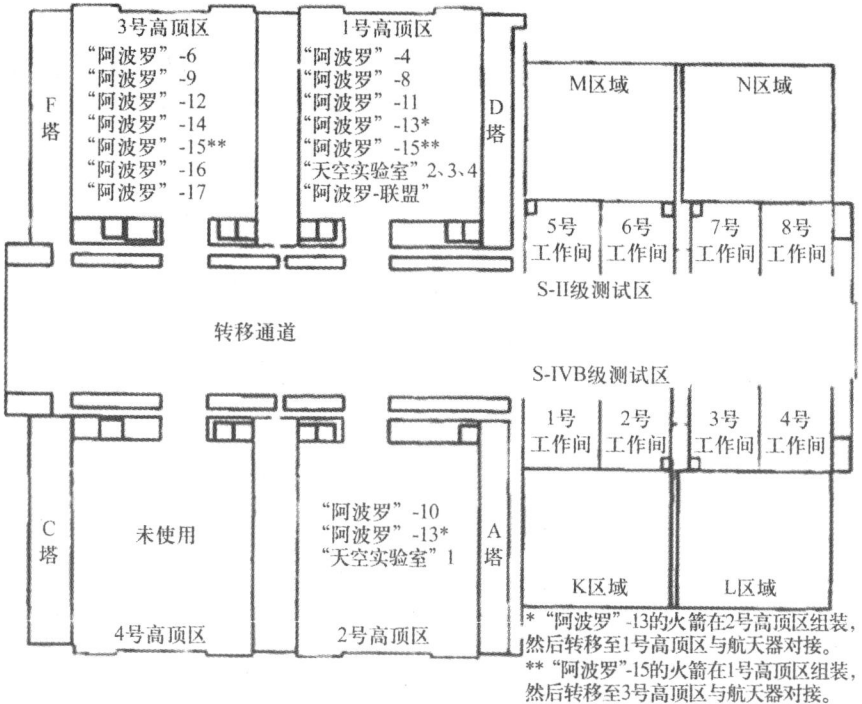

图 6-7　垂直总装厂房平面图，图中列出了各次任务"土星"-V 火箭组装和测试位置

吉恩·斯皮尔格（Gene Spilger）说，工作间的设计非常便于进行初始检查。他说："低顶区让我们的工作非常方便，我们可以靠近前端、后端和通道口，S-IVB 级在工作间是垂直竖立的，我们在两端都设置有工作平台（图 6-8）。"

6.4.4　"阿波罗"-11 S-IVB 级遭到破坏了吗

1 月份"阿波罗"-11 任务的 S-IVB 级运来后，麦道公司工程师杰瑞·蒂格（Gerry Teague）刚转到肯尼迪航天中心工作，负责领导公司的 S-IVB 项目办公室。有一天，当项目工程师休·尼科尔斯（Hugh Nicholes）从洗手间回来时，他正坐在垂直总装厂房三楼的办公室。尼

图 6-8　AS-501 火箭（"阿波罗"-4）S-IVB 级在低顶区工作间进行检查

科尔斯汇报说，有些东西需要蒂格马上去查看一下。

蒂格跟随尼科尔斯进入洗手间。发现在镜子上用肥皂粘着一张纸条，上面写着："我已经修理了火箭，你们不会及时发现。"两个人都知道修理显然意味着破坏。

NASA 的运载火箭总工程师艾克·雷杰尔（Ike Rigell）接到了麦道公司高层乔治·法恩莎（George Faenza）的电话。法恩莎说："艾克，我们遇到一个问题，我想和你谈谈，但我不想通过电话谈，我会去找你。"他们两个人经常交谈，所以艾克并没有担心发生了什么，这次他只发现法恩莎的声音不太正常。雷杰尔在等待法恩莎时，他正与比尔·马奥尼（Bill Mahoney，他与麦道公司在 S-IVB 级上密切合作）一起进行检查。雷杰尔问马奥尼最近是否遇到了重大技术问题，马奥尼回答没有发生引起高层领导法恩莎关注的问题。

法恩莎来到雷杰尔的办公室，向他出示了洗手间内纸条的照片。雷杰尔的心紧张起来。

雷杰尔后来说："当然我立刻明白，我要向格伦博士（Dr. Gruene）、洛克、德布斯博士汇报。法恩莎叫来了安全负责人查理·巴克利（Charlie Buckley），他给我们找来所有的证据，试图找出谁曾在洗手间里。但这丝毫没有头绪。"

杰瑞·蒂格说，事件发生时，麦道公司技术人员刚举行完一次罢工，所以怀疑立即转向他们。联邦调查局被调来审问每一名接触过S-IVB级的工程师和技术人员。"我们试着不惊动那些人，"雷杰尔说，"我们正在拼命地不让媒体知道，我认为我们做得不错。"

咨询了质量保证人员，S-IVB级上的每个系统都经过反复测试，一切似乎都工作正常。尽管进行了各项测试，但仍然存在疑点。雷杰尔说，"他可以想出各种各样的方式来破坏 S-IVB 级 —— 你知道，把一条线剪到只连接一点，但发射时的震动会使它断开。"如果不对整级火箭全部分开检查，没有办法绝对确定在这样大型复杂的火箭中没有遭到故意破坏。

NASA 和麦道公司的经理们面临一个两难的困境。S-IVB 级是否应在低顶区进行更多测试？还是 NASA 相信 S-IVB 级已经彻底检查了，可以进行后续运载火箭组装？还是将发射日期推后几个月，直到下一次任务的 S-IVB 级准备完毕，用它来替代"阿波罗"-11 的 S-IVB 级？雷杰尔说，"这次事件很快会对时间进度表造成影响，已经没有剩余时间，也没有可以替换的 S-IVB 级，你也不能对这次事件视而不见，说：'就用它吧，因为问题不存在。'所以我们认真地思考，'我们下一步要怎么办？'"

幸运的是，联邦调查局能够识别出纸条和镜子上的掌纹和指纹。令人惊讶的是，这些指纹是麦道公司一名高级经理的，他直接由法恩莎领导。雷杰尔说，"他和来这里参观的几名亨廷顿海滩的设计师中午吃饭多喝了几杯，回来时，他想找点乐子。这一切本应该是一个玩笑。但在他说出真相前，法恩莎叫来了安全负责人，事件迅速升级，想要阻止已经太迟了。这个家伙害怕会被解雇，所以他缄口不言。"最终在他承认一切后被立即解雇了。

S-IVB 级最终完成了组装，并将"阿波罗"-11 送往月球。然而，雷杰尔一直在思考，如果他们无法证明此次事件是一个玩笑，那该怎么办。雷杰尔说，"我只是非常担心，我不是最后拍板决定是否发射的人，但是我必须在飞行准备审查会中解释这件事。如果那个家伙没有被抓住，我必须详细解释所有的测试和检查情况，并说明为什么我们认为产品满足飞行安全要求。"

雷杰尔说，直到今天，此次事件都是"我在整个任务计划中最大的噩梦"。

6.4.5 1969 年 2 月 6 日 S-II 级运抵中心

"阿波罗"-11 的 S-II 级于 2 月 6 日运抵调头区码头。从驳船上卸载后，S-II 级被拖运进垂直总装厂房（图 6-9）。

图 6-9　"阿波罗"-17 的 S-II 级在调头区码头卸载

一旦进入低顶区，吊车将 S-II 级垂直吊起，放置在推车上运到转移通道东侧的 S-II 级检测区，即 5 号和 6 号工作间。技术人员连接 S-II 级和测试设备之间的管路。

在一次早期任务（不是"阿波罗"-11）此阶段检测时，工程师旋转运输箱中的箭体时听到了一个奇怪的声音。技术人员和工程师趴在箭体上监听，他们确定声音来自一个推进剂贮箱内部。

技术人员进入推进剂贮箱内工作必须经过认证。在这次事件中，一名经过认证的技术人员通过贮箱顶部的工作孔进入贮箱内。在贮箱内，他发现了前面工作流程中遗留在贮箱内的一件工具。正如科迪亚所说，这是"一个灾难性的错误"，因为贮箱中的物品会被吸入管路进入发动机涡轮泵，这样涡轮泵将在飞行中分裂解体，导致灾难性后果。

作为此次事故的教训，后续所有交付肯尼迪航天中心的 S-II 级要在运输箱中旋转，参试人员站在附近监听是否有异声。科迪亚说，这项检查程序被亲切地称为"叮当测试"。

在垂直总装厂房低顶区进行的测试和修改工作，仅限于那些需要将 S-II 级从火箭上分解下来才能处理的项目。例如发动机、推进剂利用系统探针或其他只能从箭体顶部或底部进行更换的重要系统。为了节省时间，那些在组装好的火箭上可以进行更换或修复的系统与部件，在低顶区不安排这些系统与部件的测试。

S-II 级在低顶区进行的检查测试包括：推进剂利用系统电容探针测试（探针用于测量推进剂和液氧贮箱的液位高度）、电气系统加电测试、电气测试设备安装、发动机液压伺服机构静态测试（伺服机构通过摆动发动机，来控制火箭飞行方向）、供电测试设备校准和检测，以及推进剂液位和耗尽传感器功能测试。

科迪亚说：

> 首先，在放行前我们必须对某些部分进行修改，这些被称为主要变化记录（MCR），基本上是飞行前必须要对产品进行的工程更改。其中一些更改是北美罗克韦尔公司根据 NASA 要求为适应 S-IC 级和 S-IVB 级超重制定的。

> 一旦这样做，就会改变测试状态。你必须重新测试，以确保一切仍然工作正确，然后必须确保改动部分经过了测试，且能确保它们满足技术要求。

> 你想在低顶区进行的工作有可能需要分解火箭。例如，假设我们需要拆下发动机控制单元，在低顶区进行检测，所以我们要在低顶区进行很多发动机测试，包括所有的电气测试等。我们要确保这个设备在安装之前工作正常。一旦这级火箭在高顶区组装完毕，你就不能再去分解火箭；如果你那样做，就是一个非常不受欢迎的人，会对 NASA 时间计划表造成重大影响。

麦道公司和罗克韦尔公司的测试指挥相互配合控制低顶区测试工作，他们在控制室中指挥产品加电和发动机测试。质量控制人员监督每一项测试工作，并签署相应的文书。

　　"阿波罗"-11 的 S-II 级和 S-IVB 级测试持续到 3 月 4 日。下面的图片显示 S-II 级（"阿波罗"-13）在工作间对隔热层进行修理。隔热层在工作和运输期间容易损坏，且凿孔和凹痕必须进行修复以防止飞行期间脱胶。标准维修工作包括切割损坏的部分并喷洒新的隔热层。这种工作通常发生在垂直总装厂房低顶区和倒计时验证测试后的发射工位上（图 6-10）。

图 6-10　　在垂直总装厂房低顶区的"阿波罗"-13 的 S-II 级。可看到正在修复隔热层的一些补丁。照片由戴维·楚德文（David Chudwin）拍摄提供

6.4.6 2 月 17 日周计划（发射倒计时 149 天）

LUT 1 是分配给"阿波罗"-11 任务的发射平台/脐带塔，已经在 1 号高顶区就位。1968 年 12 月 21 日 1 号发射平台/脐带塔完成"阿波罗"-8 发射任务，在随后的两个月时间里，1 号发射平台/脐带塔的设施设备进行了维修和翻新，包括校准设备、检查和修复硬件、去除烧蚀的涂层并重新喷涂，以及对电气系统进行测试以确保发射平台/脐带塔满足任务要求（图 6-11）。

图 6-11 火箭组装前，从发射平台看到的脐带塔（中）和垂直总装厂房工作平台（左右两侧）

在火箭组装前，工程师使用地面设备试验装置（GETS）来检查发射平台/脐带塔上的脐带连接。地面设备试验装置是一个配置有分配器、250 个指示灯、90 块仪表、90 个电位器和 300 个开关的滚动式诊断控制台。弗兰克·布莱恩这样介绍地面设备试验装置："它非常简单，有些设备支架，当没有火箭时你可以把它插入到脐带的末端。这样你就可以检查地面支持设备，并确保一切工作正常。没有什么先进的技术，它非常便宜且简单易用。"

埃德·范宁（Ed Fannin）说："我有一张 S-II 级摆臂的照片。他们用这些测试面板来模拟火箭脐带连接，由于某些原因脐带没有断开连接，这是一个故障。照片显示摆臂摆开时，整个测试面板挂在摆臂上面，摆臂不管不顾就向后摆开了!"

F-1 发动机维修工作平台被移动到发射平台基座的发动机舱。因为 S-IC 级的发动机深入到发射平台内巨大的发动机舱中，技术人员需要一个临时工作平台才能靠近发动机进行维修。"土星"-V 火箭矗立在发射工位时，维修工作平台可以帮助洛克达因公司的工程师和技术人员接近 F-1 发动机（图 6-12）。

图 6-12　在"阿波罗"-8 的 S-IC 级组装之前，S-IC 级发动机维修工作平台（带有 5 个八角形孔的结构）已经提升到发射平台/脐带塔的发动机舱。在火箭转运到发射工位前，维修平台从发射平台底部降下移开

6.4.7　S-IC 级组装

2 月 20 日，"阿波罗"-11 的 S-IC 级到达调头区码头。S-IC 级被拖运进垂直总装厂房的转移通道，停放在高顶区前。在低顶区中没有 S-IC 级的工作间，S-IC 级将在活动发射平台上进行测试（图 6-13 和图 6-14）。

图 6–13　1970 年 7 月 6 日,"阿波罗"-15 的 S-IC 级从调头区拖运至垂直总装厂房

图 6–14　1969 年 2 月 20 日,"阿波罗"-11 的 S-IC 级运至垂直总装厂房转移通道

经初始接收和检查后,2 月 21 日,员工们准备在 1 号高顶区将 S-IC 级组装在 1 号发射平台/脐带塔上。

将 S-IC 级从拖车上吊起并放置在发射平台上的场景令人印象深刻,这一工作需要动用两台重型吊车,在数十名技术人员精心配合下完成。首先,技术人员在箭体尾端安装一个临时支架,它作为 175 吨转移通道吊车的吊点(图 6–15 和图 6–16)。

图 6-15　S-IC 级开始在发射平台上组装。首先，技术人员要在箭体尾端安装一个吊装支架

图 6-16　技术人员连接 175 吨吊车和 S-IC 级支架

技术人员连接 250 吨高顶区吊车和箭体前端的吊环（图 6-17）。

175 吨吊车和 250 吨吊车将 S-IC 级从拖车上水平吊起。一旦提升距离足够，175 吨吊车不动，250 吨吊车继续提升箭体前端。这样逐渐将 S-IC 级旋转到垂直状态（图 6-18 和图 6-19）。

图 6-17　250 吨吊车与 S-IC 级前端吊环连接

图 6-18　"阿波罗"-11 的 S-IC 级从拖车上水平吊起，两端各有一台吊车

图 6-19　175 吨吊车（S-IC 级后）不动，250 吨吊车（上方）将"阿波罗"-8 的 S-IC 级吊至垂直状态

箭体垂直后，175 吨吊车断开连接。现在 S-IC 级完全由 250 吨吊车吊起，吊车将箭体提升，使箭体的发动机可以越过转移通道和高顶区之间 50 米的隔离墙，通过"隔板"进入高顶区（图 6-20）。

进入高顶区后，S-IC 级缓慢下降到发射平台发动机舱上方。利用 4 个支撑臂将箭体固定在发射平台上（图 6-21）。

图 6-20 断开 175 吨吊车连接，250 吨吊车将 S-IC 级吊起，通过隔板进入高顶区。此时可以看到，箭体上没有安装锥形发动机罩、尾翼和发动机喷管扩张段，这些设备将在 S-IC 级固定在发射平台之后安装

图 6-21 "阿波罗"-12 的 S-IC 级固定在发射平台上。可以看到图片中间进入发动机舱的开口，在右侧，支撑臂的控制箱打开着，顶部有一根连接箭体和支撑臂保护罩的白色电缆。火箭起飞时，飞行的箭体会拉动电缆，将保护罩关闭。照片由戴维·楚德文（David Chudwin）拍摄提供

工作平台延伸到位，连接箭体的脐带电缆，从箭体前端移除吊环。

然后开始 S-IC 级测试。在气动、推进剂和发动机泄漏检查后，进行电气连续性检查。仪表和安全检查确保这些系统在组装前工作正常。拉斐尔·马利特（Rafael Mullet）回忆说："相对于后续阶段工作，在垂直总装厂房竖立的 S-IC 级实际上没有很多工作要做。我们在垂直总装厂房有几个控制箱，火箭组装时可以用它们来模拟与发射控制室的连接。我们对火箭和发射控制室之间的连接进行了大量校准和测试，数据传输系统（DTS）双向测试数据链路。"

任务中有一件值得注意的事，"阿波罗"-8 的 S-IC 级在垂直总装厂房检测时，1 台 F-1 发动机在燃料泵密封测试中出现故障。洛克达因公司和 NASA 没有采用棘手的程序更换密封组件的方法，他们决定最好换掉整台发动机。"阿波罗"-8 的"土星"-V 就成为第一枚也是唯一一枚所有发动机没有一起进行点火测试的"土星"-V 运载火箭。

6.4.8　2 月 24 日周计划（发射倒计时 146 天）

2 月 27 日，"阿波罗"-11 的仪器舱用"超级彩虹鱼"飞机空运至卡纳维拉尔角机场。仪器舱被装载到拖车上，拖运到垂直总装厂房转移通道。同时，继续进行 S-IC 级、S-II 级和 S-IVB 级组装前检查（图 6-22）。

图 6-22　1969 年 2 月 27 日，"阿波罗"-11 的仪器舱用"超级彩虹鱼"飞机空运至卡纳维拉尔角

IBM 公司在垂直总装厂房中负责维护多套测试设施。1M9 号房间的洁净实验室用于"土星"-V 火箭导航平台的测试；1M10 号房间安装有 IBM 公司的飞行计算机实验室设备。在箭载计算机（LVDC）安装到仪器舱之前，操作飞行程序要在实验室安装到箭载计算机的导航计算机中。1M10 号房间还有用于检测导航计算机的模拟练习器。模拟练习器可以通过纸带读取设备将程序加载到箭载计算机的内存。

IBM 公司在垂直总装厂房 27E15 号房间安装了一套遥测检查和校准站。在信号调制模块安装到仪器舱之前，从发射平台过来的数据线将数据上传到此房间，以便于对调制模块进行检测。其他遥测检测设备位于发射控制中心的 2P10 号房间。

6.4.9　3 月 3 日周计划（发射倒计时 135 天）

3 月 3 日之后的一周是肯尼迪航天中心繁忙的一周。3 月 3 日，"阿波罗"-9 发射，"阿波罗"-11 的 S-IVB 级和仪器舱检测正式结束；3 月 4 日，开始"阿波罗"-11"土星"-V 运载火箭组装。

移除低顶区 S-II 级周围的工作平台。转移通道的 175 吨吊车将 S-II 级吊起，移动到 1 号高顶区外侧。在那里，将 S-II 级与 250 吨吊车连接，通过隔板吊到高顶区。S-II 级缓慢下降，将其后部级间段与 S-IC 级前端进行连接固定。移除 S-II 级前端的黄色支撑环、起吊支架和吊绳。工作平台伸展到位。12 名工程师和技术人员将 S-II 级的 3 个插头插入 S-IC 级插座，然后安装拧紧平台边缘的 216 个紧固件（图 6-23、图 6-24 和图 6-25）。

3 月 5 日上午，S-IVB 级从低顶区工作间移出与 S-II 级对接。工作平台伸展到位。安装张力带将 S-II 级和 S-IVB 级固定（图 6-26 和图 6-27）。

图片中 S-IVB 级与飞行状态看起来有些差异。不同之处在于连接 S-IVB 级与 S-II 级的喇叭状级间段，它的底部（连接 S-IC 级）直径为 10 米，顶部直径减小到 6.6 米（连接 S-IVB 级）。级间段是 S-IVB 级的一部分，由麦道公司负责研制。飞行中级间段与 S-IVB 级爆炸分离，级间段仍然与 S-II 级相连，将 S-IVB 级的单台 J-2 发动机暴露出来（图 6-28）。

图 6–23 工作人员将"阿波罗"-15 的 S-II 级从低顶区工作间移动到转移通道，准备组装

图 6–24 1968 年 12 月 7 日，250 吨吊车将"阿波罗"-10 的 S-II 级从转移通道吊起，在尾端可以看到 5 台 J-2 发动机喷管从保护罩伸出来

图 6-25　1969 年 3 月 4 日,"阿波罗"-11 的 S-II 级正在与 S-IC 级对接

图 6-26　1970 年 12 月 16 日,"阿波罗"-15 的 S-IVB 级吊至 3 号高顶区时的尾端视图

图 6-27　"阿波罗"-17 的 S-IVB 级组装时前端视图。箭体内部的栏杆和工作平台在
发射倒计时期间拆除

图 6-28　飞行中分离后"阿波罗"-8 的 S-IVB 级。S-IVB 级尾端的级间段与 S-II 级
一起分离

　　3 月 5 日下午, 组装"阿波罗"-11 仪器舱。连接冷却管路, 以确保
仪器舱通电后内部电子器件温度保持在可控范围内。IBM 公司在肯尼
迪航天中心的高级经理乔治·史密斯 (George Smith) 指出, "将仪器舱
对接在 S-IVB 级顶层是一项机械工作, 这超出了 IBM 公司通常的工作
范围。"IBM 公司主要是一家计算机公司 (图 6-29 和图 6-30)。

图 6–29 250 吨吊车将"阿波罗"-17 的仪器舱吊起，进行组装。舱体内壁上是"土星"-V 火箭飞行计算机、惯性平台、遥测设备和其他重要仪器

图 6–30 IBM 公司员工（站在 S-IVB 级上）准备将"阿波罗"-6 的仪器舱组装到 S-IVB 级上。7 号摆臂（左）被用做靠近箭体的通道

　　此时，S-IC-6、S-II-6、S-IVB-506 和 S-IU-506 经过组装正式成为"运载火箭 SA-506"。

　　发射平台/脐带塔的摆臂展开，连接火箭各子级管路。检测运载火箭各子级机械系统。

　　3 月 6 日，模样飞船（BP-30）和逃逸救生系统安装到火箭顶部。模样飞船可以使"土星"-V 的重量和技术状态大致与真实飞行状态一致。4 月份真实的"阿波罗"-11 飞船准备与火箭对接时，模样飞船将被移走（图 6–31）。

图 6–31　1969 年 8 月 2 日，2 号高顶区发射"阿波罗"-13 的运载火箭，工作平台已经伸展到位，火箭顶部是模样飞船，12 月真实飞船运来时，模样飞船将被移走。图片由约翰·沃德（John Ward）拍摄提供

此时不安装真实飞船的一个原因是,对仪器舱内箭载计算机、导航平台和其他关键系统测试时,可以为工作人员留出足够的空间。图 6-32 显示出"阿波罗"-17 航天员罗恩·伊万斯(Ron Evans)和麦道公司员工站在 S-IVB 级前段的工作平台上,在他们身后,仪器舱 1 米高的内壁上紧凑安装着各种仪器设备,在他们头顶是模样飞船空置的适配器。如果真实飞船安装到位,登月舱的支脚将向下伸出到他们站立的区域。

图 6-32 "阿波罗"-17 航天员罗恩·伊万斯(右数第 2 名)和 3 名麦道公司员工在 S-IVB 级前段。他们前面是 S-IVB 级的液氢贮箱顶部,后面是仪器舱,头顶是模样飞船空置的适配器

6.4.10 AS-501/AS-502 任务的 S-II 级等效器

在 AS-501("阿波罗"-4)和 AS-502("阿波罗"-6)任务中,火箭组装和测试采用了一个不同的等效器。

S-II 级是"土星"-V 火箭最后完成设计和生产的箭体。如前所述,当"土星"-V 的其他各子级重量增加时,S-II 级必须进行一系列减重设计。在 S-II 级所需的特殊制造技术方面,罗克韦尔公司也面临着相当大的挑战。最终,AS-501 任务中的 S-II 级交付进度严重推迟。

为了满足发射计划要求，NASA 就不能延迟火箭组装工作，因为需要用完整的火箭来测试摆臂连接和其他系统。但是，没有 S-II 级，"土星"-V 火箭如何进行组装、测试呢？

解决方案是采用 S-II 级等效器，其形状类似一个"线轴"。等效器的长度和两端直径与 S-II 级相同，在 S-II 级相同部位具有管路接口和机械连接，因此，发射平台/脐带塔的摆臂可以进行连接和测试。等效器没有 S-II 级其他重要系统，如推进剂贮箱、发动机和箭体蒙皮。S-II 级等效器安装在 S-IC 级和 S-IVB 级之间（图 6–33 和图 6–34）。

戴夫·摩迦（Dave Moja）说，等效器达到了预期目的，使"土星"-V 的部分测试得以继续开展，"我们进行了一系列电气测试，直接通过 S-II 级等效器布线，因为很多从 S-IC 级接线必须经过其他子级。它工作正常，启发了我们如何开展测试。"

弗雷德·科迪亚说，虽然等效器使火箭测试得以继续进行，但是它让罗克韦尔公司有些尴尬，"它看起来像一个线轴，中间细，两头粗。我们尽了最大努力，但不能回避的事实是，我们负责的产品还没有准备好，所以用 S-II 级等效器来代替。这有些尴尬。我们经常听到其他承包商的笑话，如我们常听到，'我的上帝，罗克韦尔公司，这是你们生产的最漂亮的产品嘛！'"

图 6–33　垂直总装厂房转移通道内的 S-II 级等效器

图 6–34 S-II 级等效器安装在 S-IC 级与 S-II 级级间段。在 S-II 级飞行件运抵前测试时,S-IVB 级安装在等效器上

当时在波音公司工作的约翰·普劳登(John Plowden)说,等效器是创造力的一个代表,正是创造力推动登月计划不断前进,确保美国登月成功,"有很多工作正在进行,从我们在 502 任务('阿波罗'-6)遇到那个问题,到把 S-II 级运回密西西比,然后制作该级等效器,连接等效器继续进行测试,最后取走等效器,把箭体安装上去,这只是表面现象,肯尼迪航天中心、密西西比和马歇尔、承包商所完成的工作,令我敬佩,不仅是我们把这件事成功解决了,而且管理工作是最大的成就。"

"阿波罗"-6 的情况与"阿波罗"-4 的情况略有不同。在 S-II 级组装后发现了故障,修复工作需要拆下 S-II 级。在 S-II 级修复时,再次使用了等效器。

当 S-II 级最终准备好,S-IVB 级被暂时拆下,把等效器移走。从 AS-501/AS-502 任务的照片中,可以看出 S-II 级组装与其他"土星"-V

任务技术状态不同：S-II 级组装时，S-IC 级与 S-II 级之间的级间段连接在 S-IC 级的前端，而不是像其他任务连接在 S-II 级后端。这是因为在使用 S-II 级等效器时，级间段与 S-IC 级对接在一起。为了避免将级间段从 S-IC 级拆下、再与 S-II 级连接、然后重新与 S-IC 级连接，级间段一直保持与 S-IC 级连接，然后将 S-II 级安装到级间段上面（图 6–35）。

图 6–35 S-II 级组装（"阿波罗"-6）。与图 6–24 和图 6–25 所示的正常组装方式不同，S-II 级发动机暴露在外面，在使用 S-II 级等效器时，S-II 级后端的级间段已经与 S-IC 级对接完毕

6.4.11 AS-500F 合练箭摇摆试验

在合练箭 AS-500F 组装过程中，开展了一次不同寻常的测试。马歇尔航天飞行中心想要验证他们的结构计算，并确定一个完整的"土

星"-V 火箭的机械弹簧常数,这是火箭运动时的固有频率。摇摆测试需要两队人员在模样飞船周围工作,一队人员站在指令舱边的工作平台上,拉动环绕飞船的绳索,另一队人员坐在下一层,用脚推动服务舱。两队协调行动使箭体来回摇摆。这看上去不像一个科学测试,肯尼迪航天中心最初不愿意执行。然而,这项测试最终被执行并拍摄记录,该测试的视频剪辑可在作者的网站 www.apollo-saturn.com 上观看到。

6.4.12　3 月 10 日周计划(发射倒计时 128 天)

"阿波罗"-11 全箭测试和检查本周正式开始。连接火箭各子级电气系统,连接火箭应急电源,各子级加电测试。

弗兰克·布莱恩指出,虽然各子级的电缆网连接在一起,但是各有各的保险丝,"每当电缆从一级连到另一级时,我们都连上一个保险丝盒,这有双重目的,一个承包商的产品短路不会烧毁另一个承包商的产品,我们可以通过烧掉的保险丝来定位故障,此外,我们可以拉出保险丝进行故障排除,这避免了很多争论。"

3 月 14 日,火箭各子级电气连接经过验证后,开始进行运载火箭的第一次综合电气系统测试。各子级都有自己的一套内部电气系统,负责为运动系统(如推进剂增压、飞行控制等)、遥测系统和安控系统(火箭飞行中需要自毁时,该系统负责启动自毁)供电。每级承包商负责相应的加电工作。综合电气系统完成对所有系统的单独测试和综合测试,以确保火箭电路之间没有"潜电路"或其他问题。

"阿波罗"-11 火箭组装期间,"阿波罗"-10 准备工作已在 2 号高顶区完成,"阿波罗"-10 在 3 月 11 日转运到发射工位 B。

6.4.13　运载火箭测试协议

现在,火箭组装完成,管路连接完毕,通过发射控制室和发射平台/脐带塔基座中的 RCA 110A 计算机传送发射控制室和火箭之间的所有电信号。此时,发射控制室负责运载火箭所有测试操作的控制和监测。火箭各子级测试指挥负责各子级测试的协调和控制,他们不在低顶区的控制室进行指挥,而是在发射控制室指挥。

测试人员需要从测试检查规程(TCP)或测试准备工作表(TPS)中运行一项测试时,必须在工作管理系统中进行安排。运行测试所需的所有技术要求都列在测试检查规程或测试准备工作表中,并在计划会议上确定。这为测试指挥提供了该项测试需求的计划表。测试需求可能包括记录仪、遥测、电源（28 V 直流或 400 Hz 交流）、供气、液压等，还列出了测试所需的工具和测试设备。

测试分为危险测试和无危险测试。危险测试通常涉及低温、自燃推进剂、高压气体、火工品或其他对人或设施会造成重大危害的潜在危险源。危险测试要求测试期间安全代表必须在现场指导。

测试前要召开例会，所有参试人员参加，测试工程师主持会议，介绍测试情况，并回答问题。

测试工程师通常在发射控制室或火箭各子级的控制台上指挥测试或其他工作。如果进行故障排除，他也可能在发射平台/脐带塔或箭体内指挥。工程师在指定的位置插入调度耳麦，与火箭各子级测试指挥通话。火箭各子级测试指挥总是使用相同的调度通信通道（例如，仪器舱测试指挥通道为 151，S-IVB 级测试指挥通道为 161，S-II 级测试指挥通道为 171，S-IC 级测试指挥通道为 181）。各子级测试指挥分配一个调度通信通道供测试工程师在执行测试时使用。

测试工程师在所分配调度通信通道上对所属人员点名后，他向各子级测试指挥（例如，S-II 级测试指挥的调度代号是 C2TC）汇报，请求允许开始测试。必要情况下，各子级测试指挥向 NASA 运载火箭测试指挥（CLTC）汇报，通知他测试开始；如果测试包含危险因素或者涉及火箭其他子级人员，他还要请求允许开始测试。

遵循这个协议，火箭各子级测试指挥和运载火箭测试指挥能够掌握他们负责的各子级或运载火箭所有测试工作。这个控制过程仅限于火箭某一子级的测试。

吉恩·塞斯戴尔（Gene Sestile）说，当火箭加电且正在进行某项测试时，运载火箭测试指挥必须在控制台就位。这份职责不总是令人感到愉快，"一名运载火箭测试指挥负责一次任务，其他测试指挥负责其他任务，我们会轮班工作。任何时候加电且发射控制室有一名工作人员，就必须有一名测试指挥在那里戴着耳麦。所以我们戏称其为'工作猿'，除非出了问题，那是你唯一需要掌握的技能。"

火箭组装完成后，综合测试协议生效。综合测试涉及火箭多级或整个运载火箭。NASA 运载火箭测试指挥负责综合测试工作。

测试前，运载火箭测试指挥首先在 NASA 每日测试指挥例会上与各子级参试人员进行会商。运载火箭测试指挥介绍测试情况和支持需求，并协调与测试相关的所有工作。

测试时，所有参试人员在岗位上通过调度通信系统报告，以进行通信检查。测试开始，各子级测试指挥负责本级的工作，并与运载火箭测试指挥进行协调。每名参试人员同时收听上下链路调度通信系统的信息。

RCA 110A 地面计算机系统负责处理发射控制室所有测试信息。在计算机化测试检查中，通过执行计算机程序来测试火箭和地面支持设备（由特定测试程序控制）的每一项工作。计算机发出指令并检测响应，将火箭或设备的响应与计算机预期响应进行比较。如果响应与预期一致，则计算机进行下一部分测试；否则，发射控制室控制台上显示错误，并给出明确故障。RCA 110A 计算机还可以提供信息，以辅助排除故障。

在综合测试规程中，所有测试工作按照顺序排列。每一名测试工程师都有一份规程的副本，并通常用红线标出自己将执行的工作。每一项工作都明确负责工程师的调度代号和行动时间。

地面计算机为"土星"地面计算机系统和数字事件评估计算机获取的所有信号提供时间标记。测试指挥检查特定时间段内发生的事件，以确保没有意外事件、事件顺序出错等问题。中央仪器设备处理中心在测试结束后约 6 小时提供测试数据快速分析报告，在第二天提供完整的测试数据报告。

如果发生异常（no-go）问题，相应的各子级测试指挥尝试与他管理的参试人员一起解决问题。如果问题成功解决，则将结果报告给运载火箭测试指挥；如果问题在规定时间内无法解决，需要通知运载火箭指挥，并给出解决问题预计需要的时间。

6.4.14　3 月 17 日周计划（发射倒计时 121 天）

现在，运载火箭的电气网络已经过测试和验证，下一步要将火箭各控制系统连接到仪器舱内"土星"-V 火箭的"大脑"。本周，仪器舱内的箭载计算机（LVDC）、火箭数据采集器（LVDA）、飞行控制计算机（FCC）和 ST-124M 导航平台进行加电测试。这些仪器设备控制着"土星"-V 的飞行过程，必须通过测试，检验它们彼此之间或与火箭其他系统通信是否正常。

- 箭载计算机是控制"土星"-V 火箭飞行的主计算机。它的功能包括：综合所有飞行数据、进行计算以使火箭按照预定航线飞行、发出指令改变燃料/液氧燃烧比率和实现各子级分离等。
- 火箭数据采集器是箭载计算机的输入/输出设备。所有输入或输出箭载计算机的信号都通过火箭数据采集器。

- 飞行控制计算机是一个模拟系统，它接收箭载计算机/火箭数据采集器的导航信息，控制火箭飞行方向。飞行控制计算机向 S-IC 级和 S-II 级外侧发动机的伺服机构以及 S-IVB 级的辅助推进系统发动机发出电信号，控制火箭飞行方向。箭载计算机解算导航方程，飞行控制计算机向执行机构发出适当的动作指令。

- ST-124M 是陀螺三轴稳定导航平台，可敏感"土星"-V 火箭飞行方向。"土星"-V 火箭的陀螺平台与"阿波罗"飞船的导航平台完全独立。

箭载计算机和火箭数据采集器作为一套系统一起工作，它们通常统称为 LVDC/LVDA。在地面上，它们直接与 RCA 110A 地面计算机连接。在发射前操作期间，RCA 110A 计算机还用于向箭载计算机加载程序。LVDC/LVDA 安装到仪器舱之前，IBM 公司在垂直总装厂房的实验室负责 LVDC/LVDA 单元测试。

LVDC/LVDA 与"阿波罗"飞船导航计算机有接口功能，但是这个功能从未在任务中使用过。在计算机故障情况下，任务指挥员可以选择接管箭载计算机，使用他的手动控制器从指令舱自己引导"土星"-V 火箭。

本周测试的仪器舱其他系统包括脉冲编码调制（PCM）系统、数字数据采集系统（DDAS）和仪器舱无线电频率（RF）系统。在地面测试期间，数字数据采集系统通过同轴电缆将 PCM 数据传送到发射控制室；在飞行中，火箭通过仪器舱内的 VHF 发射器将 PCM/FM 和 FM/FM 遥测数据发送到地面。"土星"-V 火箭各子级都有自己的遥测系统。

各子级工程师着手准备下一项全系统测试，这项测试将检验仪器舱控制运载火箭其余系统的能力。大部分准备工作是检查摆动发动机的液压伺服机构。

在本周末，测试从发射控制室到尾端服务杆和支撑臂的指令和数据链路。

6.4.15　3 月 24 日周计划（发射倒计时 114 天）

本周运载火箭的主要节点是于 3 月 27 日开始的安全控制和故障综合测试（PD/MALF OAT）。该项测试涵盖了用于级间分离、飞行控制、时序故障和紧急检测的有关系统。

PD/MALF OAT 大约由 10 个子测试项目组成。其中一些子测试验证火箭和电气支持设备在倒计时最后时期故障情况下的操作能力；另一些子测试中，发射团队模拟摆臂收回故障，以验证运载火箭关闭程序并返回安全状态的能力。

测试的部分内容是通过模拟飞行测试火箭安全控制能力。安全控制负责炸毁失控火箭。如果起飞后必须炸毁火箭，安全控制指挥员（由空军军官担任）向"土星"-V 火箭的安全指令接收机发出两个命令。首先，发出命令为引爆桥丝（EBW）系统加电，并开始关闭发动机；大约4 秒后，发出指令，点燃引爆桥丝系统，该系统将引爆导爆索和柔性线形爆炸索，把推进剂贮箱炸毁，这使未燃烧的推进剂扩散到大气中，减少火箭残骸对地面人员的危害。

这是火箭转运到发射工位之前在高顶区进行的第一项综合测试。到目前为止，许多测试涉及倒计时工作，这些测试通过模拟倒计时流程来测试火箭在起飞前某一时刻的性能。综合测试（OAT）是飞行测试，它从倒计时开始，经过模拟起飞，直到飞行结束。飞行测试检查火箭或各子级在发射后使用内部电源和级间段分离时的性能。综合测试检测火箭如何响应各子级和发动机指令，以及火箭在级间分离后如何自主地（没有地面直接控制）进行响应。综合测试是严格和彻底的，通过测试可检测出影响火箭性能的潜电路或设计缺陷。

弗莱德·科迪亚说，从各子级承包商的角度来看，"我们将测试飞行期间的所有功能，以及我们需要向前传递的所有信息。你必须不断地把信息向上传，通过仪器舱最终传送给航天员。除了我们发动机的状态信息，S-II 级传送给航天员的信息不是很多。"

综合测试使用了称为"级间段分离模拟器"的特殊电磁阀连接装置，它可以模拟飞行中火箭各子级分离动作。通常在各子级之间连接的电缆都暂时连接到专用的综合测试电缆，这些电缆通过级间段分离模拟器进行综合测试。

下面的照片显示出综合测试期间一名技术人员站在"土星"-V 火箭级间段区域。各子级测试指挥在测试中发出命令时，技术人员按下一个按钮，该按钮激活电磁阀，将电连接器分离。这样就实现了火箭上面级与下面级电分离，如同飞行时分离一样（图 6-36）。

在安全控制和故障综合测试后，继续对运载火箭和地面服务系统进行测试。在仪器舱中进行高压氮气系统测试；检查发射控制室与 1 号、2 号、4 号、5 号、6 号和 7 号摆臂上的脐带管路之间的连接；3 号摆臂上没有连接管路，8 号和 9 号摆臂还未连接到飞船上。

图 6-36　在综合测试期间，技术人员在"土星"-V 火箭内操作级间段分离模拟器，模拟器后面是他的测试规程，后面舱壁上的盒子负责将其所在子级与上面级电分离

6.4.16　3 月 31 日周计划（发射倒计时 107 天）

本周工作以审查安全控制和故障综合测试数据开始，以摆臂系统综合测试结束。

从本周开始，各子级承包商忙于准备火箭摆臂系统综合测试。摆臂系统要进行动态压力测试、间隙测试和机电系统测试，确保它们可以进行火箭摆臂系统综合测试。

4 月 3 日星期四，"阿波罗"-11 火箭摆臂系统综合测试开始运行。通过模拟倒计时，摆臂系统综合测试检验脐带连接从火箭脱落和摆臂摆开功能。

该项试验对于保证摆臂系统满足工作要求至关重要。当触发起飞信号时，摆臂必须在准确的时间内摆开。摆臂系统综合测试可以检验这个复杂系统能够正常工作。

在计划早期，NASA 曾对摆臂系统非常担心。戴夫·摩迦回忆说:"摆臂系统开始时有很多很多问题,我们进行了一次摆臂系统测试,有些摆臂能摆开,有些则摆不开。"洛克·佩特龙对摆臂系统深感忧虑,弗兰克·布莱恩说,洛克经常担心摆臂在起飞时未能摆开带来的后果:

> 肯尼迪航天中心负责摆臂系统,洛克对此非常担心。如果一个摆臂不能摆开怎么办?最上层的摆臂实际上伸出在最下层子级的上方。如果火箭起飞上升时摆臂没有摆开,就会碰撞发生灾难。洛克在头脑中进行设想,有人对他说过一次,"一个摆臂就能刺杀一条鲸鱼!"他讨厌这个想法!我不知道他从哪里听到这个说法,但这令他担心,因此他一遍又一遍地反复试验。"现在让我们再来检查一次:我们必须确保摆臂在起飞时摆开!"

尽管存在摆臂未摆开带来的风险,但是直到火箭点火起飞,摆臂上的脐带管路必须与火箭保持连接。正如艾克·雷杰尔解释说:"在任务中,运载火箭起飞时,摆臂仍然连接着。这是因为断开了那些巨大的脐带管路就无法控制火箭,如果你在起飞前需要关闭发动机,而脐带管路已经断开,箭上的压力贮箱就不能排泄出来,那就成了一个定时炸弹。所以直到起飞后才摆开摆臂是非常关键的。"

约翰·普劳登说,摆臂测试令人印象深刻,"我们要连接所有的脐带管路,然后进行部分综合测试,摆臂摆开时,当然,电气连接器也脱落。我们在脐带板上有电连接器和气液连接器,摆开摆臂前,火箭已经转为内部供电。在垂直总装厂房内观看摆臂摆开是最令人兴奋的事情,它们摆开的速度非常快。摆臂全部摆开后,我们需要收回快速断开装置(QD)和电气连接器,准备火箭转运。"

布莱恩指出,除了测试脐带管路断开和摆臂摆开之外,"这项试验还可以检验航天器与电气支持设备之间的复杂电气网络工作性能,以及航天器正常飞行时序。"

在试验后,重新连接脐带管路需要花费几天时间。如前所述,每次连接器断开时,都会使火箭测试状态发生变化。将火箭恢复到原技术状态,需要对试验中断开的每一个连接器的插针进行测试。普洛登说:

> 波音公司负责摆臂系统,我们负责快速断开装置。4号摆臂负责断开液氧和氢气连接器,该连接器直径20厘米,连接在箭体上。我们还有大约20个快速断开装置。上层摆臂具有氢气排气口,S-II级液氢贮箱有两个快速断开装置用于氢气排

气，然后还有额外的增压管路。

在试验过程中，我们经常需要连接、断开快速断开装置，并运行某些泄漏检查。我们每天要为技术人员编写文书，指导他们移除、更换或安装某个快速断开装置，或对S-II级的推进剂和推进系统进行泄漏检查。

6.4.17 4月7日周计划（发射倒计时100天）

在摆臂系统试验后，重新连接脐带管路。各子级承包商通过脐带管路对推进剂管道进行泄漏检查，检查电气系统，并进行火箭转运准备。

模样飞船和逃逸塔从运载火箭顶部移走，为飞船吊装对接做准备。检查阻尼器结构系统，在火箭转运期间及火箭矗立在发射工位时，该系统负责保持箭体稳定。

在星期五和星期六上午，进行推进剂系统电接口测试，本周工作结束。

6.4.18 1969年4月14日吊装对接飞船

1969年4月14日是"阿波罗"时间计划表中一个重大节点。星期一早上，"阿波罗"飞船（指令/服务舱、登月舱和适配器）从载人航天器操作厂房转运到垂直总装厂房（图6-37）。

图6-37 1970年11月4日，"阿波罗"-14飞船（中）准备吊装对接。转移通道两边是两艘模样飞船，"阿波罗"-14的逃逸塔在左下角

　　拖车进入转移通道，停在 1 号高顶区外。在这里，飞船与 250 吨吊车连接，飞船被吊入高顶区，准确放置在仪器舱上。从本节的照片可以看出，登月舱支脚从适配器底部伸出，吊装飞船时，支脚放置在仪器舱内侧（图 6–38、图 6–39 和图 6–40）。

图 6–38　"阿波罗"-8 飞船吊装对接。图中可看到 IBM 公司员工站在仪器舱内和 7 号摆臂上

图 6–39　"阿波罗"-12 飞船准备吊装至仪器舱上。图中可以看到登月舱下降发动机保护罩和起落架，以及安装在适配器内的工作平台

图 6–40　1969 年 4 月 12 日，"阿波罗"-11 飞船与仪器舱吊装对接。图中可以看到登月舱支脚从适配器底部伸出，工作人员背靠仪器舱内壁站着

当"阿波罗"飞船与仪器舱前端对接好后，"阿波罗"-11 飞船和 SA-506 运载火箭正式组成"AS-506 航天器"。AS-506 名称是由"阿波罗"/"土星"（Apollo/Saturn，AS）、"土星"-V（5）和第 6 次"土星"-V（06）任务名称组合而来（图 6–41）。

飞船与发射平台/脐带塔上的地面支持设备和电气支持设备连接。7 号和 8 号摆臂分别连接到仪器舱和服务舱，然后进行脐带分离测试，确保摆臂可以正常摆开。然后重新连接脐带管路，并检查连接状态。

飞船综合系统测试准备。开始为期 3 周的登月舱子系统验证测试，以及登月舱推进剂系统测试。

4 月 15 日，进行人员疏散演习，目的是在紧急情况下，发射工位工作人员可以从登月舱区域撤离。

飞船综合系统测试于 4 月 24 日开始，5 月 5 日结束。5 月 1 日进行

图 6-41 "阿波罗"-10 航天器测试指挥堂·菲利普斯（Don Phillips，左）和戴尔·卡罗瑟斯（Dale Carothers）在垂直总装厂房讨论问题，他们身后就是"阿波罗"-10 飞船

指令/服务舱与登月舱电气接口测试。

4 月 26 日至 27 日，S-IC 级和 S-II 级安装防爆保险丝（CDF）。安装防爆保险丝是一个危险性操作，要求无关人员撤离工作区域。在 S-IC 级和 S-II 级上，防爆保险丝用于安全控制系统、S-IC 级发动机罩上的反推火箭和 S-II 级上的贮箱增压火箭。

在火箭分离面周围安装线形爆炸索（LSC）。线形爆炸索围绕在级间段连接处，飞行中引爆时，线形爆炸索切断各子级连接机构。线形爆炸索通过固定夹固定在适当位置，并加以密封，以避免受外界影响。由于静电或无线电干扰不会引爆线形爆炸索，因此此时可以安全地把它们安装在"土星"-V 火箭上，而不用在最后倒计时期间安装。

6.4.19 5 月 5 日周计划（发射倒计时 72 天）

审查飞船综合系统测试数据。测试工程师处理测试中的临时偏差报告（IDR）。

飞船与"土星"-V 电气连接，将指令/服务舱、登月舱系统与仪器舱连接起来。开始为下周的航天器综合测试进行准备。

1969 年 5 月，肯尼迪航天中心工作异常繁忙，本周还有其他两次任务流程进行到了重大节点。5 月 5 日和 6 日，"阿波罗"-10 航天器在发射工位 B 进行倒计时验证测试；5 月 7 日，"阿波罗"-12 火箭第一子级在 3 号高顶区 2 号发射平台上吊装，3 号高顶区就在"阿波罗"-11 北边。

在"阿波罗"计划后期任务中，以前在载人航天器操作厂房完成的大部分飞船测试转移到在垂直总装厂房飞船吊装后进行。约翰·特赖布（John Tribe）回忆说，后期任务中，他大量时间是在垂直总装厂房 26 层对飞船进行测试。"天空实验室"组装工作也在垂直总装厂房进行（图 6–42 和图 6–43）。

图 6–42 垂直总装厂房的吊装工作。图中，1975 年 1 月 14 日，"阿波罗 – 联盟"试验计划火箭 S-IVB 级吊装在 S-IB 级上，S-IVB-200 的尾端级间段是圆柱形，而不是圆锥形

图 6-43 1972 年 11 月 16 日垂直总装厂房 2 号高顶区，工作人员在"天空实验室"轨道工作站上安装两个太阳帆板。穿过 1 号高顶区转移通道，工作人员正在测试"天空实验室"-2 航天器（安装的是模样飞船）

6.4.20 5 月 12 日周计划（发射倒计时 65 天）

1969 年 5 月 14 日，航天器综合测试 1（SV OAT 1），也称为"不分离状态–综合测试"开始运行。该试验被称为"不分离"，是因为在整个模拟任务中，摆臂不摆开、脐带连接不分离。在流程的设定时间点，试验的电气支持设备通过脐带电缆切断地面供电电源，实现航天器电分离。

航天器综合测试 1 在模拟倒计时中开始。测试中在倒计时流程会设置一个停止点，倒计时流程要在停止点反复循环，以验证系统响应是否正确。然后，倒计时流程从停止点恢复，发出点火指令，火箭转为内部供电，实时运行从发射到最终船箭分离全任务流程，绕地球飞行阶段通过将任务时钟前移进行压缩。这项测试验证仪器舱控制"土星"-V 火箭各子级的能力。

　　航天器综合测试 1 还测试整个发射系统其他部分的恢复能力。例如，有时测试会设置发射控制室显示计算机出现模拟故障，这将触发数据切换到第二发射控制室；另一个测试故障模式要使发射平台的 RCA 110A 计算机跳转到与发射控制中心的 RCA 110A 不同步状态，以此检验计算机系统从严重错误中自动恢复的能力。

　　"阿波罗"-11 航天器综合测试 1 期间拍摄的照片显示，测试期间发射控制室工作非常繁忙，虽然比不上发射日那么拥挤，但许多控制台都有人在工作（图 6-44）。

图 6-44　1969 年 5 月 14 日，"阿波罗"-11 航天器综合测试 1 期间，火箭测试指挥诺姆·卡尔森（Norm Carlson，左下）在 1 号发射控制室指挥

　　航天器综合测试生成大量测试数据，所有数据都传输到肯尼迪航天中心的中央仪器设备处理中心（CIF），中心的计算机如同当时的大多数计算机一样，非常复杂，还有内存容量限制。罗伊·撒普（Roy Tharpe）介绍了综合测试的相关工作：

　　　　由于内存限制，我们在测试中不得不停下来验证数据，然后再写入下一部分测试内容。计算机系统的人员理解这种限制，并且明白如何读取和捕获数据。他们会说，"好吧，继续前进。"然后我们将写入数据。写入后，原来的数据就没有了。

　　　　控制台的工作人员将精确的数据记录在日志里，他们要把它移交给下一班人员，因为似乎我们从来没有在规定的时间内完成测试。移交工作对于了解测试期间硬件工作情况至关重要，因此我们会说："是的，工作正常，让我们继续。"否则，我们会停下来，让计算机系统人员找出问题，然后向测试指挥发出前进信号。管理测试数据是一个挑战，因为空间计划推动各项技术快速发展。我们没有办法在那时获得额外的计算能力或内存，我们只能用脑力和体力来完成。

测试工程师审查航天器综合测试数据，记录并解决偏差。从航天器上取下试验设备和电缆，进行航天器转运至发射工位A的准备工作。

在飞船上安装火工品。这一操作要求所有无关人员离开工作区。"阿波罗"飞船装有210个火工品，火工品负责执行关键动作，例如展开登月舱起落架、弹出降落伞，以及在任务结束时切断指令舱和服务舱连接等。

航天器综合测试2（SV OAT 2）在一些早期"土星"-V任务和前两次"天空实验室"载人任务进行过，它是一项分离测试。"阿波罗"-4和"阿波罗"-6在航天器综合测试1完成后，就在垂直总装厂房中完成航天器综合测试2；"阿波罗"-8在航天器综合测试1之前两个月完成航天器综合测试2。两项测试内容相似，区别在于航天器综合测试2中，脐带连接真实分离、摆臂真实摆开。

发射团队对地面支持设备和飞行产品取得了一定经验且充满信心后，洛克·佩特龙决定"阿波罗"-9到"阿波罗"-11任务取消航天器综合测试2。他认为，该项试验需要一个星期，并且在分离和重新连接过程中可能会引入其他问题。随着载人登月计划的临近，佩特龙认为，实施分离试验可能会导致无法在1969年完成"土星"-V火箭发射任务。

5月18日星期日，就在"阿波罗"-11航天器综合测试1完成后4天，"阿波罗"-10从发射工位B点火发射，下一次将轮到"阿波罗"-11发射了。

6.4.21　5月19日周计划（发射倒计时58天）

5月19日星期一，航天器最后部分设备安装对接。安装发动机保护罩，并进行配合检查；逃逸救生系统（LES，逃逸塔）从火工品厂房运至垂直总装厂房，技术人员检查逃逸塔的重量和平衡度，调整发动机推力矢量，由于逃逸救生系统使用固体推进剂，因此其吊装对接工作具有一定的危险性，需要无关人员撤离工作区域（图 6-45）。

图 6-45 "阿波罗"-14 逃逸塔吊装对接

技术人员在发射平台/脐带塔顶伸出粘滞阻尼器杆，并将其连接到逃逸塔的底部，这使航天器在转运期间保持稳定。履带运输车进入高顶区，停放在发射平台下方。

5 月 20 日，"阿波罗"-10 飞船发射 2 天之后——"阿波罗"-10 飞船到达月球之前，"阿波罗"-11 航天器转运到发射工位 A，开始发射前最后阶段测试。

第 7 章

发射工位工作流程

7.1 发射工位工作流程简介

本章介绍"阿波罗"-11 在发射工位进行的为期两个月的工作流程，这一阶段工作包括航天器从垂直总装厂房转运到发射工位、飞行准备测试和倒计时验证测试等。

本阶段的工作是确保火箭和地面支持系统能够协同工作，"阿波罗"飞船具备飞行条件。距离发射日期不到两个月，时间计划表安排紧凑，没有任何余量。

如前面关于"阿波罗"-11 工作流程相关章节所说明的，历次任务测试工作顺序和时间不尽相同，但通常遵循本章所示的总体工作流程和时间表。为了更好地介绍工作流程，本章中的图片精选自历次任务。

"阿波罗"-11 在发射工位面临的问题虽然没有像其他"阿波罗"任务面临的那么严重，但也遇到一些特别的问题。读者将看到发射工位出现的问题，这些问题导致"阿波罗"登月任务中唯一一次飞船从发射工位转运回技术区。

7.2　5 月 19 日周计划（发射倒计时 58 天）

本周"阿波罗"-11 航天器的工作包括任务中所有主要设备安放到发射工位相应位置，并连接所有测试设备（图 7–1）。

图 7–1 1969年5月20日，在转运至发射工位前，垂直总装厂房中的"阿波罗"-11

7.2.1 1969年5月20日转运工作

收回垂直总装厂房内围绕航天器的工作平台。

履带运输车开进1号高顶区，停放在发射平台/脐带塔（LUT）下。罗素·劳埃德（Russell Lloyd）负责履带运输车，他介绍转运过程如下（图 7–2、图 7–3、图 7–4、图 7–5 和图 7–6）：

> 履带运输车移动到发射平台下面，然后我们升起发射平台的6个安装机构，主要调平系统是四个角的油缸，我们通过监测油缸的压力来保持水平。升起发射平台，我们就可以寻找重心。那将是我们在转运过程中保持发射平台水平的目标。
>
> 我们从高顶区移动出来，把发射平台降到行驶高度，大约距离油缸底部30厘米。这给了我们一些操作空间和一些刚性。你不能把整个航天器放在这个大型液压缸的顶部！把它降低些会更稳定。

图 7-2　1967 年 8 月 26 日，履带运输车移动至 1 号发射平台/脐带塔和"阿波罗"-4 航天器下，准备转运至发射工位 A。图片前端的工作人员衬托出履带运输车、发射平台/脐带塔和"土星"-V 火箭体量巨大

图 7-3　1969 年 3 月 11 日，3 号履带运输车载着"阿波罗"-10 航天器转运至发射工位 B，这是首次使用 3 号履带运输车和发射工位 B

图 7–4　"阿波罗"-14 转运。在活动服务塔到位前，飞船保护罩不拆除，活动服务塔的密封间要保护飞船不受外界影响。黏滞阻尼器系统是连接到逃逸塔底部的大型构件，它可以使航天器在转运过程中保持稳定，也可减小火箭矗立在发射工位时强风造成的影响

图 7–5　"阿波罗"-11 航天器转运至发射工位 A。图中可看到活动服务塔位于停放区

图 7–6　"阿波罗"-11 航天器在发射工位斜坡上运输时，履带运输车可以进行高度
调整，确保发射平台保持水平

　　他们要求在转运过程中保持航天器垂直。我们履带运输
车调平系统的指导书是这样说的，逃逸塔顶端必须保持在一
个篮球大小的直径内。你想想，110 多米高的东西要保持水
平，它的顶部移动不能超过 30～38 厘米。

　　然后，我们按照 1.6 千米/小时的速度行驶，在拐弯处降
低速度，我们没有溅起任何石块或任何东西（笑），安全转运
到发射工位。

　　在转运过程中履带运输车上层甲板保持水平。接近发射
工位坡道时，履带运输车前面要上升，后面要下降，通过调整
使履带运输车上层甲板保持水平。到达坡道顶部时，我们就反
向操作，这样在整个转运过程中，发射平台都能保持水平。

　　至于定位误差：早期，他们告诉我们，只要停在中心线 5
厘米内就可以了。但这没有预期的那样管用，因为在发射平
台/脐带塔这边定位误差大的话，意味着活动服务塔与航天器

连接就会出现更多困难。我们将发射平台/脐带塔的定位误差减小到 2.5 厘米,而他们允许我们的活动服务塔定位误差为 5 厘米[①]。

为了对齐履带运输车,我们在发射工位东侧支架顶部使用了钢琴线。我们确保支架停在正确的位置(因为它们是可调整的),然后从南到北布设一根钢琴线。在发射平台底部,有插座可以拧上一个指示器。每个支架顶部的观察员可以与履带运输车司机通话,告诉他指示器与钢琴线的位置。如果司机第一次没有运行到位,履带运输车还可以前后移动。但是如果第一次没有到位,不能只倒退一点,我们必须倒退 30 米,然后重试。

垂直总装厂房到发射工位的距离约 6 千米,需要花费 5～6 小时。需要说明一点:"阿波罗"-10 保持着最长转运距离纪录。"阿波罗"-10 从 2 号高顶区(在垂直总装厂房远离发射工位一侧)运出,在移动到转运道路前需要穿过半个垂直总装厂房,然后转运到发射工位 B,比转运到发射工位 A 要多走 1.6 千米。

7.3 发射平台/脐带塔与发射工位对接

一旦发射平台/脐带塔放置在发射工位基座上,发射工位工作人员要花费一天半时间来连接发射工位与发射平台/脐带塔的各种设施。弗莱德·科迪亚(Fred Cordia)指出:"发射工位上的大多数关键活动都与发射工位本身的接口有关,从垂直总装厂房转运出来时,你必须断开与测试设备的所有连接,转运到发射工位后,你要重新恢复与发射控制室的连接,必须确保所有连接都是完好的,所有与发射工位设施相关的新连接也必须完好。"

重新建立与发射控制室的连接意味着发射平台/脐带塔和发射控制室中的 RCA 110A 计算机需要相互通信;连接发射平台/脐带塔中的计算机与发射工位终端连接房间(PTCR)中的设备,这些设备与发射控制室之间有电缆连接;检查数据链路,并校准数字数据采集系统

---

①劳埃德说,航天飞机计划中发射平台的定位误差更加严格:"回转服务塔(RSS)、所有这些机构和工作平台都是固定的,你不能上下移动它们,只能旋转;我们只能减小定位误差,将航天飞机定位误差降低到 0.3 厘米,我们的标准是 1 厘米。我们采用了激光水平系统,就像在建筑和农业中使用的一样。"

（DDAS）接收机；检查发射控制室与发射平台/脐带塔、运载火箭之间的电缆连接，确保在地面计算机系统故障的情况下航天器可以安全控制；开始仪器舱 RF 系统检查。

在发射平台/脐带塔相应位置连接安装其他服务设施。发射平台/脐带塔是航天器与发射工位之间推进剂加注、电源、环境控制等系统的接口（图 7-7）。

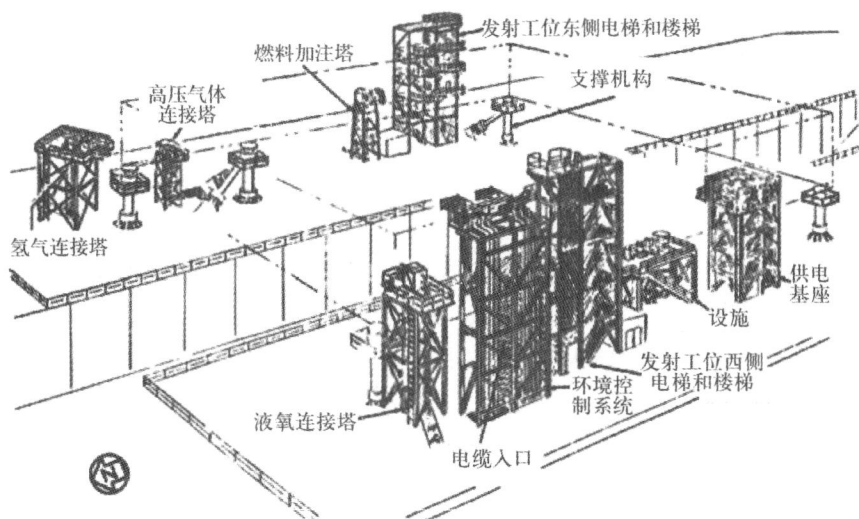

图 7-7　发射工位接口塔示意图

7.4　活动服务塔的工作

发射平台/脐带塔和航天器转运到发射工位后，履带运输车降低甲板高度，从发射平台下面移出，开到活动服务塔停放地（在通往发射工位 A 和发射工位 B 的运输道路交叉口）。5 月 22 日，履带运输车移动到活动服务塔下，将活动服务塔驮运到发射工位。

康拉德·佩雷斯（Conrad Perez）讲述了他对履带运输车驮运活动服务塔的印象：“活动服务塔是一个巨大的桁架结构，履带运输车移动到它的下面，你会想：‘履带运输车要干什么？’活动服务塔几乎吞没了履带运输车，它看起来很大、很重，像一个人坐在一个凳子上一样。”（图 7-8、图 7-9、图 7-10 和图 7-11）

图 7-8　1969 年 7 月 1 日，在"阿波罗"-11 倒计时验证测试结束时，活动服务塔被
运到发射工位

图 7-9　1970 年 3 月 24 日，"阿波罗"-13 倒计时验证测试期间的履带运输车和活动
服务塔

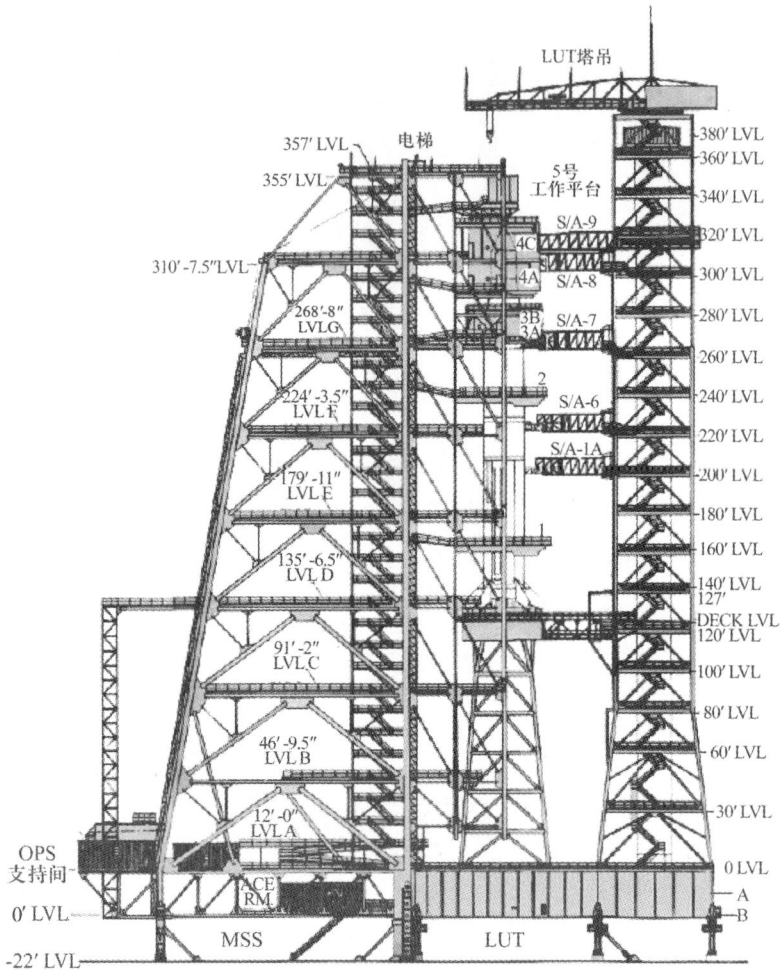

图 7–10 活动服务塔（左）、航天器和发射平台/脐带塔在发射工位位置示意图。图中可看出，活动服务塔和发射平台/脐带塔针对"天空实验室"载人发射任务"土星"-IB火箭进行了适应性改造

　　一旦活动服务塔移动到位，其工作平台展开将运载火箭和飞船围住，工作人员便可连接活动服务塔与发射工位设施。防水材料安装在"阿波罗"飞船周围的工作平台上。建立并测试飞船与活动服务塔中的ACE 控制室和载人航天器操作厂房中的 ACE 计算机系统的连接。

　　技术人员对 9 号摆臂进行测试，对运载火箭进行硬件检查，连接服务舱氮气灭火系统（SMDPS）并检验流量。服务舱氮气灭火系统是

图 7–11　发射平台向上看到的活动服务塔（上）、"土星"-IB 火箭适应性基座（左下）和脐带塔（基座后）。这张照片拍摄于"天空实验室"-4 任务 S-IB 级尾翼紧急更换期间

一套氮气系统，它可以由发射控制室飞船操作工程师启动，在发生火灾时，工程师按下控制台上的按钮可以将氮气喷到飞船外部和服务舱、适配器、仪器舱的内部，迅速隔离氧气。服务舱氮气灭火系统对附近没有任何保护措施的人员非常危险，因此，只有在进行危险操作并且发射工位工作人员穿着 SCAPE 防护服时，服务舱氮气灭火系统才能一键操作，在其他时间，系统处于双开关模式。

　　以上工作在发射平台/脐带塔和航天器转运到发射工位两天内完成。在所有连接都已验证的情况下，运载火箭可以加电测试。

　　飞船的测试工作集中在活动服务塔上层平台。技术人员开始准备指令/服务舱和登月舱测试。对指令舱舱门的发动机保护罩进行配合检查，并对指令舱进行泄漏检查（图 7–12）。

　　在适配器内部，开始更换"阿波罗"-11 的登月舱氦气阀，3 月份"阿波罗"-9 任务一次故障分析要求更换这个设备[①]。

---

　　① 氦气阀第一次点火对"阿波罗"-9 登月舱下降推进系统增压时，压力的突然变化导致阀内的钎焊失效，从而导致登月舱氦系统发生泄漏。在分析了 1969 年 3 月 7 日发生的故障之后，"阿波罗"-10 和随后的任务氦气阀设计进行了修改。在"阿波罗"-11 航天器转运到发射工位 A 后，登月舱氦气阀进行了更换。

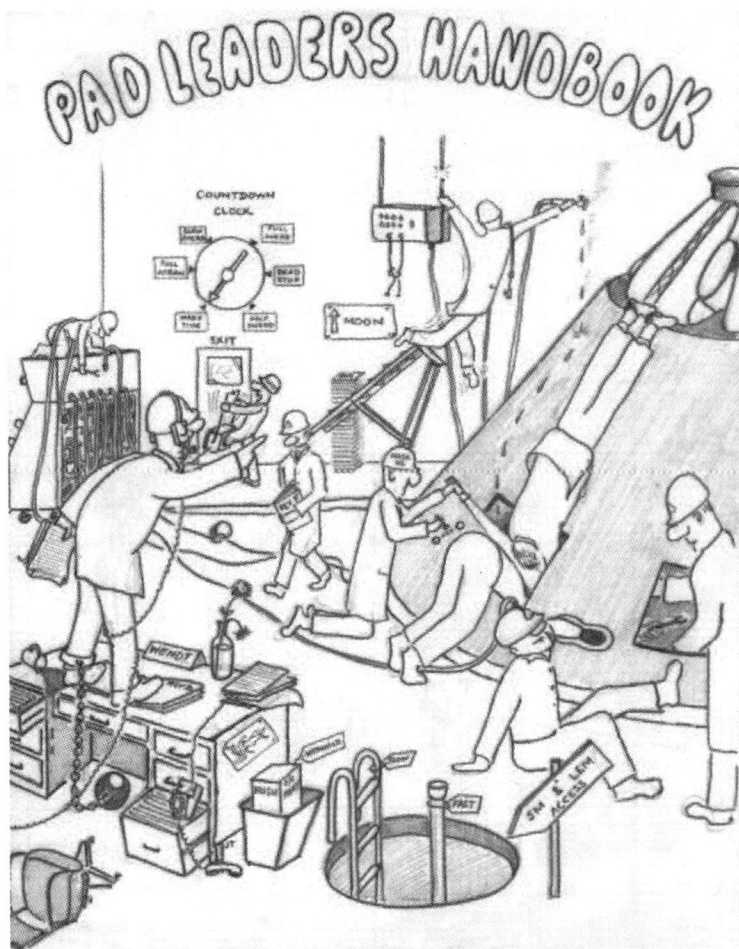

图 7–12　约翰·特赖布（John Tribe）绘制的卡通画，描绘了罗克韦尔公司发射工位领导宫特·文特（Guenter Wendt）在活动服务塔 4C 工作平台一天的工作

同时，在垂直总装厂房，发射"阿波罗"-12 的"土星"-V 火箭吊装对接工作正在进行，5 月 21 日吊装 S-II 级，5 月 22 日吊装 S-IVB 级和仪器舱。如果"阿波罗"-11 在 7 月没有登月成功，NASA 将在 1969 年9 月发射"阿波罗"-12，再次尝试登陆月球。

5 月 24 日星期六，对发射平台/脐带塔和发射工位的消防系统进行测试。第二天，将早期"阿波罗"科学实验包（EASEP）（将留在月球上的地震仪和激光后向反射器）搭载到登月舱后端。

7.5 5 月 26 日周计划（发射倒计时 51 天）

"阿波罗"-11 在发射工位进行测试准备期间，"阿波罗"-10 登月舱从月球轨道成功返回到地球。

本周，"阿波罗"-11 的 Q 球系统安装在逃逸塔的顶端。Q 球是一组定向气压传感器，是突发防护系统的一个组成部分。Q 球将数据送到运载火箭导航计算机中，用以计算火箭在大气中飞行速度和攻角。Q 球的数据可使飞行计算机检测出飞行航线和飞行方向的变化，这些变化是判断是否中止飞行的条件。

本周的其他工作包括测试指令/服务舱、活动服务塔、发射平台/脐带塔和地面支持设备之间的电气接口。检查经纬仪系统和运载火箭平台系统，以确保安装在斜坡上的经纬仪可以"看到"仪器舱的窗口。在发射倒计时期间，经纬仪可以设置和控制"土星"-V 火箭的惯性坐标系。

泄漏检查测试发射平台/脐带塔和发射工位之间的推进剂系统接口。进行模拟推进剂加注测试（不真实加注推进剂），使地面工作人员熟练掌握推进剂加注程序。检查测试摆臂加压系统。

登月舱状态更改工作持续到本周。在本章后面，读者将看到 LM-5 的一些更改。

解决指令/服务舱的偏差报告问题，进行指令/服务舱发射工位测试准备。

地面工作人员演练紧急撤离程序，以掌握必要的技能。承包商确认参加最终测试和倒计时测试的每一名所属人员都能够胜任本职工作。

本周最后，在飞船区进行两次危险作业，包括重新安装反作用控制系统（RCS）高压推进剂加注单元和测试登月舱环境控制系统。由于危险作业要求发射工位无关人员撤离，所以工作安排在了星期日，此时对发射工位工作影响最小。

本书附录 C 为弗莱德·科迪亚的 S-II 级测试流程图，图中显示了罗克韦尔公司为飞行准备测试在 S-II 上进行的准备工作。要注意的一点是流程图显示，飞行准备测试之前在发射工位进行了航天器综合测试（SV OAT），第 6 章已经说明，洛克·佩特龙（Rocco Petrone）在"阿波罗"-8 任务之后取消了这项试验。

7.5.1　"阿波罗"-16 气囊事件

在任务工作流程这一阶段，"阿波罗"-16 发生了一次意外事件，导致登月计划中唯一一次航天器转运回垂直总装厂房。罗克韦尔公司推进工程师约翰·特赖布和康拉德·佩雷斯对事件的回忆如下。

1971 年 12 月 13 日航天器转运到发射工位 A 之后，"阿波罗"-16 测试工作相对平稳。在 1 月底，工程师们称为"K0005"的一项重要综合系统测试开始，这是为即将进行的飞行准备测试做准备的一项测试。1972 年 1 月 25 日，由于测试时间与反作用控制系统测试并行，在地面管路泄漏故障排除后，罗克韦尔公司反作用控制系统第三班工程师启动了指令舱反作用控制系统调节器流量测试。

为了介绍接下来发生的情况，需要简单介绍一下指令舱推进系统。登月任务结束返回地球期间，指令舱反作用控制系统控制舱体的姿态，该系统推进剂为四氧化二氮（氧化剂）和单甲基肼（MMH，燃烧剂），推进剂储存在指令舱相应贮箱的特氟隆气囊内。在零重力飞行状态下，将氦气注入到气囊和贮箱壁之间，通过挤压气囊将推进剂送入发动机管路。

特氟隆气囊非常精细，它们承受不了过压或循环压力，其使用具有一定的限制条件。在地面试验期间，必须严格监控气囊任一侧的压力，且保持气囊内外侧之间压力差在允许范围内。为了在地面测试期间检查调节器，气囊内外侧都使用了氦气。

因为重量限制，航天器上用于地面测试的仪表数量不足，因此在载人航天器操作厂房 ACE 控制室指挥测试的工程师获得的系统压力显示信息非常有限。结果，1 月底在 K0005 测试进行时，测试工程师必须依靠发射工位技术人员口头汇报来获得地面加压仪表上的数据；工程师还要试图寻找地面支持设备管路中发生的泄漏。这两个因素使得他没有注意到在测试期间调节器未向指令舱气囊背面施加足够的压力。后来的分析表明，一名没有经验的技术人员未能对接好快速断开装置（该装置连接供气管路与指令舱调节器测试端口）。

当气囊背面压力开始下降时，气囊内外侧压力差开始增加，直到接近最大值 2068 千帕。贮箱下面支撑气囊的立管被高压挤进了贮箱凹槽中，立管立即失效，撕破了气囊。工程师没有立即明白发生了什么问题，测试产生的异常数据使第三班工作人员感到困惑。

康拉德·佩雷斯当晚正在值班，他回忆道：

　　我在第二班。在我工作结束时，第三班的拉尔夫·卡达斯
（Ralph Kardas）来了，所以我下到拖车里与他交接工作。罗克
韦尔公司的测试指挥吉姆·莫格林（Jim Moegling）决定解决
一个问题，他忘记了 4 个反作用控制系统歧管是连在一起的，
在没有关闭阀门进行隔离、且没有对气囊充气一侧进行加压的
情况下，开始对气囊内侧加压。气囊没有弹出，因为有贮箱
壁限制，但是它对立管施加压力，把立管弹出来了，这破坏了
气囊的完整性，因为气囊绑在立管上。

　　所有这一切发生时，我在一辆拖车上。吉姆已经知道发生
了故障，他喊道："康拉德! 你还是回来吧!"好吧，一切已经太
迟了，我知道他遇到问题了。

　　有很多设备和物品穿过活动服务塔的铰接点，我们必须
清理掉所有的物品，以便可以打开铰接点将活动服务塔移开。
所以第三班的一些新成员来到活动服务塔，开始清理工作，结
果他们做的一些事让情况变得更糟。很快我们听到有人说"把
这个拿开，把那个拿开"这一类的话。在这里，我们要做的任
何事情不是想做就可以做，而是要有规划，有操作规程和审
查。幸运的是，这种额外的混乱比我们遇到的气囊故障造成的
损害小多了。

指令舱推进剂贮箱安装在"猪排"区，即在指令舱耐压壳外、隔热
层内。虽然通过小通道门可以看到贮箱，但在发射工位无法靠近进行
更换。贮箱只能通过移除指令舱隔热层来进行替换，并且只能在载人
航天器操作厂房内完成。

航天器必须转运回垂直总装厂房。进入垂直总装厂房后，指令/服
务舱、登月舱和适配器将从"土星"-V 火箭上吊下，并被拖回到载人航
天器操作厂房。在那里，分解指令/服务舱与适配器，再分解指令舱与
服务舱。肯尼迪航天中心是第一次从指令舱上拆除隔热层。这些重大
操作对发射时间表造成严重影响，约翰·特赖布说，"没有人想把这个
坏消息报告给管理层。"

看起来"阿波罗"-16 的发射计划无法实现了。对罗克韦尔公司来
说，幸运的是还有其他一些问题已经将预定的 1972 年 3 月 17 日发射
推迟了一个月。航天服改造问题、登月舱电池问题和指令/服务舱分离
系统问题都需要进一步的审查和测试。虽然指令舱修理工作是发射计

划延迟的重要因素，罗克韦尔公司知道，如果他们能够加速贮箱更换工作，指令舱可以赶上 4 月 16 日发射窗口。

特赖布说，"团队反响巨大，尽管因为疏于查看贮箱压力受到罗克韦尔管理层严厉的批评和惩罚 —— 工程师们增加了压力，士气受到打击 —— 但这些工作都是通过加班和周末完成的。"在不到两周的时间完成了转回、分解、修理、重新吊装对接和重新转运等工作，这种速度在刚开始时是不可想象的。

尽管他们在很短的时间内将航天器重新转回发射工位，特赖布说："罗克韦尔公司反作用控制系统的工程师们一直受到我们管理层的批评。一个曾经充满激情和才华的年轻工程师团队变得非常沮丧，生病和突然辞职在整个团队不断发生，成立一个工程师联盟的威胁开始在公司工程师中间露出苗头。管理层的威信严重受损，需要一段时间来重新树立。"

同时，LC-39 发射场安装了新的地面支持测量仪表板和高压管路，改进了快速断开装置，并对技术人员进行了特殊培训。"阿波罗"-16 于 1972 年 4 月 16 日发射，特赖布说，"我们出色的故障修复工作没有赢得任何奖励，但另一方面，我们成功度过了职业生涯中最黑暗的一刻。"

这个事件至少带来一个意外的好处：登月舱航天员查理·杜克（Charlie Duke）可以参加此次飞行任务。特赖布说，他几年前和杜克交谈时："我们谈到了这次事件，查理说，'你知道，我要感谢你们，你们拯救了我的飞行使命。那个冬天我得了肺炎，他们准备把我从航天员乘组中撤出，你们把发射日期推迟了一个月，到那时，我已经痊愈了，所以我最终登上了月球。'"

7.6 6 月 2 日周计划（发射倒计时 44 天）

6 月 2 日星期一，进行飞行系统冗余试验（FSRT），为本周晚些时候的飞行准备试验（FRT）进行准备。冗余系统设计目的是，如果继电器或系统发生故障，系统会自动切换到备用路径。测试后重新建立和验证运载火箭电气系统连接。还对运载火箭的地面支持设备进行质量控制检查。

另一项测试检查通信系统，该通信系统用于测试指挥与指令舱中航天员通话。对指令/服务舱的燃料电池水/乙二醇冷却系统进行维护，激活燃料电池。检查登月舱，对登月舱子系统开展为期一周的检查。在载人航天器操作厂房，航天员阿姆斯特朗和奥尔德林参加登月舱模块化设备装配（MESA）托盘工具的 C^2F^2 测试。

飞船工程师检查登月舱的发射率和反射率。杰瑞·特拉赫特曼（Jerry Trachtman）曾对指令/服务舱进行过类似的测试，他对该项测试介绍如下：

> 在每次发射前，我们要测试指令舱和服务舱表面的发射率和反射率。指令舱有一层银箔表面，在太空中可以反射热量，反射率测试测量其反射阳光的比率，发射率测试测量环境控制系统面板（服务舱外白色散热器面板）的性能，即将燃料电池热量散发到太空中的能力，以及服务舱其余部分的灰色涂料散发内部热量的能力。

> 发射率/反射率检测器是一个篮球大小的球体，上面有一个小孔和闪光灯，通过电缆连接到处理数据的设备支架。它可能比我们的手机计算能力稍弱，我和吉恩·瑟斯顿（Gene Thurston）给这个球起了个绰号"the Blivit"（恼人的东西）。

> 我们留有每一艘指令舱表面的样品，覆盖服务舱环境控制系统面板的白色涂层样品，以及服务舱灰色涂料的样品。这些样品在飞船制造阶段获取并保存在密封环境中。我们将这些样品带到发射工位，测量样品的发射率和反射率，然后测量飞船表面的发射率和反射率。通过比较数据，我们可以确保性能退化在技术要求范围内。现在我还保留着那些样品。

适配器内部是一个狭窄紧凑的空间，大部分空间被辅助推进系统发动机喷管、登月舱和几层临时工作平台占据。迅速撤离适配器可能会很困难，如果一名工作人员在适配器下层，他从适配器内部正常撤离路径是向下从仪器舱舱门出来，如果他在适配器上层的工作平台上，可以从适配器服务舱舱门撤离，该舱门靠近登月舱的门廊和舱门。如果适配器内部发生推进剂泄漏，工作人员将无法及时从工作平台撤离出来。在本周为飞船加注进行准备时，安装了一套"圆饼形切孔"系统，用于人员从适配器紧急撤离。

沃尔特·德莫迪（Walt Dermody）说："适配器周围每隔90°就有一个切孔，它是用压缩空气在适配器舱壁上冲出一个洞，用于燃料泄漏时人员紧急撤离。你必须绕着它们，小心不要触碰它们，因为那会迅速引起别人的关注。"

7.7　飞行准备测试

　　发射工位本周工作是航天器飞行准备测试（FRT）。这项为期 3.5 天、不分离状态测试是航天员乘组首次参加的第一次综合测试。飞行准备测试的基本目标是确保航天器系统"处于飞行准备状态"，当火箭处于发射状态时，地面支持设备工作正常。航天器内的所有连接都按飞行状态进行配置，不使用旁路或级间分离模拟器。在正常发射倒计时中，电气支持设备（ESE）负责发出发射平台/脐带塔上各种地面支持系统动作指令，如脐带分离等；在飞行准备测试中，电气支持设备模拟这些动作，但是不执行真实的机械动作，这使测试工程师能够在模拟倒计时中查看 RCA 110A 和电气支持设备是否正确地接收和响应来自地面系统的指令（图 7–13）。

图 7–13　飞船测试指挥查克·亨舍尔（Chuck Henschel）按下倒计时按钮启动"阿波罗"-14 飞行准备测试

　　"阿波罗"-11 飞行准备测试从 6 月 6 日开始，首先进行推进剂模拟加注。在倒计时开始之前，安全控制官员发出一个启动保持命令，用作安全控制通信状态测试。恢复倒计时，模拟脐带连接分离，释放支撑臂，收回尾部服务杆和摆臂，6月6日下午2点17分点火起飞。航天器使用地面电源，而不是使用内部电池。起飞后执行一个简化的模拟任务，涵盖了指令/服务舱推进测试和指令舱返回中的主要操作。

接下来，测试团队执行一项备份导航模拟任务。在这种情况下，运载火箭和指令/服务舱上的导航系统切换到备份系统。这是为了排除运载火箭和飞船可能存在的干扰。

模拟飞行中运载火箭测试还包括安全控制指令系统测试。

飞行准备测试完成后，救援队与主份组、备份组航天员进行紧急撤离演练，这些演练使航天员熟悉发射工位的逃生系统（图 7–14）。

图 7–14 紧急撤离演练中，"阿波罗"-10 乘员组检查吊篮系统

7.8 飞行准备测试后工作

周末分析飞行准备试验的数据。检查飞船雷达系统。S-IC 级主发动机的燃料管路和液氧贮箱圆顶用氮气进行冲洗和清理。开始进行发动机推力室泄漏检查。

在飞船反作用控制系统发动机上进行阀门特征测试。约翰·特赖布介绍了阀门特征测试过程（图 7-15）：

图 7-15　格伯计算尺，用于从数据图中提取出的数据，而不需要乘上尺度因子

　　　　每个反作用控制系统阀门必须在一定时间打开。你必须在阀门上设置一个电子记录器，然后看着记录器，看某些事情什么时间发生。你能这样做的唯一方法是使用高速录像机。C14-664 录像机的速度为每秒 4 米。我们建有地面支持设备来使用这些录像机，但它从来没起作用。它能够快速打出纸带，但从来不能将纸带卷起。大量的纸带会喷出来，我们必须抓住纸带，在垂直总装厂房平台上或者发射工位上，或任何我们测试的地方卷起纸带。然后，我们把纸带带回载人航天器操作厂房，在那里处理纸带（纸带是拍摄出来的）。在载人航天器操作厂房，我们趴在走廊地上展开纸带，用一个格伯尺查看每一个记录，测量并记录数据。很多人仍然记得我们反作用控制系统的人趴在走廊上，手里拿着一个格伯尺的样子！

处理和解决登月舱子系统测试期间出现的偏差问题。在飞船工作流程的后期，仍然会发现登月舱存在的一些严重问题。登月舱"小鹰"号的陀螺平台（IMU）在发射工位测试时发生故障，不得不进行更换。沃尔特·德莫迪回忆说：

　　　　在适配器内工作就像在潜艇里工作一样。我们更换过 IMU，它在登月舱顶部。5 分钟内旋转 IMU 不能超过 45°，否则，会破坏陀螺仪的标定，陀螺仪就得拿回去重新标定。拿着它很费劲，它的重量也不轻。要用很多办法来完成更换。我们有 4 个人负责这项工作。当你把它拆下来，必须举着它等着，然后拿着它上下工作平台。从工作平台下到第二层，通过仪器舱出来，这一过程非常费劲!

另一次任务中，登月舱电池在最后测试中发生故障。迪克·克拉维奇（Dick Koralewicz）回忆说，在最后一分钟接近电池"是非常紧张的，不管怎么样，我们就是要去完成任务"。

7.9 登月舱 LM-5 最后着陆问题及改动

Daytona 新闻杂志报道说，6 月 7 日星期六，参加"阿波罗"-12 飞船高度测试的技术人员被告知要加班工作。该文章推测，这要么是 NASA 正在加速"阿波罗"-12 任务的准备进程，以应对"阿波罗"-11 失败，或者是"阿波罗"-11 飞船出现故障，NASA 计划用"阿波罗"-12 飞船替代它。第二种情况虽然可行，但是绝不可能。相反，对于加班工作更加合理的解释是需要测试登月舱起落架的最后着陆状态改动。

登月舱的腿和支脚由薄膜、金属和涂层构成。"阿波罗"-9 和"阿波罗"-10 登月舱起落架的技术状态如图 7–16 所示。

由于航天员要在"阿波罗"-11 飞船正式飞行之前进行训练，他们非常关注登月流程最后阶段的工作。登月流程要求，当指令长看到月球接触指示器点亮的瞬间，要关闭登月舱下降发动机，登月舱随后降落在月球表面。关闭发动机可以减少从月球表面反射回来的热量、灰尘和碎屑，最大程度降低对登月舱的损害。"阿波罗"-11 航天员也许因为他们曾经是飞机试飞员的缘故，他们觉得在登月舱降落前关闭发动机非常不习惯。他们要求修改着陆程序，让他们有权选择不关闭发动机，直到他们确信已经安全在月球表面着陆。NASA 同意了，但设计工程师认为，为了避免登月舱起落架上裸露的金属表面受到月面反射的下降发动机热量影响，需要增加额外的热防护措施。

最后着陆状态改动带来了几个后果。首先，需要考虑新增加的热防护带来的额外重量。新增热防护所需的铬镍铁合金和聚酰亚胺薄膜使登月舱质量增加了 18 千克，似乎不太多，但要知道在登月舱设计中，NASA 向格鲁曼公司提出，登月舱质量每减少 0.5 千克就可以奖励 50000 美元。航天器推进剂质量和登月舱质量之间的比例为 400∶1，这意味着"土星"-V 火箭需要 400 千克的推进剂，才可以将 1 千克的有

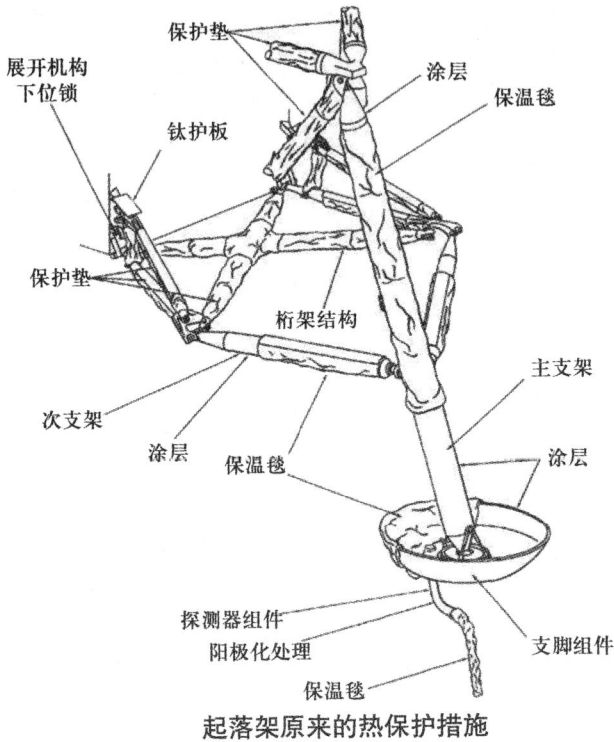

起落架原来的热保护措施

图 7–16　登月舱 LM-5 安装到适配器时，起落架原来的技术状态

效载荷送到月球。这额外增加的 18 千克质量意味着需要额外增加 7200
千克的推进剂，或者从登月舱其他地方减少 18 千克有效载荷，或两种
方法组合使用。

　　其次，这需要对登月舱 LM-5 关键系统进行没有经过测试验证的设
计更改。新增加热防护对登月舱起落架展开机构带来了潜在风险。技
术状态改变需要经过测试验证，但是登月舱 LM-5 已经转运到了发射
工位，没有办法对展开机构进行测试。如果格鲁曼公司和 NASA 找不
到其他测试方法，"土星"-V 航天器将不得不转运回垂直总装厂房，卸
下飞船，将飞船运回载人航天器操作厂房进行测试。如果这样，"阿波
罗"-11 飞船原计划在 7 月份登月的时间表肯定会延期。

　　当 NASA 和格鲁曼公司在协商登月舱 LM-5 的问题时，"阿波
罗"-12 的登月舱 LM-6（Intrepid，"无畏"号）正在载人航天器操作厂房
高空模拟室中进行装配和测试。格鲁曼公司没有采取将"阿波罗"-11
航天器转运回垂直总装厂房再测试登月舱的方法，而是提出对登月舱

LM-6 进行相同的技术状态改动，并在载人航天器操作厂房中测试登月舱 LM-6 起落架展开机构。6 月初，NASA 授权加快登月舱 LM-6 的工作流程，尽快将其从高空模拟室中取出，然后将登月舱放在起落架试验台进行测试。

热防护专家艾伦·康替沙（Alan Contessa）是格鲁曼公司负责登月舱 LM-5 和登月舱 LM-6 技术状态修改的一名技术人员。一张拍摄于 6 月 22 日星期日的照片显示出登月舱 LM-6 在增加了热防护后进行起落架功能测试的场景，照片中康替沙靠着一根杆子，监督着热防护的安装和测试（图 7-17）。

图 7-17　1969 年 6 月 22 日载人航天器操作厂房，格鲁曼公司工程师艾伦·康替沙（依靠杆子者）监督登月舱 LM-6 起落架功能测试

一旦在登月舱 LM-6 上进行的测试证明新增的热防护不会影响起落架展开，格鲁曼公司就对发射工位上"阿波罗"-11 的登月舱安装同样的热防护。这一时期制定的工作计划表明，6 月 23 日午夜后可以进入工作区域（加注推进剂后），修改工作将以两个 12 小时班次进行（图 7-18）。

康替沙说："我们带着装有金色薄膜的盒子上去，他们会在我们进来时对盒子称重，出来时再次对盒子称重，他们需要知道我们在那里安装了多少薄膜，因为质量非常关键，我们安装热防护质量是 18 千克，这个数字非常巨大！这是对航天员做出的一个重大让步，事实证明是非常不必要的，因为我认为它不起作用，但是他们不能接受。"

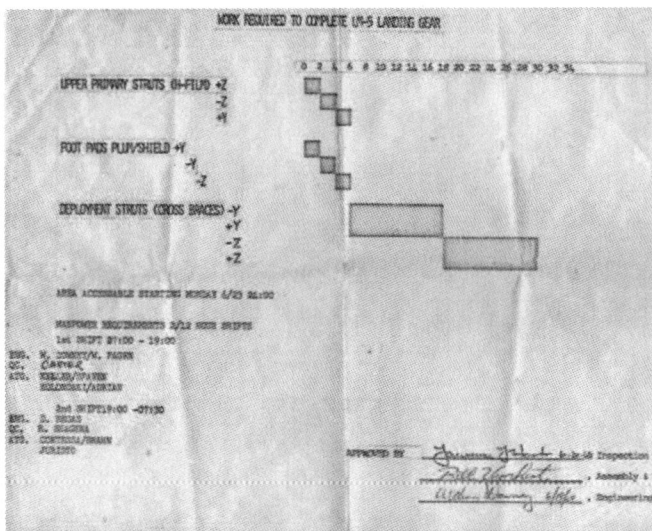

图 7–18　登月舱 LM-5 起落架热防护修改工作计划表，图片由艾伦·康替沙提供

　　一个摄影师记录了那天发射工位上的工作，他拍摄了一张康替沙在适配器内工作的照片。康替沙说："在照片中，我正从舱口往外看，我的头被罩着。因为胡子太长，我原本要戴着一个口罩，照片中口罩戴到头上了。有人正好用宝丽来相机在拍照，他说：'嘿! 你想要这张照片吗？'"（图 7–19）。

　　这张照片显示，登月舱的 +Y（右舷）支腿还没有开始进行修改。虽然宝丽来照片上有些污点，但是很明显，登月舱的支腿和脚垫仍然是裸露的金属铝，起落架外伸支架上覆盖着一个塑料保护套。修改工作是用金色的聚酰亚胺薄膜和黑色有机硅涂层的铬镍铁合金箔包覆起落架、脚垫和接触探测器等设备的所有裸露金属铝的表面（图 7–20）。

　　登月舱 LM-5 其他最后着陆时刻修改工作还包括在反作用控制系统的发动机（方向向下）上增加羽流偏转器。"阿波罗"-9 和"阿波罗"-10 登月舱上没有羽流偏转器。对这些任务的登月舱飞行表现以及冲击隧道测试表明，反作用控制系统发动机喷射出的热量会波及登月舱的下降级。因此设计了一种排气偏转系统，在下降级上使用了铬镍铁合金外壳和镍箔面板，这些"溜煤槽"（这样称呼是因为它们的外形和倾斜的轮廓）可以使反作用控制系统发动机排气偏离下降级的顶部。

　　另一项设计变更是拆除登月舱前腿（+Z）的月球接触探测器。在"阿波罗"-10 飞行之后，有人担心登月舱降落在月球上时，前腿上的探

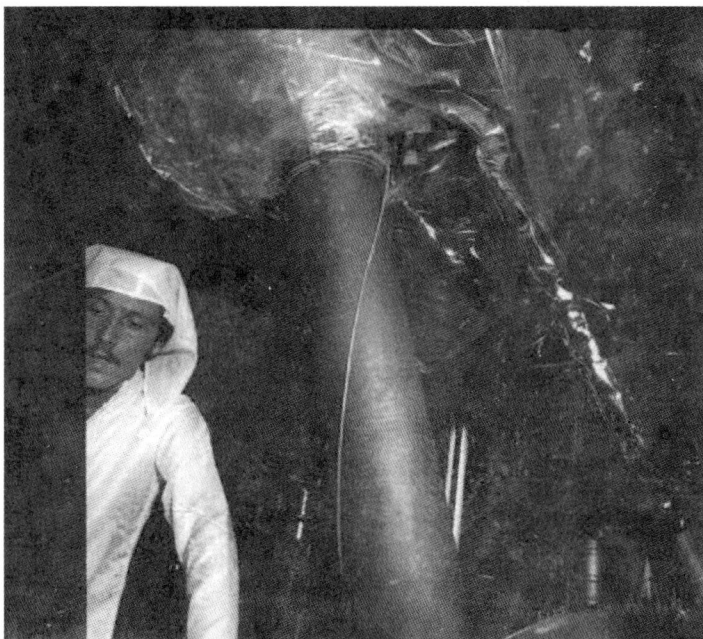

图 7-19 宝丽来相机拍摄的照片,照片中是热防护修改期间的艾伦·康替沙和登月
舱 LM-5+Y 支腿。图片由艾伦·康替沙提供

图 7-20 航天员巴兹·奥尔德林(Buzz Aldrin)站在月球表面,旁边是登月舱"小
鹰"的 +Y 支腿

测器可能会弯曲，从而对从梯子上下来的航天员构成危险。在登月舱
另外 3 条支腿上还有月球接触探测器，因此设计工程师认为拆除前腿
的探测器不会影响着陆。后来证明这是一个明智的措施，因为"阿波
罗"-11 任务和后续任务的月球接触探测器都相对月面以怪异的角度弯
曲着，弯曲的角度取决于下降发动机关闭时登月舱漂移的方向。

康替沙总结了他在登月舱的工作，他说："我们发射前几天完成了
修改工作，我们热防护人员使用的工具仅仅是剪刀、订书机和薄膜。我
们的工作并没有高科技含量，我们没有参加过工程师培训，但我们参
与了装配任务的每一项工作。如果有人要在热防护层后面进行工作，
我们是唯一允许打开热防护层的人员。谁也不希望热防护层出现问题，
因为我们没有备份系统，热防护层没有冗余，如果我们的系统出现故
障，整个任务就危险了。"

登月舱"小鹰"还遇到了一个严重问题，几乎导致发射日期延迟。马
库斯·古坎德（Marcus Goodkind）说："在发射前大约 3 周，我们发现冷
却剂系统的过滤器堵塞了，我们取出了水/乙二醇混合物的样品，发现
混合物中有晶体生长，导致过滤器堵塞。我们反复冲洗这个东西，就是
不能去除晶体，这是一个非常严重的问题，因为它会影响发射日期。"

用较高级的化学品代替商业级冷却剂，但晶体仍然形成。好消息
是，晶体似乎没有对管路或泵的其他部件造成腐蚀。问题关键是晶体
是否会降低系统性能或导致泵磨损至系统不能正常工作的程度。

在两个不同设备单元上进行的测试表明，虽然过滤器堵塞，自动
安全阀将过滤器设置为旁路，系统还能正常工作。晶体会阻塞过滤器，
如果它们进入系统的其余部分，因为晶体非常脆弱，不会带来太多问
题。NASA 决定，即使冷却剂中存在着晶体，"小鹰"飞行也是安全的。
幸运的是，在任务期间没有遇到与冷却剂有关的问题。

7.10　6 月 9 日周计划（发射倒计时 37 天）

6 月 11 日，"阿波罗"-10 任务结束 2 周后，NASA 宣布"阿波罗"-11
将首次进行登月试验。这一具有历史意义的航天器没有引起参试人员
更多的关注，但是全世界的注意力此时都集中到了肯尼迪航天中心。

任务的步伐在不断前进。6 月 9 日星期一，航天员阿姆斯特朗和奥
尔德林在登月舱进行了一次模拟任务测试，第二天进行了 C^2F^2 测试，

确保他们能够掌握登月舱中的各种设施设备。

负责在飞船上装载飞行乘员设备（FCE）的工程师是安·蒙哥马利（Ann Montgomery），她的老板恩尔尼·雷耶斯（Ernie Reyes）说：

> 她的工作是接收从休斯敦或其他地方来的飞行装备、准备并验证，以及在休斯敦的指导下将装备装载到飞船不同部位。指令舱的重心（CG）必须在一定范围内。航天员要带回岩石标本、胶卷和其他物品，同时要丢弃垃圾等其他物品。要有人负责记录什么装备在什么地方，这样我们才能知道飞船的重心在哪里。在返回再入时，航天员通过旋转飞船进行转向控制，所以重心可能上升或下降或左右移动。
>
> 发射时，任务控制中心保留着一份所有装备位置的手册，蒙哥马利具体负责这本手册和那些装备。

对飞船发动机和火箭 S-IVB 级辅助推进系统进行最后检查。航天器加注系统所有地面支持设备进行机电测试和泄漏检查。

这是工作流程中最后一次允许无关人员参观发射工位。在查理·杜克（Charlie Duke）执行"阿波罗"-16 任务之前，他带着家人到"白房子"参观他的指令舱（图 7–21）。

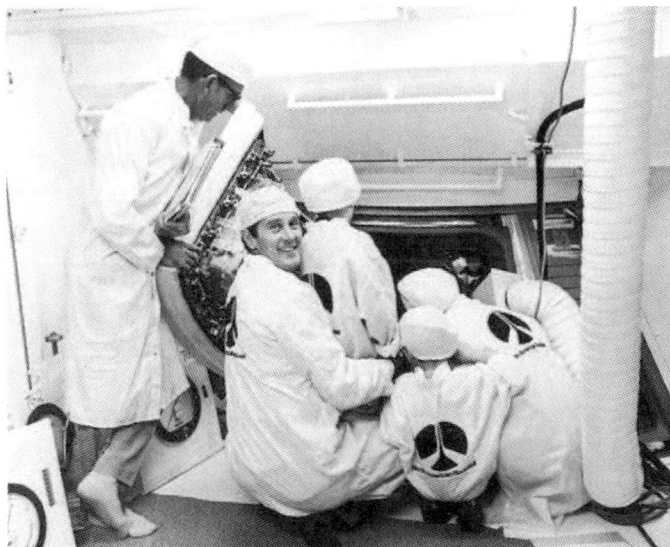

图 7–21　"阿波罗"-16 航天员查理·杜克（面对镜头者）带着家人参观发射工位上的"阿波罗"-16 指令舱

7.11 发射准备就绪评审

6 月 12 日中午，"阿波罗"计划总指挥萨姆·菲利普斯（Sam Phillips）将军在载人航天器操作厂房会议室主持召开发射准备就绪评审（LRR）。在会上，洛克·佩特龙、吉恩·克兰兹（Gene Kranz，载人航天器中心飞行主任）和李·詹姆斯（Lee James，马歇尔航天飞行中心"土星"-V 火箭指挥）确认"阿波罗"/"土星"航天器和地面支持系统已经准备完毕；飞行外科医生对航天员经过高强度训练出现过度疲劳表示关注，但是，繁忙的训练工作预计在 7 月初会放缓，能够让航天员进行休息和恢复；"阿波罗"-11 任务发射日期确定为 7 月 16 日，且倒计时验证测试准备得到了批准。

弗兰克·布莱恩（Frank Bryan）负责为这次和其他重要评审会议的运载火箭操作团队和承包商服务。他说：

> 我和每个人都打交道，因为在发射准备就绪评审和飞行准备评审中，我必须站起来，介绍运载火箭情况。发射准备就绪评审是飞行准备评审的预演。如果承包商有严重的问题，我会跟承包商经理交流，告诉他们我要说什么，确保他们公司认同我所说的内容。如果我对一个部件有疑问，我会去找人了解——我会深入了解，找到明白这个问题的人。这样，才能确保回答提出的疑问。只有你掌握的情况比会议桌旁要问你问题的那些大经理们多一点点，你才能生存！

> 我们为倒计时验证测试和倒计时召开会议时，我的椅子就在第一排。如果一个问题是公开的，我必须向所有经理进行解释。我记得拿着所有的材料，手上的汗把纸都弄湿了。我知道洛克·佩特龙会让我起来介绍情况，每次他都这样干，"站起来，弗兰克，告诉我们为什么准备好了，你们都做了些什么。"

发射准备就绪评审涵盖所有公开偏差报告和针对问题进行的改进工作。在大多数情况下，问题的原因已经找到。但有时如第 3 章中介绍的那样，有些问题无法复现或偶然发生，无法进行故障诊断。参试人员称之为"鬼魂"（"红石"计划时期的称呼），或后来称为"幻影"，但高层管理人员认为这个词不专业。因此，这些问题被正式称为"不明原因的异常"，在评审会议上应该对这些异常进行特别审查。这些异常有可能是真实问题，有时可能是工作人员没有遵循规程且不敢承认的结果。

布莱恩记得这样一个事例：

> 如果存在承包商最讨厌的一件事，那就是一个问题可能成为不明原因的异常。如果你以此来威胁他们，他们会不惜一切代价来解决这个问题，即使这意味着要更换可能导致问题的每一个零部件。

> 有一天，我们在发射控制室，在控制台上看到火箭 S-II 级发动机伺服机构正在移动，一台发动机从偏转位置移动到中央，一分钟后，下一个发动机进行同样动作，然后是再下一台。我们发现一定有人在 S-II 级后端级间段内走动，并把发动机液压伺服机构的压力释放了。发动机偏转速度发生了变化，其变化速度与一个人从一台发动机走到下一台发动机所需的时间一致。这不是那天测试规程的动作，且这样做的人也不会承认。我们必须写一份偏差报告（DR），将其归类为一个不明原因的异常，虽然我们知道是人为的。在评审会上我们必须解释为什么认为这不是问题。

吉恩·瑟斯顿回忆起另一个例子：

> 如果你曾经与洛克·佩特龙一起开会，你知道最好不要说负面的事情。在一次评审会上，我站起来准备汇报，内容是在一次测试期间，飞船上的电信开关从关闭状态跳到线路 1，又跳回关闭状态，然后跳到线路 2。数据清楚地表明，航天员双向扳动了开关。他原本只能扳下开关跳到线路 2，但他错误地向上扳动开关然后又扳下来，但他说没有那样做。我有数据可以证明，遂进行了汇报。洛克说，"乘员组说他没有那样做，你最好拿出一个解决方案。"

> 我们不得不称之为一个异常。我们没有与航天员打嘴仗，只是把它作为一个不明原因的异常处理了。我们知道发生了什么，但是洛克不会责怪航天员，事情就这样结束了。

佩特龙必须面对任务按期发射的巨大压力。然而，他有时也不得不退让一步，自我调节。诺姆·卡尔森（Norm Carlson）记得：

> 在一次倒计时评审会上，飞行控制测试报告分为第 1 部分和第 2 部分。洛克想知道第 1 部分和第 2 部分之间的区别。负责飞行控制的约翰·珀金森（John Perkinson）说，"第 1 部

分是前面的部分，第 2 部分是后面的部分。"开始，洛克坐在那里一脸茫然，然后洛克说，"我觉得我是在一个精神病院里，我不知道我是病人还是管病人的人。"

杰克·史密斯（Jackie Smith）也参加过评审会，他说：

如果有一个工程问题需要讨论，通常项目工程师或工程主管必须发言。

有时候，我作为项目工程师在评审会发言时，主要围绕"丢失和发现"类型的问题。带入航天器的一切物品都要进行登记，带出的都要注销。一些东西带进去，但没有注销，就认为它们遗留在航天器了。有人提出这样一个问题：如果它在那里，会造成什么后果？"阿波罗"-7飞行时，各种各样的东西都漂浮起来，到处都是垃圾。从那时起就有规定，如果带什么东西进入飞船，必须把它带出来，或者你必须解释为什么它可以留在飞船里。

工程主管必须处理的另一件事是不明原因的异常。但这是一件容易的工作，因为每次我们遇到不明原因的异常时，我们会说，"这可能是什么什么原因造成的。"然后我们尝试更换所有可能的部件。例如它是电路的线缆问题，我们会在电路上放一个绝缘线路，以确保线缆正常。我会列出我们所做的一切，当我们全部做完了，可能仍然不知道问题原因。问题可能随着产品的更换已经消失了，委员会不得不批准飞行。

你认为这可能很难，但这其实比较容易，因为我们做了一切能做的工作，对那些不明原因的异常我们从来不遗余力。这就是为什么我在发射时感觉良好，虽然我们知道有异常存在，但已经竭尽全力去解决了。委员会已经认可批准了，如果有问题发生，它可能只是其中之一。

发射准备审查最终确认航天器技术状态正确，可以准备进行倒计时验证测试。弗莱德·科迪亚说：

这意味着，在审查会后，你不想再断开任何类型的连接器。如果你非要断开，就会挨揍了。你最好不要告诉像弗兰克·布莱恩这样的人："嘿，弗兰克，我们要断开这个连接器。"每次在飞行准备测试后断开连接器，你必须重新验证该连接器的每一条电路，并且必须进行测试以验证其连接完好。

有趣的是：我是从空军的"宇宙神"计划转到 NASA 登月计划的，我发现 NASA 在这方面要求比空军更加严格。这不是空军不重视，只是空军除了发射火箭还要考虑其他的事情。

"阿波罗"-11 飞行准备审查会议于 6 月 17 日召开。飞行准备审查不同于发射准备审查，飞行准备审查范围更广。特别是，飞行准备审查复核整个 NASA 和军方的任务准备情况。NASA 的任务总监乔治·哈格（George Hage）主持会议，菲利普斯将军也代表总部参加。肯尼迪航天中心汇报操作情况和中央仪器设备处理中心在上升段监测数据的能力；马歇尔航天飞行中心汇报"土星"-V 火箭的状态；载人航天器中心汇报飞船、航天员和任务控制中心的准备情况；NASA 的刘易斯研究中心（现在的约翰·格伦中心）汇报发动机情况；负责管理 NASA 全球通信网络的戈达德空间飞行中心汇报航天员和各控制中心之间通信情况；空军代表汇报安全控制系统和东靶场跟踪网络情况；在后续任务的飞行准备审查中，艾姆斯研究中心汇报生命科学实验的情况（图 7-22）。

图 7-22　库尔特·德布斯（Kurt Debus）的"阿波罗"-11 飞行准备审查工作证

即使准备评审可能令人伤脑筋，但它们的目的是让所有公开的问题放到桌面上，确认问题得到控制，并批准下一步工作。鉴于各层级和 NASA 所有中心之间的交流沟通是公开的，参会的任何人不会有任何疑问，艾克·雷杰尔（Ike Rigell）说：

我记得在飞行准备审查中没有遇到任何真正大的问题。飞行准备审查是一个重要的标志点，因为此后不能再进行任何更改。

会议结束，肯尼迪航天中心获准进行倒计时验证测试准备。

7.12 6 月 16 日周计划（发射倒计时 30 天）

管理层决定在 30 天内进行发射，因此本周工作是对飞船和火箭 S-IVB 级辅助推进系统进行自燃推进剂加注。

自燃推进剂包括燃烧剂和氧化剂，它们一接触，就会立即剧烈燃烧。在"阿波罗"/"土星"计划期间，氧化剂通常是四氧化二氮（N_2O_4），燃烧剂包括单甲基肼（MMH）、偏二甲肼（UDMH）或肼 50（A50）。所有这些推进剂都有剧毒，在发射工位加注时，与本周加注工作无关人员需要撤离（图 7-23）。

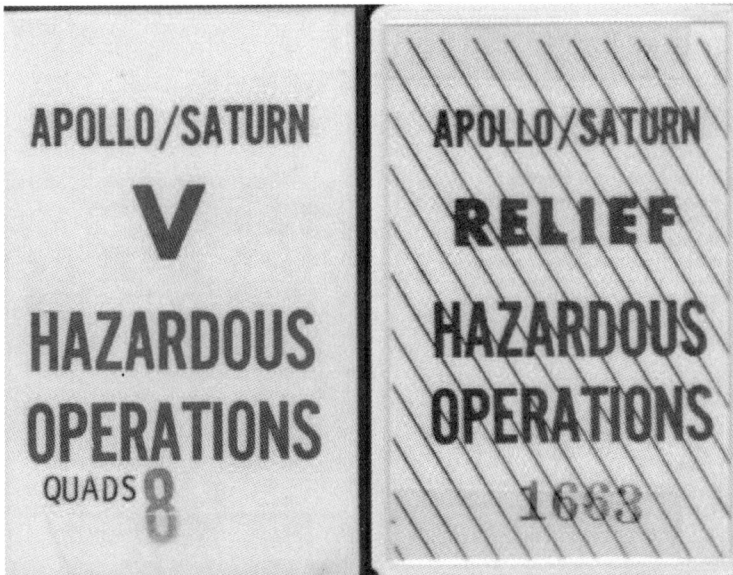

图 7-23　危险操作（例如加注）期间发射平台工作证。工作人员在进入发射工位前，用自己带照片的身份证件交换这些工作证

在本周对"阿波罗"-11 进行加注时，大多数火箭操作人员撤离发射工位。然而，火箭操作指挥（LVO）本周没法撤离。事实上，此时在垂直总装厂房和 2 号发射控制室的工作非常繁重。6 月 19 日，在垂直总装厂房 3 号高顶区，发射"阿波罗"-12 的"土星"-V 火箭和 2 号发射平台/脐带塔进行摆臂综合测试；6 月 18 日，在 2 号高顶区，发射"阿

波罗"-13 的火箭 S-IC 级在 3 号发射平台/脐带塔上吊装。如果"阿波罗"-11 和"阿波罗"-12 登月失败，"阿波罗"-13 准备在 1969 年 11 月的发射窗口，进行 1969 年内最后一次载人登月试验。

自燃推进剂从发射工位进入活动服务塔，然后沿管路进入上部工作平台的阀箱和加注控制台。在那里，通过软管将推进剂加注到指令/服务舱、登月舱和火箭 S-IVB 级的贮箱中。相比火箭加注（巨大的加注管路每分钟加注上千加仑的推进剂），此时加注过程较为缓慢。恩尔尼·雷耶斯说："运载火箭有巨大的管路进入几个大贮箱，相比之下，飞船周围有许多小型贮箱。当推进剂运到活动服务塔的飞船层时，我们只能靠重力让推进剂自流到登月舱和指令/服务舱中的贮箱内，这是非常困难的，因为这项工作需要工作人员在现场连接软管和打开、关闭阀门等。"（图 7-24 和图 7-25）

图 7-24　"阿波罗"-16 自燃推进剂加注卡通画。加注过程单调漫长，需要一周时间将剧毒推进剂加注到飞船的众多小贮箱内

图 7-25　相对于"阿波罗"飞船精细的加注过程，卡通画描述了飞船操作人员对火箭推进剂加注过程的看法

约翰·特赖布说："我们在反作用控制系统服务车上有一个非常原始的加注系统，需要我们通过观察窗进行加注，这个系统总是滞后于贮箱的真实状态。当观察窗注满时，贮箱其实已经溢出了。我们用来排放四氧化二氮的管路恰好在发射平台/脐带塔顶部吊车操作室旁边，吊车操作室位于发射平台/脐带塔上，但是排气管路在活动服务塔上与其相邻。我们排放的四氧化二氮使吊车操作室充满毒气。"

迪克·克拉维奇参加了"阿波罗"任务登月舱自燃推进剂加注，他介绍了加注过程："由于氧化剂和燃料在接触时就会燃烧，所以它们不能同时加注。首先我们加注其中一种推进剂，然后进行清理，第二天或两天后，我们再加注另一种推进剂。清理完所有的东西，加注工作才算完成，我们才可以撤离发射工位。"

自燃推进剂加注区域的每个人都必须穿着"自主式大气防护服"，简称为 SCAPE 防护服。SCAPE 防护服配备有独立的空气供应系统，并且完全密封，可以保护穿着人员避免直接接触危险液体或蒸汽（图 7-26）。

图 7-26 1967 年使用的自燃推进剂加注 SCAPE 防护服。图片由特赖布提供

穿着 SCAPE 防护服的技术人员一次只能在现场工作 60～90 分钟。加注人员轮班工作。康妮·佩雷斯（Connie Perez）讲述了推进剂加注中对加注人员的组织和管理：

对于所有加注操作，要保证安全，加注人员要穿着 SCAPE 防护服。人员数量不少，我们有 2 组人员，每组 16 人，意味着 16 个人在航天器、推进剂库房或加注系统中工作，同时还有 16 人在拖车里准备换班。我们在现场只有一个半小时工作时间，即使我们的空气包有两个小时容量，也不想延迟。所以，在合适的时候，我会说："好吧，换下一班人员。"因此要协调很多人工作。

在发射日期前，你的工作就是把推进剂加注到航天器里。注意力必须马上放在加注的最后一滴推进剂，要让加注推进剂的压力和数量满足要求。但是，其余的那些加注人员，希望他们知道自己在做什么。你要清楚，因为你负责这一切，很难面面俱到。所有的工作都在变化，从加注一个子级到下一个子级，你的注意力最好放在推进剂加注最后阶段。

7.13 6 月 23 日周计划（发射倒计时 23 天）

1969 年 6 月 25 日星期三，发射工位进行另一项危险操作：向火箭 S-IC 级加注 779400 升 RP-1 燃料。RP-1 燃料是一种精炼煤油，现代火箭仍然采用。它在室温下是稳定的，并且比"土星"-V 火箭其他子级使用的液氢爆炸危险要低得多。

RP-1 储存在发射工位东北角燃料库房的储罐中，与液氢储罐相邻。燃料通过管道输送。工程师在发射控制室控制 RP-1 加注工作。发射平台/脐带塔中的推进剂贮箱计算机系统给 S-IC 级贮箱加注的燃料量略多于飞行要求，在倒计时前的工作中，燃料量将降低至飞行要求。

RP-1 加注完成后，对 F-1 发动机进行主燃料阀泄漏检查。当天下午，安装航天器剩余的火工品。参加火工品安装工作的人员佩戴防静电环，以确保操作人员和火工品之间的电压为零，降低意外爆炸的风险。

同时，在火箭 S-IC 级的 F-1 发动机外表面安装隔热层。这种隔热材料有两种形式。发动机喷管延伸段的表面覆盖石棉材料；涡轮泵和管路系统的复杂表面采用铬镍铁合金箔包裹。推进系统顾问戴夫·莫尔（Dave Mohr）介绍了隔热材料及其必要性（图 7-27）：

> 隔热层是用厚度为 0.002～0.003 英寸的带孔的铬镍铁合金薄膜缝制而成，缝制线是铬镍合金锁线，它必须通过孔眼，并紧紧地拉起。道格·福利克（Doug Follick）是洛克达因公司负责 F-1 发动机和隔热层的工作人员。那东西非常琐碎，没有人愿意从事这项工作。
>
> 在飞行中，S-IC 级尾部是开放的。随着排放的气流在发动机下膨胀，气流会充满火箭底部。涡轮泵和伺服机构等部位都包裹了隔热层，就像蚕茧一样。每一个部位都会充气，以防止热气进入。不能让 1000 摄氏度的热气包围涡轮泵，箭上有一个氮气瓶，用于向这些部位充气。

图 7-27　F-1 发动机上安装的隔热层。这项工作在发射工位进行，图中的梯子放置在发动机维修工作平台上

　　杰瑞·特拉赫特曼本周在发射工位工作，指挥服务舱散热器系统发射率测试。由于飞船已经加注，他和其他员工在发射工位工作需要获得特殊认证："我们必须参加一个课程培训，并在我们的工作证上贴上一张证明，表明在加注后我们具备发射工位工作的资格。培训课程是在遇到推进剂泄漏情况下如何洗眼和淋浴，所以必须通过这个常识培训课程，因为推进剂加注后我们必须去那里工作。推进剂加注期间我们从来没有去过那里。"（图 7-28）

　　在流程这一阶段，特拉赫特曼还负责测试核粒子防护系统（NPDS）。核粒子防护系统可以检测航天员受到的宇宙射线辐射量。核粒子防护系统在指令舱压力容器外侧，它的数据送到指令舱的遥测系统中。

　　进行倒计时验证测试准备工作。工程师测试摆臂机电系统；月球表面设备和工具托盘安装到登月舱的模块化设备装配箱（MESA）；飞船状态设置为倒计时验证测试。星期三，对航天器、发射平台/脐带塔和发射工位进行最后检查，确保倒计时验证测试准备工作就绪。

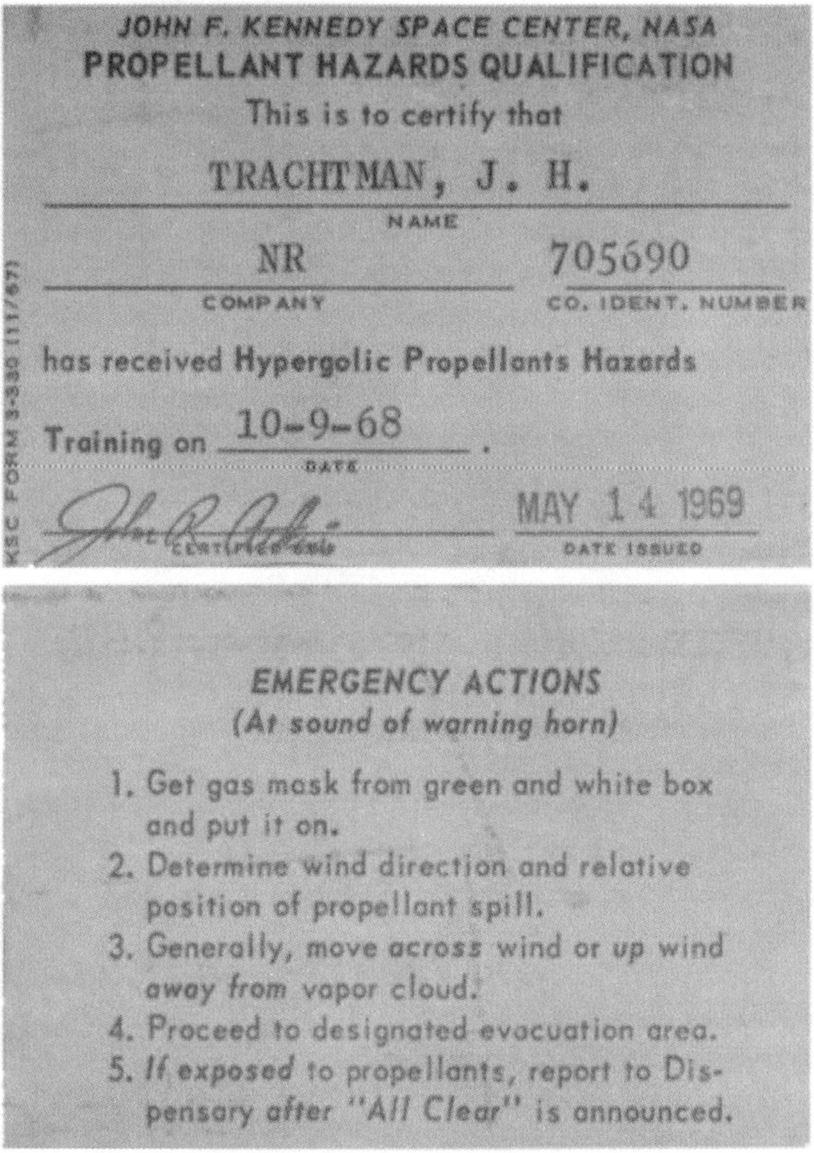

JOHN F. KENNEDY SPACE CENTER, NASA
PROPELLANT HAZARDS QUALIFICATION
This is to certify that

TRACHTMAN, J. H.
NAME

NR   705690
COMPANY   CO. IDENT. NUMBER

has received Hypergolic Propellants Hazards

Training on _____10-9-68_____ .
DATE

_____   MAY 14 1969
CERTIFIED BY   DATE ISSUED

KSC FORM 3-330 (11/67)

EMERGENCY ACTIONS
(At sound of warning horn)

1. Get gas mask from green and white box
   and put it on.
2. Determine wind direction and relative
   position of propellant spill.
3. Generally, move across wind or up wind
   away from vapor cloud.
4. Proceed to designated evacuation area.
5. If exposed to propellants, report to Dis-
   pensary after "All Clear" is announced.

图 7-28   推进剂危险性资格认证，允许佩戴者在加注后去发射工位工作。图片由特
拉赫特曼提供

第 8 章

倒计时验证测试

8.1 综合演练

本章介绍倒计时验证测试（CDDT），这项测试是几星期后开始的倒计时测试的综合演练。首先，以"阿波罗"-11 为例，介绍在倒计时验证测试期间需要完成的工作；其次，介绍其他几次任务在倒计时验证测试中发生的故障；最后，介绍测试中若干问题的处理情况，为"阿波罗"-11 的倒计时测试进行准备。

倒计时验证测试通过一次完整发射倒计时流程，从加注直到模拟点火起飞，来锻炼测试团队和检验"阿波罗"/"土星"计划各种设施设备性能。倒计时验证测试的既定目标是确保加注等准备工作可以在起飞前的预定时间内完成、验证倒计时程序，以及通过加注低温推进剂（液氢和液氧）来测试推进剂系统。

倒计时验证测试的真正好处是可以在进行发射倒计时之前发现流程和设施设备中的缺陷。埃德·范宁（Ed Fannin）说："倒计时验证测试是德布斯博士（Dr. Debus）提出来的，他注意到，在早期无人土星任务（SA-5）试验发射后，第二次发射流程总是很顺利。因此德布斯提出我们要进行倒计时验证测试，逐步验证倒计时测试流程，发现各种潜在问题。换句话说，如果不进行倒计时验证测试，倒计时测试一定会遇到问题。"

经验表明，在首次加注推进剂时，不可避免会遇到问题。问题可能不严重，但可能需要停止测试来解决这个问题。在真实发射倒计时期间，因为发射窗口限制，这几乎是不可能的。范宁说，"我们在倒计时流程中有预留，但不会留出太多时间进行问题处理。"

比尔·海因克（Bill Heink）说："倒计时验证测试的目的是在倒计时前尽可能地发现航天器和地面支持设备（GSE）的问题。测试团队从倒计时验证测试中可以发现很多问题，在倒计时验证测试结束和发射倒计时开始之间，我们可以处理这些问题。花费这个时间非常值得，我个人认为，倒计时验证测试是"阿波罗"/"土星"-V 任务按时发射概率如此高的一个原因。"

本章后面是历次任务倒计时验证测试中出现问题的说明。德布斯博士提出的方法是明智的，如果这些问题在发射倒计时中发生，后果无法设想。

8.2　湿态测试和干态测试

倒计时验证测试与真实倒计时程序相同。在"阿波罗"/"土星"计划开始时，倒计时验证测试和倒计时使用的规程基本相同，不同部分以替换页形式保存。"阿波罗"-8 倒计时验证测试规程约 400 页之长，真实发射倒计时的替换页作为附录添加在规程后面。在倒计时验证测试后，用倒计时替换页代替倒计时验证测试相关页面。为了尽量减少页面替换带来的错误，NASA 决定让波音公司以"发射倒计时"名义重新发布整个测试规程。

倒计时验证测试为期 7 天，由两个不同阶段组成。第一阶段是湿态测试和没有航天员的倒计时演练。"湿"的意思是要进行液态低温推进剂加注试验。湿态测试后，泄出低温推进剂。然后进行第二阶段的干态测试，它是简化的倒计时测试，航天员需要进入指令舱，火箭不加注低温推进剂。

湿态测试和干态测试之间的差异总结如下：

湿态测试	干态测试
在倒计时期间需要加注液氧和液氢	在测试前泄出液氧和液氢
在倒计时期间火箭贮箱增压	贮箱不增压
飞船上安装火工品	安装的火工品保持状态不变
航天员不参加	航天员进入指令舱参加倒计时测试
9 号摆臂（指令舱）在射前 43 分钟时摆到 12°，在射前 5 分钟完全摆开	9 号摆臂在射前 43 分钟时摆到 12°，然后立即摆回，以保护航天员

续表

湿态测试	干态测试
在倒计时期间飞船加注低温推进剂,然后泄出,只在服务舱环境控制系统中保留少量液氧	不加注低温推进剂;服务舱环境控制系统中保留的液氧用于为航天员生产氧气
飞船舱门关闭,但舱内不加压	舱门关闭,并用60%氧/40%氮混合气加压
收回发射平台/脐带塔阻尼器稳定杆	重新连接稳定杆,不收回(为了航天员安全)
在倒计时期间履带车将活动服务塔移开,活动服务塔在湿态测试结束前停放在发射工位旁边	在干态测试后期进行的RF测试结束后,活动服务塔返回发射工位
倒计时程序在射前8.9秒中止,采用的阻止发射措施如下节所示	火箭倒计时程序在点火前4分钟中止;飞船倒计时程序持续到点火起飞
测试结束后,泄出低温推进剂,同时进行火箭S-II级液氢排风阀测试	倒计时中止后,开始无线电频率兼容性测试;活动服务塔返回后,航天员撤离飞船

6月27日星期五,"阿波罗"-11湿态测试开始。倒计时时间为射前130小时。第一个倒计时验证测试程序(加注推进剂和安装火工品)在周末正式开始。

倒计时验证测试与发射倒计时相同,如干态测试的T−0设置为上午9:32,与"阿波罗"-11真实发射窗口一致。倒计时验证测试流程中安排有空闲时间,用于发射团队休息或处理在测试期间突然发生的问题,倒计时验证测试和发射倒计时安排的空闲时间相同。

为了不重复介绍倒计时验证测试和发射倒计时中的工作,本章将重点介绍仅在倒计时验证测试期间发生的工作,在第9章将详细介绍测试流程。

8.3 防止意外点火措施

在湿态测试期间,电气支持设备设置为T−8.9秒发出中止命令,在真实倒计时中这是火箭S-IC发动机点火顺序启动的时间。发射指挥洛克·佩特龙(Rocco Petrone)最担心的一个问题是,在倒计时期间,加注完毕的运载火箭矗立在发射工位上,有些系统可能会意外引发火箭发动机点火。弗兰克·布莱恩(Frank Bryan)说:

洛克总是担心我们会意外点火发射。倒计时验证测试前，我们在 4 号发射控制室召开测试准备情况汇报会，洛克总是叫我站起来汇报用于中止自动发射时序的 4 个防止点火措施。首先，空军的安控官在 T–14 秒时将他的允许发射开关切换到中止状态；其次，如果火箭 S-IC 级点火控制台操作员看到"准备点火"灯仍然亮着，则在 T–12 秒时按下控制台上的"中止"开关来发出中止命令；再次，火箭 S-II 级控制台操作员将系统状态开关切换到"安全"状态，解除 S-II 级自毁系统，这样会解除电气支持设备中的联锁电路，从而实现阻止发射；最后，地面人员在撤离发射工位前，才接通火箭 S-IC 级点火电路。这些措施中的任何一项都可以阻止发射。

当然，在采取了这些安全措施后，我们从来没有在倒计时验证测试期间遇到意外点火。

艾克·雷杰尔（Ike Rigell）补充说，"洛克会看着我问，'你确定那个东西不会点火吗？'"

因为倒计时验证测试与发射倒计时相同，所以，除了来自其他 NASA 中心的官员（他们在任务管理区）和参观的重要贵宾外，测试指挥和工程师都在发射控制室参加任务（图 8–1、图 8–2 和图 8–3）。

图 8–1 "阿波罗"-11 倒计时验证测试的管理人员。右起：汉斯·格伦（Hans Gruene）、洛克·佩特龙（扭头者）、安得烈·皮克特（Andrew Pickett）、沃尔特·卡普莱恩（Walt Kapryan）、约翰·威廉姆斯（John Williams）和阿尔奇·莫尔斯（Archie Morse）

图 8-2 "阿波罗"-12 倒计时验证测试期间 2 号发射控制室 AA 排人员。右起：艾克·雷杰尔、罗伊·戈弗雷（Roy Godfrey）、汉斯·格伦、安得烈·皮克特（Andrew Pickett）、沃尔特·卡普莱恩、泰德·萨辛（Ted Sasseen）和杰克·金（Jack King）

图 8-3 1971 年 1 月 18 日，"阿波罗"-14 湿态测试 AD 排人员。前起：阿特·索耶（Art Sawyer，背对镜头者）、尼尔斯·罗斯兰（Nels Roseland）、弗兰克·布莱恩、罗伊·利尔曼（Roy Lealman）、埃德·范宁和堂·奥斯瓦尔德（Don Oswald）

8.4 "阿波罗"-4 倒计时验证测试：混乱的测试

AS-501 任务，也称为"阿波罗"-4，是"土星"-V 火箭首次飞行。这是一次无人状态飞行试验，搭载了第一组指令/服务舱和一个模拟登月舱（登月舱工艺件 LTA-10R，用以模拟登月舱的配重）。NASA 已经通过合练箭 AS-500F 检测了 LC-39 发射场的设施设备和工作流程，现在是用飞行产品进行真实任务的时候了。

AS-501 任务的 S-II 级交付延迟。因为"阿波罗"-1 火灾事故，原本希望在 1967 年初进行发射的计划不得不推迟。事故调查委员会建议对"阿波罗"-4 飞船进行全面检查。检查中在指令/服务舱发现了 1400 多个线路问题，运载火箭也存在一些相应问题。加之天气情况不理想，发射日期从夏末推迟到秋天。最后，到 9 月下旬，肯尼迪航天中心首次"土星"-V 火箭倒计时验证测试准备完毕。

1967 年 9 月 27 日，AS-501 任务开始进行为期 6 天的倒计时验证测试。这是首次在真实的"土星"-V 火箭上通过完整的倒计时程序对 LC-39 发射场硬软件、工作流程和测试团队进行考核（图 8-4）。

图 8-4　1967 年 9 月 29 日倒计时验证测试期间，沃纳·冯·布劳恩（Wernher von Braun，戴安全帽者）与保罗·唐纳利（Paul Donnelly）交谈

到 10 月 2 日，倒计时验证测试已经比计划推迟了 2 天，因为几乎每个系统都出现了问题。例如，10 月 4 日晚上，监测推进剂加注状态的 DEE-3 计算机无法提供信息，测试主管日志在 20：33 记录着，"DEE-3 不能支持"。倒计时测试在 1 分钟后进入暂停状态。间断的氢气泄漏传感器数据让人担忧。倒计时测试在 20：59 取消，日志中表明取消的正式原因是 DEE-3 计算机问题。下面的条目记录了保证"土星"-V 火箭安全所采取的步骤和泄出液氧的流程。埃德·范宁和格雷顿·科恩（Graydon Corn）都在发射控制室参加了为期 28 小时的加注与泄出任务（图 8-5）。

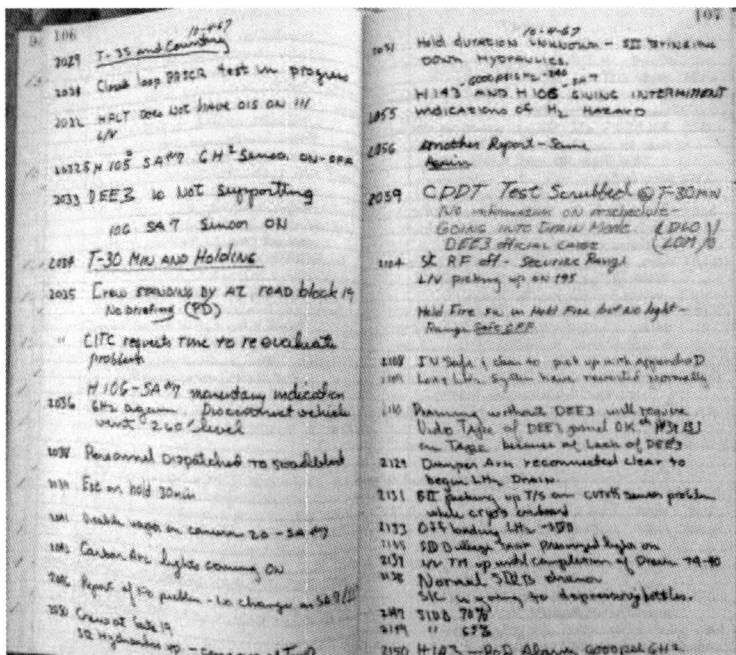

图 8-5　测试主管日志中关于 AS-501 任务（"阿波罗"-4）倒计时验证测试的内容。该页显示 DEE-3 计算机不能提供贮箱数据时，测试取消

作为运载火箭地面计算机系统负责人，弗兰克·佩诺维奇（Frank Penovich）感到压力重重："我那可怜的老旧系统在首次倒计时验证测试中断了 3 次。我的老板跑来说，'弗兰克，你得给我一个估计时间。'我说，'给我一个小时。'他离开一个小时后，又回来再次要求一个估计时间。他们不是时时刻刻打扰你，这很好，尤其是出现问题、你已经感到

压力重重时,这很有帮助。"

如果 RCA 110A 地面测试计算机断开,所有测试活动会停止,因为没有计算机就没有办法控制航天器和发射工位上各个系统。戴夫·摩迦(Dave Moja)说:"我的岗位是电气综合,当一个子级发生问题时,承包商会自己解决问题,如果问题与倒计时验证测试等综合测试有关,就由我们这些 NASA 的电气综合人员负责解决。一切系统顺利进行,然后 110A 计算机出现问题。中断持续时间从 10 分钟到 10 小时,我为那个计算机花费了许多心血。在倒计时验证测试中,推进系统一定也遇到过问题。"

摩迦提到的一个推进系统问题是在液氧加注时,火箭 S-II 级液氧贮箱防晃板损坏问题。里奇·罗比塔耶(Rich Robitaille)回忆起当液氧快速加注开始时"整个火箭都在震动"。试验团队停止了加注,经过研究决定先采用低速流动,然后再进行快速加注。厄比·摩尔(Irby Moore)说:

> 从库房管路到发射平台的延迟时间足以使液氧在大约 276 kPa 的头部压力下饱和。当我们重新开始加注时,液氧开始沿塔架向上流动到 S-II 级贮箱,同时压力下降。间歇泉现象就会在管路中发生,并高速推动液氧进入 S-II 级贮箱。它有点类似于从汽车散热器上取下盖子,其中的冷却剂在 138 kPa 压力下饱和,并且温度比 100° 高得多,它就会迅速沸腾将压力降低到大气压力,这就产生了间歇泉现象。

罗比塔耶回忆说,间歇泉问题损坏了 S-II 级液氧贮箱:

> 我负责监控的中止传感器数据有问题。我们意识到必须进入贮箱才能修理这些传感器,因为设计之初就不能进行外部修复。之前没有人这样做过。火箭矗立在发射工位上,就不应该进入贮箱里面,就不是这样设计的,通常的做法是返回厂家处理。
>
> 他们设计了进入贮箱内修理这些中止传感器的程序。他们在贮箱入口周围建了一个大的白色房间,在里面放了一些照明灯具。液氧贮箱底部有防晃板,用来防止流体在周围晃动。因为液氧流动问题,那些防晃板都被打破了。
>
> 所以我们现在是第一个吃螃蟹的人,我们必须进入贮箱去修复传感器,因为发射任务不能没有这些传感器。然后,当我们在那里修理传感器时,更大的问题是我们该如何处理那些防晃板。

推进剂加注问题得到解决且 S-II 级贮箱得以修复后，其他系统中的问题继续困扰着倒计时测试。弗兰克·布莱恩回忆说：

似乎每一个重要操作都会发生严重问题，从 S-II 级电池故障到仪器舱导航计算机时序问题。从 T−00：03：07 开始的倒计时期间，一系列联锁电路用以确保航天器正常工作。在倒计时验证测试期间，每一个重要的联锁电路点都会发生故障，不得不在该点中止程序，必须反复多次进行循环尝试。

每次尝试失败后，我们要在 1 号发射控制室边上的小会议室碰头，研究制定解决问题的方案。小会议室在发射控制中心布局图上被正式称为"火箭资料室"，但发射控制室的人都称其为"柴房"。在"阿波罗"计划期间，每当出现问题，佩特龙叫我们到那里见他时，我们总是说，"洛克又要带我们去'柴房'了。"

NASA 和承包商的许多优秀技术专家在"柴房"里协商解决重大问题。沃纳·冯·布劳恩（Wernher von Braun）有时也会到"柴房"来参加会议。会议的结果要么是提出一个解决问题的方案，要么是给出程序偏差，允许倒计时测试在不处理问题的情况下继续进行。参试人员的压力很大，正如弗莱德·科迪亚（Fred Cordia）所说，"这些是作为一名技术管理人员不想参加的会议类型。"

疲惫开始对测试团队造成影响。NASA 的鲍伯·庞德（Bob Pound）和乔安·摩根（JoAnn Morgan）都说，在倒计时验证测试期间，他们每天工作 12 小时，休息 12 个小时，连续几个星期如此。庞德说："我们开始称之为'倒计时耐力测试'，我们不得不反反复复做工作，以确保一切正常，墨菲定律① 经常起作用。"

频繁的故障使人们发现在人员配置上有一个重大缺陷。罗比塔耶说，工作流程没有考虑到倒计时验证测试需要多个班次的人员轮换工作：

我们只有一组人员，需要工作 35 个小时以上，因为倒计时总是会发生问题，如阀门不能打开等，这就需要分配人员去发射工位解决问题。他们要与推进剂待在一起！第一次他们检查了整个设置，工作了 35 个小时。我们就在发射控制室睡觉，等待倒计时再次启动的通知，那时我们就清醒起来重返工作岗位。

①译者注：墨菲定律是如果事情有变坏的可能，不管这种可能性有多小，它总会发生。文中的意思是他们担心的问题经常会发生。

我们从中领悟到,在倒计时中需要轮班工作。这样我们可以有第一班、第二班和第三班。最后的方案是不能在控制台工作超过 10 小时,但第一次倒计时验证测试时,我们的工作时间都在 20 小时、25 小时甚至 30 小时。他们明白,谁也不能指望人们在工作这么长时间后仍然能精力充沛。

最终,测试团队千辛万苦完成了倒计时测试,整整花了 17 天时间。布莱恩指出,这次混乱的测试至少有一个积极的结果:"在倒计时验证测试完成后,发射团队彻底筋疲力尽了,但他们获得了经验,也更有能力了。我曾经连续 28 小时工作,压力非常大。"

在经过这样一个困难的演练后,随后在 1967 年 11 月 9 日进行的"阿波罗"-4 倒计时、发射和飞行几乎没有发生任何问题。倒计时验证测试证明了它在流程中发现重大问题的价值,从而能够确保发射任务顺利实施。

8.5 "阿波罗"-10 燃料箱收缩故障

火箭 S-IC 级燃料箱中加注的 RP-1 煤油性质一般是稳定的。与低温推进剂不同,RP-1 不沸腾,也不需要连续补充。然而,它不仅仅是密封在罐体中的煤油,当 RP-1 在发射平台加注后,RP-1 系统必须进行主动控制。燃料的质量(627t)对贮箱底部的阀门施加了巨大的压力。埃德·范宁说,F-1 发动机的灵敏度要求燃料不会泄漏到喷嘴或输入到发动机中。航天器和地面支持设备加电时,燃料箱前置阀需要增压,以确保阀门关闭。但是,范宁补充道:"航天器断电时,我们必须想办法使前置阀保持关闭状态。我们带了一些测试软管,并把它们连接到控制阀上,这是我们的标准做法。"

1969 年 4 月 28 日,"阿波罗"-10 任务的"土星"-V 火箭加注完 RP-1 后矗立在发射工位 B 上。当天晚上,发射控制中心进行的维护工作需要在 LC-39 发射场实施临时断电。然而,发射工位 B 不是所有系统都有备用电源。临时断电后,S-IC 级的气动控制器断了电。范宁说:"发生这种情况,前置阀的控制压力消失,阀门被打开,一瞬间燃料从火箭底部流出。"

前置阀打开后,5280 升的 RP-1 燃料从火箭排入导流槽,大约只占贮箱内 RP-1 燃料的 0.5%,但这足以对运载火箭造成物理损坏。

提普·泰龙（Tip Talone）第二天早上到达：

有人从发射工位打来电话说，"我在导流槽中看到一滩煤油。"哦，每个人都跑出来看，的确，是发生了泄漏，泄漏看起来非常小，只是每隔一段时间从 S-IC 级滴下一滴 RP-1 煤油。

RP-1 贮箱没有加压，没有排气，所以贮箱是"锁定"状态，换句话说，顶部和底部的阀门关闭着，因此贮箱基本上只是一个气罐。当燃料从贮箱泄漏时，没有空气进入，空气被吸在贮箱顶部。这是工程师们想到的第一件事，他们跑到发射平台/脐带塔，穿过摆臂，来到箱间段，的确，贮箱顶部已经开始塌陷。这非常关键，因为 S-IC 级贮箱发生问题时，距离发射日期只有 3 个星期了。

那些天才的工程师们想出了一个方案，他们说："我们会让贮箱壁弹回来，我们会为飞行做好准备。"因为我是基层官员，所以不得不出去查看问题是否解决。他们想到了这种修复方法，在发射塔架的侧面安装了一根细小的竖管，从硬管路到贮箱入口安全阀上安装了一条弯管，然后开始像正常加注一样将 RP-1 煤油加注到管子中，他们慢慢进行加注，燃料注满贮箱，开始填充弯管，流到竖管，并开始填充竖管。在竖管中有几个观察口，可以看到液位。他们在箱间段观察着贮箱圆顶。燃料达到他们计算好的位置，该位置以上液体的压力，即使只是一根细小的管道，也可使贮箱圆顶弹出。这就是液压工作的方式。他们听到"嘣"的一声。贮箱塌陷部分弹回来了，非常好。

范宁详细说明道："我们基本上是对贮箱进行液压平衡，通过连续对塔架管路填充，可以实现对贮箱增压。这很有效，贮箱壁完好。没有留下任何折痕让断裂力学家担心。"

无损检测验证了贮箱的完整性。任务管理层作了简报，他们认为贮箱已经修复成功。泰龙总结说："就像比赛得了冠军一样。"

8.6 "阿波罗"-13 氧蒸汽燃烧事故

发射工位上最不寻常的一次事故发生在 1970 年 3 月 25 日清晨，这是"阿波罗"-13 倒计时验证测试湿态测试的最后一天。

倒计时验证测试中，推进剂加注操作需要将液氧从库房沿加注管路输送至航天器贮箱中。加注管路、泵、阀门和液氧贮箱必须经过预冷，预冷由加注系统泵送约 94600 升液氧实现。预冷可以大大减少全速加注时液氧气化的数量，确保"土星"-V 火箭贮箱加注液氧的品质。预冷流程和相关的排放设备是根据"阿波罗"-4 倒计时验证测试期间发生的问题而提出的解决措施。

预冷流程包括将流过泵、加注管路和火箭贮箱的废弃液氧排放到发射工位附近的沼泽沟中。这通常没有问题，液氧会迅速蒸发，蒸发的氧气与周围的空气混合，被风吹散。

在那天早上，天气条件有点异常，有明显"逆温"现象，且没有风。当废弃的液氧排入沟里时，浓密的氧蒸汽在沟内积聚并溢出到发射工位周边道路上。氧蒸汽与正常的雾在视觉上无法区分，但由于其几乎是纯氧，所以氧蒸汽非常危险。

目击人员对事故的回忆在细节上略有不同，但确定的是事故烧毁了由卫康和公司（Wackenhut，发射工位安全承包商）负责的 3 辆道奇牌安全车。过程如下：

在推进剂加注开始前，安全人员要对发射工位区域进行安全检查。他们把履带车运输公路的大门锁上，并驾车按照规划路线对发射工位进行了安全检查，他们的车停在发射工位西侧的大门处，就在氧蒸汽产生的地方。至少有一名安全人员的汽车熄火了。

根据后来对事件的描述，领头的安全人员打着他的汽车时，其印象是汽车发动机的一个活塞从引擎盖射穿出来。厄比·摩尔描述了当时的场景："当一个安全人员打着汽车点火开关，他听到一声巨响，并且从汽车引擎盖下面喷射出火焰。紧接着，其他两辆汽车也迅速燃烧，3 名安全人员跑来救火。用了大约一个小时，氧蒸汽才消散、火势得以控制。"

发射控制室中的人在电视监视系统的显示器上密切关注事态发展。他们看到一名安全人员快速跑到现场。波音公司负责液氧设备电气系统的比尔·海因克对此非常关注，"我们正在对液氧系统预冷，无法让摄像人员转动摄像机，以便查看火势与液氧泵有多少距离。我们最终将一个镜头转过去，发现火是在距离我们的管路 3～4.5 米的草丛中燃烧。我们立即进入'恢复'状态，即排空所有管路。直到一切得以控制，我们才停止了操作。"

消防员李·斯达瑞克（Lee Starrick）在事故后赶到现场（图 8-6）：

图 8-6　"阿波罗"-13 倒计时验证测试湿态测试期间，在氧蒸汽燃烧事故中烧毁的一辆卫康和公司安全车

　　我当天早上上班，看到黑烟，心里想，"这可不太好。"我来到办公室，把我的午饭放在冰箱里，有人说："快来，我们要出发了。"甚至还没到值班时间，他们带着我们来到发射工位。我们把在火灾现场的人员抢救了出来，所以我们是事故发生后赶去的第二批人员。

　　第一辆安全车已经被盖上了一块帆布，第二辆车仍然在那里冒烟。我走过去，把第一辆车上的帆布掀起来查看，它已经彻底报废了，几乎烧化了。第二辆车防火墙前面的部分都烧没了。第三辆车的发动机着了火，但很快被扑灭了。

　　海因克随后来到事故现场进行调查："看起来就像有人拿一个乙炔喷枪，从汽车的发动机位置垂直切开一样。从乘客座位前面挡风玻璃的右角，到左角大灯处，大部分车体已经烧没了。发动机被切开了，你可以看到气缸和活塞。真是不可思议。"

　　NASA 飞船试验团队从来不愿放弃一个减轻工作压力的机会，第二天的工作计划表上就画了一幅卫康和汽车火灾的卡通画，大意是承包商很难获得政府提供的汽车，而卫康和公司竟然拿着汽车点火玩！卫康和公司随后向 NASA 管理层进行了投诉。第二天的卡通画反映了投诉情况（图 8-7）。

图 8-7　飞船团队的卡通画，卫康和公司烧汽车和第二天的漫画。图片由特赖布提供

8.7　6 月 30 日周计划（发射倒计时 16 天）

当"阿波罗"-11 倒计时验证测试在发射工位 A 进行时，"阿波罗"-12 飞船于 6 月 30 日从载人航天器操作厂房转运至垂直总装厂房，与"土星"-V 火箭进行吊装对接。

　　"阿波罗"-11 倒计时验证测试湿态测试于 1969 年 7 月 2 日星期三下午 12:51（模拟发射时间）结束。湿态测试结束后，下午将火箭贮箱中的液氧与液氢泄出。在 S-IC 级贮箱中留存了一些液氧，用以测试 1 号摆臂上 S-IC 级液氧加注/泄出连接器。剩余的液氧通过加泄连接器泄出。

　　倒计时时间重新设置为 T–6 小时，倒计时验证测试干态测试从星期四早上开始。"阿波罗"-11 航天员乘组在载人航天器操作厂房穿上航天服，乘车来到发射工位，进入指令舱。干态测试 T–0 是 7 月 3 日 9:32，这也是"阿波罗"-11 13 天后正式发射的时间。

　　在干态测试结束后，履带运输车将活动服务塔运回发射工位，以进行最后维护工作。本周最后一项工作是对登月舱氦气贮箱进行维护。

　　工作人员修复了在倒计时验证测试湿态测试期间损坏的 S-IVB 级泡沫保温层。7 月 5 日对修复的部位进行喷涂（图 8–8）。

图 8–8　1969 年 7 月 5 日，倒计时验证测试后，工作人员对"阿波罗"-11 的 S-IVB 级修复部位进行喷涂

8.8　"阿波罗"-13 倒计时验证测试期间的三次误判

　　在"阿波罗"-13 倒计时验证测试湿态测试阶段，火箭液氧贮箱为"阿波罗"计划中最惊心动魄的一次事故埋下了隐患，即"阿波罗"-13

液氧贮箱在太空发生爆炸事故。

　　"阿波罗"-13 倒计时验证测试湿态测试于 1970 年 3 月 16 日开始。飞船低温贮箱（负责向燃料电池供应氧气和氢气）加注及增压过程一切顺利。然后，在倒计时验证测试中，当服务舱中的两个氧气贮箱正常应该泄出到大约 50% 的容量时，1 号贮箱泄出正常，但 2 号贮箱仅泄出了 8% 液氧。在倒计时验证测试中，泄出贮箱的标准程序是通过加注管路输入氧气，将液氧挤出贮箱，但是该程序没能泄出 2 号贮箱液氧。NASA 写了一份关于该问题的临时偏差报告（IDR），然后继续剩余的倒计时验证测试项目。临时偏差报告将问题归为地面支持设备，初步怀疑是地面支持设备过滤器的问题。

　　鲍伯·西克（Bob Sieck）是"阿波罗"-13 测试期间在 ACE 控制室的一名指令/服务舱项目工程师。他回忆说："我们在分析地面支持设备故障上浪费了一些时间。这通常是首先分析的地方：'飞行产品应该是好的，问题应该出在我们的程序或地面支持设备方面。'"

　　来自载人航天器中心（MSC）和飞船操作部门的承包商与 NASA 代表协商如何处理问题。3 月 27 日星期五，即倒计时验证测试干态测试结束后的第二天，泄出工作恢复。通过加注管路向贮箱通风，2 号贮箱中的液氧量减少到了 65%。有人怀疑在加注管路和贮箱液位探测器之间存在泄漏。测试团队写了一份关于飞船系统的偏差报告（DR）（图 8-9）。

图 8-9　关于飞船液氧贮箱泄出问题的卡通画。史努比说，"我想我也可以去泄出液氧了"。图片由特赖布提供

　　测试团队决定再次尝试正常的泄出程序。1 号贮箱正常泄出清空，2 号贮箱还是不行。测试团队决定接通 2 号贮箱内部加热器 1.5 小

时，让贮箱内的液氧蒸发气化。然后在加热器运行状态再打开内部风扇，试图将热量混入液氧中加速气化过程。在加热和通风 6 小时之后，仍然有 35% 的液氧留在贮箱中。西克回忆道（图 8–10）：

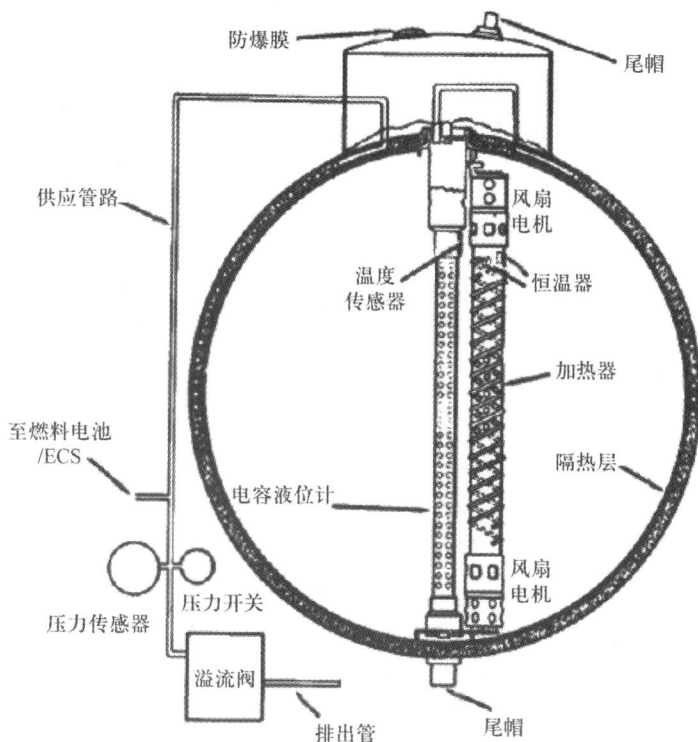

图 8–10　"阿波罗"-13 服务舱液氧贮箱示意图

那天晚上轮到我们上班。我们接通了加热器。这就像看着小草生长。负责燃料电池的工程师在电话中说，"我们遇到一个问题，我监测不到贮箱温度了。"我们问，"为什么监测不到温度？"他说，"嗯，似乎超过温度上限，超出量程范围了。"

温度传感器的测量范围是从环境温度到零下 157 摄氏度左右。传感器设置在贮箱的顶部，所有的加热器以及风扇（用于零重力情况搅动液氧，使其成分均匀）的线圈也在贮箱顶部。这种情况就像"贮箱顶部的温度当然会高出 27 ~ 32 摄氏度，因为受地球重力影响，较冷的液体会停留在贮箱下面。"

因此，我们停止了测试。我们从大型地面供电系统上断开了加热器，该地面供电系统负责为火箭的很多系统供电。我们短暂讨论后告诉他："这样不好，我们向液氧贮箱中注入能量，不知道贮箱的温度是多少，但可以测量压力。我们知道贮箱里面温度较高，因为液氧正在气化，我们正在观察地面支持设备中的氧气传感器。"

我们认为在半夜不适合做这样的工作。起初，我们的态度是"让下一班来处理"。然后我们商量了一会儿，说，"你知道，我们就是雇来完成工作、解决问题的，我们可以在调度上咨询专家意见，与专家交流一下，听听他们的意见。"

我们在调度上咨询了十几名专家，有贮箱承包商、休斯敦的专家、总工程师、政府人员等。我们汇报了遇到的问题。一个专家说："不用担心，贮箱里有一个恒温器，它可以保证贮箱温度不超过限值，只要注意观察压力，确保压力不超过安全阀压力。如果超过了，安全阀就会释放，就是这样。但安全阀可能不会重新密封，如果它不能重新密封，贮箱就会泄漏，就必须更换贮箱。这将对工作流程产生重大影响，我们可能会赶不上发射窗口。所以请注意观察内部压力。"从中可以知道，我们还面临着发射时间的压力！

测试团队决定试着增加贮箱内部压力，加热器和风扇仍在运行，然后打开排气管。增压和排气过程循环进行了 5 次，贮箱终于排空了。此时，加热器已连续工作了 8 小时。

西克继续说道："我们再次接通加热器，我们明白正在泄出。大约 8 个小时后，从排风系统没有得到任何氧气读数，所以贮箱应该排空了。我们断开加热器，温度又回到了量程范围，一切都很好。所有第一班的人都进来拍着我们的脑袋说：'昨晚干得不错!'"

飞船测试团队与载人航天器中心和罗克韦尔公司进行了协商，研究是否更换服务舱中的液氧贮箱。每个人都认为，如果 2 号贮箱加注没有出现问题，则加注管路的任何潜在泄漏可以在加注后被隔离，并且在飞行期间不会引起问题。测试团队认为，在发射之前更换液氧贮箱需要大约 2 天时间，并且有损坏服务舱中其他设备的风险，因此只有当 2 号贮箱不能加注时才进行更换。

3 月 30 日，即计划发射日前 12 天，测试团队再次对两个液氧贮箱进行加注。两个贮箱正常产生了氧气。泄出过程与前面测试结果相同，1 号贮箱正常排空，2 号贮箱必须与加热器一起进行增压循环，才能泄出液氧。

测试团队获取了飞船制造记录，发现 1968 年 10 月 21 日在唐尼期间，2 号贮箱在处理过程中曾发生过问题。那时对贮箱的目视检查没有发现损伤，所以认为该事件与当前的问题无关。

NASA 总部、肯尼迪航天中心、载人航天器中心和承包商进行了深入研究，认为一个散开的加注管可能是罪魁祸首。对 2 号贮箱长时间用地面电源运行加热器和风扇的后果，人们很少考虑。

加热器设计为，在飞行状态下由飞船系统的 28 伏直流电源供电，供电功率为 80 瓦。它们还可以用地面 65 伏直流电源供电，用于维护和加压，功率为 400 瓦。每个加热器由恒温开关保护，它在温度为 27 摄氏度时断开加热器。每个人都完全忽视了恒温开关没有在 65 伏电压下进行验证，它们只在计划早期用 28 伏内部电源进行过验证。

事实上，在"阿波罗"-13 事故后的测试表明，恒温开关不能在 65 伏直流电源下工作。检查泄出过程的电压记录（该项记录直到任务后才进行了检查分析）证实恒温开关没有打开，它们可能被高压焊接焊住了。没有了恒温开关的保护，贮箱内的温度可能超过 538 摄氏度。这极可能损坏贮箱内部线路上的特氟隆绝缘层，使裸露的电线处于纯氧环境中。

然而，当时没有发现贮箱内部损坏。测试团队完全相信他们的评估，加注管路是问题的原因，并且飞行中不会产生问题。西克说：

> 我们都很高兴。他们在飞行准备审查时对此进行了审查。他们说："这就是那个贮箱，它有一段很丑陋的历史。"对该贮箱的历史轻描淡写：它曾发生过问题。当时，他们正把该贮箱从"阿波罗"-10 的服务舱吊起，用一根绳索连着贮箱，起吊时贮箱重量超过了吊绳限度，所以贮箱猛地一晃，但测试表明一切正常，所以将它交付给了卡纳维拉尔角，这是第一次误判。第二次误判：卡纳维拉尔角的测试人员未能用正常程序泄出贮箱液氧。为什么？因为晃动可能对贮箱造成了一些损伤。第三次误判：卡纳维拉尔角的测试人员因为这个问题采用了一个未经认证的程序进行泄出工作，仍然认为飞行不受影响。事后看来，这是一个糟糕的判断，它是由一系列事件和决定造成的，而不是任何单独一个小问题造成的。

在飞行后调查中，相关负责人没有一个人可以举手说，"我不知道那些肯尼迪航天中心的人在干什么。"这是我们所有人在那个夜晚做出的一个错误判断，但是，也没有人指出，"如果我知道他们在做什么，我会告诉他们不应该那样做。"

许多书籍记载的"阿波罗"-13飞行事故原因是，当打开2号贮箱循环风扇时，产生了火花，导致贮箱爆炸。可能是电流短路穿过2号贮箱内受损的线路，导致贮箱内的氧气爆炸。

任务进行期间，肯尼迪航天中心飞船测试团队要在载人航天器操作厂房中值班。"阿波罗"-13事故发生后，所有人员，包括肯尼迪航天中心飞船测试团队，都被调动起来进行问题分析和飞船后续处理。NASA飞船测试指挥斯基普·绍文（Skip Chauvin）与休斯敦的同事时刻保持联系："我不知道每天戴着耳麦多长时间，只是听休斯敦与飞船的工作内容，我成为了休斯敦的一个信徒，他们非常伟大。无论如何，休斯敦的飞行指挥团队…… 哦，上帝，我甚至找不到合适的词来描绘他们的伟大。"

沃尔特·德莫迪（Walt Dermody）回忆说："我们都在等待，他们要求我们尝试找出从登月舱中取出一根电缆的办法，电缆太长了，他们没有办法将它连接在登月舱地面支持设备（GSE）连接器和指令舱地面支持设备电源连接器之间，我们也没有办法。"

历史学家评论说，此次爆炸发生在任务中非常偶然的时间，如果在登月舱与指令/服务舱分离之后再打开贮箱风扇，那么"阿波罗"-13航天员乘组就没有返回的希望了。西克指出，在任务中其他时间搅动液氧，后果也将是灾难性的：

> 有一件事在电影《"阿波罗"-13》中没有展现出来，它会让你感到后怕。我们在发射工位为发射任务进行加注，打开了液氧贮箱的加热器和风扇，以检查它们是否能够正常工作。那时，贮箱顶部可能就有裸露的电线，那时就有可能在发射工位爆炸，火箭此时已经加注完毕，这将会对发射工位造成重大破坏，很多人可能会送命或受伤。

> 发射后，根据正常的任务计划，绕地球一圈，要对所有系统进行检查。如果在那时发生爆炸，航天员返回没有问题，因为你处在一个绕地球飞行轨道，有足够能力返回地面。

> 但是，之后你进入月球轨道注入（TLI），飞向月球。你还没有分离指令舱，并让它转向与登月舱对接。在S-IVB级分离之前，他们再次搅动液氧。那时发生了一个电源故障，但故障

没有触发主报警，所以没有引起任何人的注意。这是调查报告中所说，事后才发现的。他们复查了飞行数据，发现了一个小故障。如果爆炸发生时，S-IVB 级还没有分离，航天员可能没有足够的能量或无法控制指令舱转向与登月舱对接。我们不知道服务舱在爆炸中受到多少损伤。

然后，S-IVB 级分离，飞船转向，与登月舱对接。当他们再次搅动液氧时，爆炸发生了。这是在起飞后的第 7 个周期。你知道，在他们到达绕月轨道、分离登月舱和登月舱降落后，按照程序，需要多次搅动液氧。重要的是，如果爆炸不是发生在起飞 48～72 小时之间，这期间两个航天器还连接在一起飞向月球，那么航天员可能没有机会重返地球了。

我记不起那天晚上都有谁在 ACE 控制室，你知道，"我们是否应该这样做？这感觉很不好；燃料电池工程师感到不舒服，我们应该也感到不舒服。"我们专业以外还有合适的人员在线上工作，没有什么可说的，如果我们当初把问题留给第一班人员解决，他们也许会做的不一样。

回想起来，这是"阿波罗"-13 潜在的一个问题。如果我们仔细查看数据，可能会发现加热器从来没有循环开关过。但是，我们的电源系统要提供如此多的电流，还有其他系统打开和关闭，这个问题会淹没在噪声中。但彻底的数据审查可以发现恒温器是否正常工作这一问题。

对我来说，我们记录了那天晚上做的所有事情，包括电压、加热器开启的时间、功率读数等。调查委员会来了，说："就是这些！你们把它用在 65 伏电压下，但恒温器只能在燃料电池电压下使用，即 28 伏。"我们记录下所做的一切，这里是我们半夜与他们交流同意这样做的人员名单。就是这样。在半夜，你被电话会议叫醒，专家说，"不要担心！"听起来不错，挂了电话，回去接着睡觉。这也是一个人为因素的教训。

几个月后，事故调查委员会要求对指令/服务舱及其组件进行一些更改，以尽量减少未来类似事件的风险。其中的更改包括为"阿波罗"-14 重新设计了低温贮箱。这些贮箱的设计延迟了几个月。在"阿波罗"-14 转运到发射工位 8 天后，新的贮箱才安装到飞船上。

西克总结说:"因为我们查找问题非常迅速,下一次任务只推迟了6 个月。我们在服务舱中更换了另一个液氧贮箱,把风扇从贮箱里拿了出来,现在有数据表明,你没有必要搅动液氧使其保持均匀。'阿波罗'-14 任务只延迟了大约 6 个月,实际上推到了下一个发射窗口。感谢英雄的航天员和飞行团队,'阿波罗'-13 安全返回。"(图 8-11)

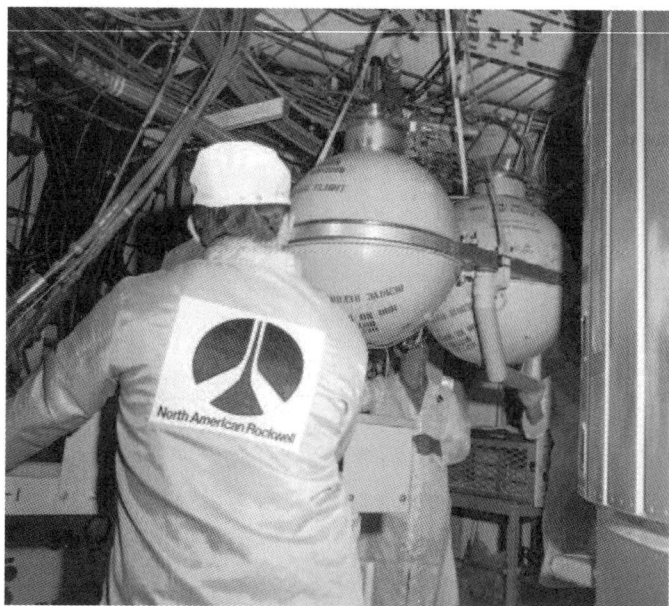

图 8-11 1970 年 11 月 17 日,技术人员在活动服务塔内将重新设计的液氧贮箱安装到"阿波罗"-14 飞船上

8.9 1969 年 7 月 7 日周计划(发射倒计时 9 天)

分析"阿波罗"-11 倒计时验证测试数据。解决偏差问题。

比尔·海因克回忆说,在"阿波罗"-11 倒计时验证测试后不久,他和测试团队一起处理临时偏差报告(图 8-12):

> 我从发射工位终端连接房间(PTCR)出来,到了发射工位上层,向低层电梯走去。我看到一辆公务车在那里,有 4 个人从公务车出来,朝着低层电梯走去。我开始小跑着,大叫,"电梯等一下!"我到了那里,有 3 个人穿着比较随意,短

图 8–12　1969 年 6 月 10 日，"阿波罗"-11 航天员和测试主管威廉·希克（William Schick，穿白衬衫者）视察紧急撤离路线

袖衬衫和休闲裤，第 4 个人穿着一套西装。3 个穿着随意的人似乎不在意让他们等一下，但穿西装的人看起来很生气，像是说："你怎么敢让我们等着!"

　　我们都在电梯上按下我们的楼层按钮，说："早上好。"我看了一眼他们的证件，上面分别写着：阿姆斯特朗、奥尔德林和柯林斯。我认为另一个人要么是他们的管理员，也许来自载人航天器中心（MSC）乘员办公室，也许他是公共事务官员。我不知道，他看起来很生气，其他人似乎很高兴看到发射工位有很多人在忙碌工作。

　　1969 年 7 月 8 日，菲利普斯将军在乔治·缪勒博士（Dr. George Mueller）的同意下，向 NASA 管理层递交了一份备忘录，宣布"阿波罗"-11 将于东部夏令时 1969 年 7 月 16 日星期三 9：32 实施发射。在备忘录附件的任务行动报告中，7 月和 8 月有 6 个可能的发射日期。任务的主要目标很简单："执行载人登月并返回。"（图 8–13）

　　同样在 7 月 8 日，巴斯蒂安·哈娄（Bastian Hello），北美罗克韦尔公司佛罗里达航天部门的负责人，向在"阿波罗"-11 任务中工作的每一名公司员工家中发了一封信，信中写道：

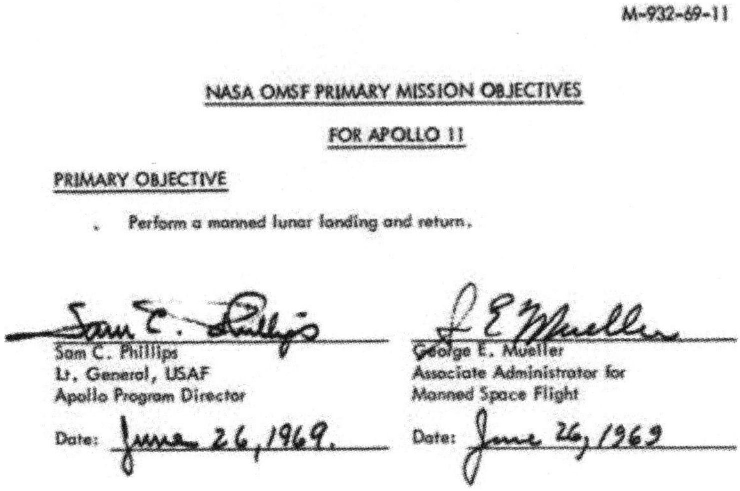

M-932-69-11

NASA OMSF PRIMARY MISSION OBJECTIVES

FOR APOLLO 11

PRIMARY OBJECTIVE

. Perform a manned lunar landing and return.

Sam C. Phillips
Lt. General, USAF
Apollo Program Director

Date: June 26, 1969.

George E. Mueller
Associate Administrator for
Manned Space Flight

Date: June 26, 1969

图 8-13 "阿波罗"-11 任务的目标，简单而明确

致发射操作团队家人：

在个人或团体的每一个重要任务中，都有关键时刻。在学校里是考试时间，在战争中是战斗，在航天计划中是发射飞行。这是所有培训和测试工作奋斗的目标。

我们经历过我们的关键时刻。你们将记住"阿波罗"-7 至"阿波罗"-10 每次任务发生的问题、忧虑和期望。每一个时刻都同样重要，现在将真正迎来我们最关键的时刻，"阿波罗"-11 真实登陆月球。

在这一刻，我们完成了"阿波罗"-11 所有的测试，我们前面只剩下发射倒计时。我们的产品已经过测试和试验。我们相信它会完成任务。还有别的事情吗？是的，我们每个人都必须加倍努力，准确完成好自己的工作。在这次飞行任务中，我们只剩下发射倒计时测试，只要一个人为差错就可以破坏它。犹豫不决、缺乏思考、骄傲自满引发的问题也是错误。让我们用最好的产品和最大努力来迎接我们的关键时刻······

8.10 疑似虚焊问题

在工作流程后期发现的 S-IVB 级一个疑似虚焊问题，几乎推迟了"阿波罗"-11 发射日期。

在"阿波罗"登月任务中，"土星"-V 火箭第三子级，即 S-IVB 级，在发射阶段结束时与"阿波罗"飞船一起进入绕地轨道。在飞行 1.5 圈后，S-IVB 级发动机进行月球轨道转移注入（TLI）重新启动，将飞船送入月球。"阿波罗"-8 是执行这个机动程序的第一个任务，该次任务 S-IVB 级工作非常顺利。

5 个月后的 1969 年 5 月 18 日，"阿波罗"-10 发射。与"阿波罗"-8 相比，该次任务的月球轨道转移注入工作过程令航天员感到不适。点火 3 分钟后，高频振动使飞船剧烈震动，以至于航天员无法观察仪器仪表。航天员汤姆·斯塔福德（Tom Stafford）把手放在了中止手柄上，但他觉得震动还没有剧烈到需要中止发动机工作。航天员忍受着震动直到 S-IVB 级按计划工作结束，飞船以正确的速度飞行。他们继续执行任务并最终实现了所有目标。

回到地球后，NASA 和麦道公司立即着手研究"阿波罗"-10 的 S-IVB 级发生了什么问题。必须在 7 月份"阿波罗"-11 发射前，找出震动的原因并进行改正。工程师们怀疑这是推进剂利用（PU）系统的问题，该系统负责控制供给到 S-IVB 级发动机的液氢和液氧的混合比例。

吉恩·斯皮尔格（Gene Spilger）是麦道公司在肯尼迪航天中心的质量控制经理。他说："我们发动机上有一个黑盒子，称为 PU 箱，在'阿波罗'-10 任务中它没有正常工作，NASA 和麦道公司回到我们的亨廷顿海滩工厂，他们将找到的每个 PU 箱都拿出来，把它们打开，在一个箱子里发现一处虚焊。"

在焊接加热不够，或者存在污染物阻止金属焊料形成良好连接时，就会发生虚焊。虚焊可能导致电路连接不稳定或性能下降。在放大镜下，如果晃动连接点，可能会看到焊点中的裂纹。显然，火箭发动机的推进剂控制系统中存在虚焊是不可接受的，必须进行改进。

斯皮尔格继续说：

> 折磨人的工作开始了。我们不得不把所有的箱子从 S-IVB 级上拆下。亨廷顿海滩的电子专家来到肯尼迪航天中心，他们单独指派我协助他们工作。
>
> 他们拿走了"阿波罗"-11 S-IVB 级的 PU 箱，把它放入洁净室。技术人员打开它，然后他们必须离开。只允许我和电子专家进入洁净室。
>
> 我查看 PU 箱后认为这是一处虚焊。他看着 PU 箱说，"哦，

我不敢相信，你知道将会发生什么。"我们只是想如果他们把每个箱子都取出来，登月计划会推迟一年之多。

我们更仔细地查看了那个东西，我说："你知道，连接点一部分看上去是虚焊，但另一部分看起来很坚实。"他说，"是的，你是对的。"我们拿出放大镜仔细观察，认为连接点也许是好的，但我们仍然不能确定。

最后他说，"我来告诉你，对这个问题我愿意说'可以'，你呢？"我说，"我认为不能。"他说，"好吧，我会告诉你怎么做。我相信我是对的。拿镊子来，在那个焊点处夹住导线，猛拉几次。如果它是一处虚焊，就会断开。我这样做，如果它没有断开，你认可它吗？"我说，"嗯，是吗？"我不知道我应该回答是还是否。最终，他猛烈抽拉导线，焊点没有断开。

我们让他们关上箱子，放回到"阿波罗"-11 S-IVB 级。

我告诉你：直到发动机重新启动，飞船飞向月球，我才彻底放心！

"阿波罗"-11 倒计时和发射飞行很正常。S-IVB 级在飞行期间表现完美。它的月球轨道转移注入燃烧非常精确，以至于中途计划进行的若干次机动中的第一次被认为没有必要。

第 9 章

发射倒计时

> 每一个发射日都是激动人心的时刻。但我认为在大多数
> 情况下，总是觉得能够实际起飞的机会相当渺茫（笑）。

——"阿波罗"-11 航天员

尼尔·阿姆斯特朗（Neil Armstrong）

9.1 发射倒计时简介

截止到 1969 年 7 月 14 日，肯尼迪航天中心已经完成"阿波罗"-11
所有测试工作，开始准备实施发射倒计时。

发射倒计时是美国不计其数的承包商多年辛勤工作，以及肯尼迪
航天中心 6 个月组装与测试工作之后最精彩的一幕。

在接下来的两章中，我们将不再按照周或天为单位来计算距离点
火起飞的时间，我们将采用小时、分钟和秒来计算。我们将采用这种
格式：T−hh：mm：ss 或 T+hh：mm：ss，其中 T−0 是起飞时间。例
如，T−03：21：15 意为，距离起飞时间 3 小时 21 分 15 秒；同理，T+
的含义是起飞后经过的时间。

9.2 "阿波罗"-11 任务的发射窗口

"阿波罗"-11 任务的主要目标是载人登月。NASA 从 5 个候选着
陆区中选择了 3 个着陆点，分布在月球近地侧。选择这些地点是因为

它们靠近月球赤道,而月球轨道器任务拍摄的照片显示这些地区相对平滑,易于着陆。

着陆时间设定在着陆点日出后 12 ~ 24 小时之间,此时太阳在月球地平线上方 5° ~ 15°,太阳在天空中高度较低,月面的陨石坑和巨石会投下长长的阴影,与周围的地形形成鲜明对比。这些条件能够使航天员获得一个清晰的地形视图,有助于航天员在驾驶登月舱降落时避开障碍物。另外,清晨着陆时月面温度没有中午那么热。

发射窗口是实现登月目标的发射日期和时间。在制定发射计划时,需要考虑两种类型的发射窗口:月发射窗口和日发射窗口。

9.2.1 月发射窗口

由于月球绕地球一圈大约需要 28 天,在一个月中,选定的着陆点有合适光照条件的时间只有一天。因为在月球上有 3 个选定的着陆点,因此,"阿波罗"-11 在 1969 年 7 月和 8 月各有 3 天合适的发射日期。

"着陆点 2"在宁静海(Mare Tranquillitatis),这是"阿波罗"-11 最终着陆的地方。它的两个发射窗口分别是美国东部时间 1969 年 7 月 16 日 9∶32 至 13∶54,和美国东部时间 1969 年 8 月 14 日 7∶45 至 12∶15。

"着陆点 3"在中央湾(Sinus Medii),从地球上看靠近月球中心。它的两个发射窗口分别是美国东部时间 7 月 18 日 11∶32 至 14∶02,和美国东部时间 8 月 16 日 7∶55 至 12∶55。

"着陆点 5"位于风暴海洋(Oceanus Procellarum),靠近梅斯特林 G 环形山,位于开普勒和恩克环形山附近。它的两个发射窗口分别是美国东部时间 7 月 21 日 12∶09 至 14∶39 和美国东部时间 8 月 20 日 9∶55 至 14∶35。

9.2.2 日发射窗口

任务发射日期的具体时间受几个因素的制约。首先,天体力学要求,飞船从绕地轨道转移到绕月轨道,必须进行轨道转移,实施轨道转移要求飞船运行在远离月球一侧时启动月球转移轨道注入。换句话说,任务规划人员必须首先确定在"阿波罗"飞船 3 天后到达的月球位置;从预计到达的日期和时间反推,确定地球轨道上子登月点,即到达该点时月球就在头顶的位置;然后,从子登月点确定地球轨道上位置相对的地点;最后,计算出发射时间(和航向),飞船直接飞行到该地点时，就可以启动月球转移轨道注入（TLI）。

一旦确定了月球转移轨道注入启动的位置，还要考虑其他限制因素。首先，月球转移轨道注入启动必须在太平洋上进行，在太平洋上进行可以最有效地利用飞船推进剂进入预定的月球轨道；其次，由于 S-IVB 级系统工作寿命有限，月球转移轨道注入启动时间不能晚于航天器绕地球飞行 3 圈；最后，受安全情况限制，发射方位角（在发射阶段"土星"-V 火箭的射向）限定在北偏东 72° 和 106° 之间。综合考虑这些限制因素，日发射窗口限制在预期发射日特定的 2.5～4.5 小时区间。

确定了发射窗口，工作人员就可以后推确定出倒计时开始的日期和时间，使得 T–0 与发射窗口开启时间一致。在倒计时中，设置了中断时间，以便于在发生问题时有时间进行处理。

9.3 倒计时工作流程

"阿波罗"/"土星"发射任务没有单独的倒计时检查和测试规程（发射倒计时被正式分类为一项测试，简称为 LCD），肯尼迪航天中心的参试人员按照发射倒计时测试规程开展工作。

肯尼迪航天中心发射倒计时操作主要依据 5 份相互关联的重要文件。以"阿波罗"-11 任务为例，这些文件是：

- 航天器倒计时规程，V-40300。这是最顶层的倒计时规程。NASA 的测试指挥（调度代号 CVTS）按此规程进行指挥。它的内容包括协调运载火箭测试人员、飞船测试人员、地面支持人员和射程安全机构之间的各项工作。比尔·西克（Bill Schick）是"阿波罗"-11 任务的测试指挥，倒计时最后阶段他在 CVTS 控制台工作。
- 运载火箭检查和测试规程/航天器倒计时验证测试和发射倒计时运载火箭操作规程，V-20060。运载火箭子级承包商、地面支持设备操作人员，以及发射控制室中的几乎所有人员在发射倒计时期间按照此规程工作。马歇尔航天飞行中心的支持人员在调度通信系统上按照此规程工作。NASA 运载火箭测试指挥（调度代号 CLTC）按此规程进行指挥。对于"阿波罗"-11 任务，诺姆·卡尔森（Norm Carlson）是 NASA 火箭测试指挥。他负责指挥运载火箭各子级承包商的测试工作。
- 飞船倒计时规程，K-0007。此规程管理指令/服务舱和航天员工作，以及肯尼迪航天中心指令/服务舱 ACE 控制室、唐尼的罗克韦尔公司和休斯敦的载人航天器中心的工作。斯基普·绍文（Skip Chauvin）是 NASA 飞船测试指挥（调度代号 KSTC），他与查克·阿农（Chuck Hannon，罗克韦尔公司指令/服务舱测试指挥）一起按此规程进行指挥。

- 登月舱倒计时规程，KL-0007。由于在发射时登月舱处于无人、"睡眠"状态，所以该规程主要涉及登月舱最后的维护和管理工作。肯尼迪航天中心登月舱 ACE 控制室、格鲁曼公司和载人航天器中心相关人员按照此规程工作。弗里茨·韦迪格（Fritz Widig）是 NASA 登月舱测试指挥，格鲁曼公司测试指挥是马库斯·古坎德（Marcus Goodkind）。

- "阿波罗"/"土星"-V 发射任务规则文件，AS-506，K-V-05.10/6。在倒计时期间发生异常问题时，发射任务规则文件（LMRD）为发射指挥和发射人员提供相应的预案。

- "土星"-V 运载火箭应急规程，V-20056。此规程在紧急情况下使用。在"阿波罗"-1 火灾事故后，强制要求制定详细的应急规程。

所有倒计时规程文件都经过仔细的匹配。一份规程中的指挥口令与另一份规程中的指挥口令在两份规程文件的时间表上配合衔接。例如，在 T-15：00：00，飞船测试指挥（KSTC）向 NASA 测试指挥（CVTS）报告登月舱关闭，NASA 测试指挥然后通知运载火箭测试指挥（CLTC）登月舱关闭，运载火箭测试人员可以开始拆除 S-IVB 级中的工作平台。飞船测试指挥向 NASA 测试指挥的汇报口令分别列出在飞船倒计时规程和航天器倒计时规程中；NASA 测试指挥向运载火箭测试指挥的通报口令则分别列出在航天器倒计时规程与运载火箭检查和测试规程中。设置单独的规程易于管理，因为倒计时中每名参试人员不需要掌握任务所有的细节，这也不切实际。

倒计时规程很像一个脚本。最左边的列表示工作时间；接下来是发布指挥口令的调度通信系统频道；再下一列是事件相对于倒计时中其他同时发生事件的顺序；接下来是发布口令的人员调度代号；接下来是回应口令的人员调度代号，后面是详细备注；最后，在最右栏中列出了相关的检查和测试规程，或其他参考资料（图 9-1）。

提普·泰龙（Tip Talone）说："诺姆在调度上指挥火箭倒计时工作，根据规程下达各种任务的口令，与各承包商测试指挥交流。这项工作

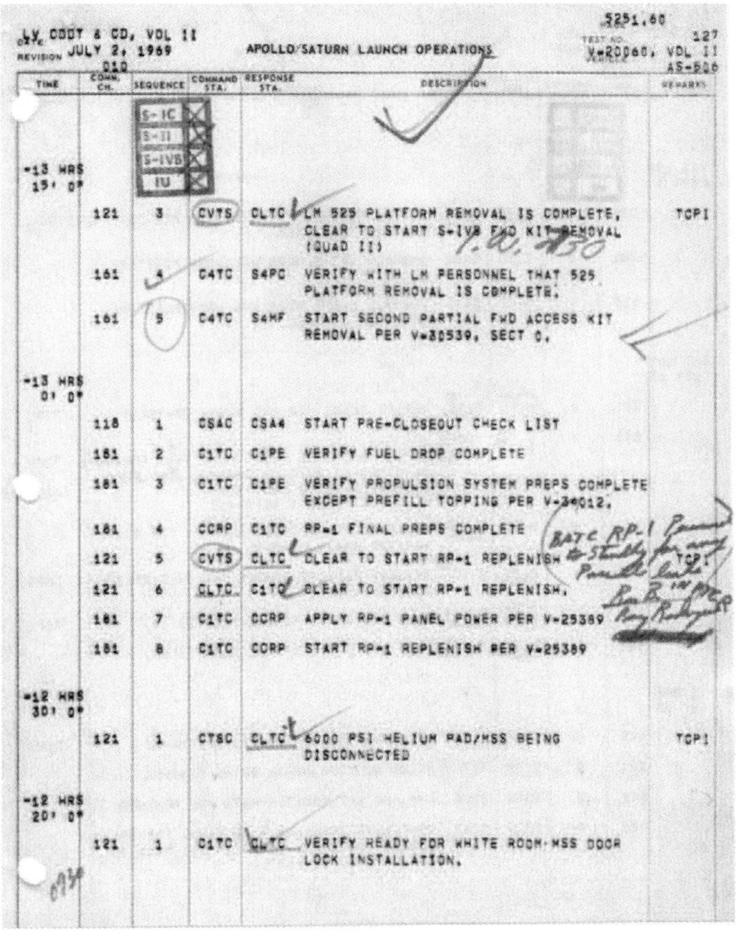

LV CDDT & CD, VOL II
REVISION JULY 2, 1969
010

APOLLO/SATURN LAUNCH OPERATIONS

5251.60
127
V-20060, VOL II
AS-506

TIME	COMM. CH.	SEQUENCE	COMMAND STA.	RESPONSE STA.	DESCRIPTION	REMARKS
		S-IC / S-II / S-IVB / IU				
-13 HRS 15' 0"						
	121	3	CVTS	CLTC	LM 525 PLATFORM REMOVAL IS COMPLETE, CLEAR TO START S-IVB FWD KIT REMOVAL (QUAD II)	TCPI
	161	4	C4TC	S4PC	VERIFY WITH LM PERSONNEL THAT 525 PLATFORM REMOVAL IS COMPLETE.	
	161	5	C4TC	S4MF	START SECOND PARTIAL FWD ACCESS KIT REMOVAL PER V-30539, SECT 0.	
-13 HRS 0' 0"						
	118	1	CSAC	CSA4	START PRE-CLOSEOUT CHECK LIST	
	181	2	C1TC	C1PE	VERIFY FUEL DROP COMPLETE	
	181	3	C1TC	C1PE	VERIFY PROPULSION SYSTEM PREPS COMPLETE EXCEPT PREFILL TOPPING PER V-30012.	
	181	4	CCRP	C1TC	RP-1 FINAL PREPS COMPLETE	
	121	5	CVTS	CLTC	CLEAR TO START RP-1 REPLENISH	TCPI
	121	6	CLTC	C1TC	CLEAR TO START RP-1 REPLENISH.	
	181	7	C1TC	CCRP	APPLY RP-1 PANEL POWER PER V-25389	
	181	8	C1TC	CCRP	START RP-1 REPLENISH PER V-25389	
-12 HRS 30' 0"						
	121	1	CTSC	CLTC	6000 PSI HELIUM PAD/MSS BEING DISCONNECTED	TCPI
-12 HRS 20' 0"						
	121	1	C1TC	CLTC	VERIFY READY FOR WHITE ROOM-MSS DOOR LOCK INSTALLATION.	

图 9–1 运载火箭测试指挥（CLTC）诺姆·卡尔森使用的“阿波罗”-11 任务运载火箭倒计时规程。在规程中，卡尔森画出了他的调度代号，并在某项工作完成时进行标记

相当复杂，必须进行演练，很多工作是交错的，所以每一件工作必须按正确的顺序进行，这是非常错综复杂的。”

泰龙介绍了他的工作和倒计时检查流程：

在“阿波罗”时期，我们轮班工作。我们这样的测试指挥助理有两三个。对于重要测试，如倒计时或倒计时验证测试，诺姆·卡尔森、吉恩·塞斯戴尔（Gene Sestile）、杰克·巴尔塔（Jack Baltar）或雷·罗伯茨（Ray Roberts）实际上负责最后部分倒计时工作。我们这样的下级人员负责第一部分工作，包括所有发射前的准备工作、各种设置工作，然后在发射前8～9小时，我们将指挥任务交给他们。在倒计时期间，我们中的一名测试指挥助理将坐在测试指挥旁边，辅助他处理一些外部事情。

如果你观察诺姆的倒计时规程，就会看到在每一步骤后面有两个标记。那表明该步骤已经按顺序完成，且没有发生错误。诺姆要求我完成的一件事情是，"每次我打电话和做标记时，你在我后面进行检查确认。"所以规程每一页都有两次检查标记，双重确认我们按正确顺序进行操作。

随着"阿波罗"/"土星"计划的进展，倒计时规程的规模和复杂程度都随之增加。"阿波罗"-4 运载火箭倒计时规程大约有 370 页，"阿波罗"-11 运载火箭倒计时规程则分成了 3 卷：

- 第一卷：倒计时前 —— T–130 小时至 T–28 小时（120 页）；
- 第二卷：倒计时 —— T–28 小时至起飞和发射工位安全处置（334 页）；
- 第三卷：取消发射（58 页）。

到"阿波罗"-17，倒计时规程增加到 4 卷，第 4 卷包含应急程序。最后一卷在"阿波罗"-17 倒计时中发挥了重要作用。弗兰克·布莱恩（Frank Bryan）说："整个 AS-501 规程只有 1 英寸厚，到'阿波罗'-17时，我们制定的规程越来越长。人们不断提出各种工作，他们认为我们应该将这些工作增加到规程中。格伦博士（Dr. Gruene）就是其中之一，他说，'你们应该有故障排除规程。'后来的倒计时规程增加了第 4 卷，就包括应急程序，非常近似于故障排除。'阿波罗'-17 应急程序包括在终端倒计时时序失效时我们应该采取的措施，我们将相应的操作文件放在 S-IVB 级有关部位。"

"阿波罗"-11 倒计时期间，杰克·金（Jack King）是"肯尼迪发射控制之音"的发言人，他在发射前彻底研究了规程，他解释说：

我总是使用提示卡。我非常感谢克莱德·内瑟顿（Clyde Netherton），可能没人记得他。他编写了飞船倒计时规程。在发射前几个星期，我会去他在载人航天器操作厂房的办公室。我们一起研究"土星"-V 倒计时规程。我会问，"这是什么？这里将干什么？"他非常耐心。每周下班后我们都会研究几次。

我把这些笔记记在卡片上，在倒计时每个特殊阶段我都做了笔记。我使用它们作为提醒，做了很多功课，对此很熟悉。感谢克莱德，我准备的很充分。在卡片上有几件事情我会用红墨水标出，如3分10秒的点火命令、转电和其他重要事件。

很高兴告诉大家，我留下的提示卡就是"应急程序"。如果要使用这张卡，我在上面有一些关于取消发射的工作注释，很高兴我从来没有使用过它。

9.4 子任务

子任务是通过引用并入倒计时规程的工作。当测试指挥通知某一任务或过程开始，相关人员按照相应的测试检查规程（TCP）来完成该任务或过程。例如，在"阿波罗"-11倒计时 T−08：59：00时，运载火箭测试指挥（CLTC）命令，"CLGK，通过 V-33033 对 LVDC/DA 加电，完成后报告。"这个调度命令指示火箭导航控制计算机的工程师（调度代号 CLGK）使用测试检查规程 V-33033 开始对运载火箭数字计算机和数字适配器进行加电。CLGK 工程师在控制台上放着打印好的V-33033 规程，收到测试指挥的命令后，他按照规程进行操作。约20 分钟后，当他完成了操作任务，报告测试指挥，"CLTC，我是CLGK。LVDC/LVDA 加电完毕。"

在发射控制室的运载火箭资料室有每一次倒计时规程和子任务的打印副本。每一子级的测试指挥在他的工作点都有与其工作相关的子任务规程副本。

飞船倒计时规程包括一些子任务规程，这些子任务涉及的工作有低温推进剂加注、自燃推进剂加注、设备安装、备份机组检查、指令舱开关清单、乘员进舱、关闭舱门、泄漏检查、拆卸白房子设备，等等。

9.5 发射任务规则文件

发射任务规则文件（LMRD）授权特定人员在发射任务出现意外情况时如何采取应对措施。如果发生异常事件，发射任务规则文件能减少需要实时决策的数量；如果在倒计时任务中出现意外，则该文件根据意外的严重程度,给出应对措施(如"继续监视""关机"到"中止飞行"等)的确切步骤。

在发射任务规则中,航天器和操作支持方面的事件根据它们对完成任务的重要程度,分为强制性、非常推荐和推荐三类。强制性事件对于完成主要任务或确保航天员安全和航天器控制至关重要;非常推荐事件有助于主要任务的完成,对于实现主要测试目标至关重要;推荐事件对任务有帮助但不是至关重要的。

发射任务规则还包括航天器或支持设备中某些关键参数的"红线"值。"红线"是系统或组件性能参数的上限或下限。如果读数超出"红线",则意味着系统或组件性能下降可能会影响任务。

艾克·雷杰尔(Ike Rigell)说,从早期发射任务得到的一个经验教训是,"红线"的数值不是唯一重要的,同样重要的还有该系统性能变化的趋势。在一次早期任务中,一个系统性能明显向失效发展,但其性能参数在 T-0 时刚好在"红线"内,测试工程师允许进行发射,起飞后不久系统出现故障,导致任务失败。在随后的发射任务中,测试指挥就会根据情况综合考虑,例如系统性能是否处在下限边缘,但性能保持稳定(可以正常发射),或性能处在下限但是发展趋势有可能突破下限(取消发射)。

发射任务规则文件中明确规定了参试人员的责任和权限,无法一一列举,总结如下:

- 指令长(航天员)、飞船测试指挥(肯尼迪航天中心)、运载火箭测试指挥(肯尼迪航天中心)、航天器测试主管(肯尼迪航天中心)、发射操作经理(肯尼迪航天中心)、发射指挥(肯尼迪航天中心)、飞行指挥(载人航天器中心)、国防部载人飞行任务支持部门主任和任务指挥(载人航天器中心)可以根据其责任范围内的情况发布任务"中断"命令。
- 任务指挥是唯一有权取消任务的人。
- 载人飞行任务的指令长在飞行中为了航天员安全,可以实施必要的行动(包括中止飞行)。
- 载人飞行任务时,在发射控制室,发射操作经理可以发出中止飞行请求信号。
- 载人飞行任务时,在休斯敦任务控制中心,飞行指挥、飞行动力学官员和发动机系统工程师可以发出中止飞行请求信号。

- 从起飞到火箭通过脐带塔顶部期间，发射指挥和飞行指挥一起负责发出中止飞行命令或请求。
- 当航天器飞过脐带塔顶部时，发射指挥将航天器的控制权完全交给飞行指挥。
- 国防部载人飞行任务支持部门主任在飞船返回溅落时负责回收任务。
- 指令长、发射指挥、飞行指挥、国防部载人飞行任务支持部门主任和任务指挥在其职责范围内，为了完成任务可以采取任何必要行动，这包括任务指挥可以根据协调情况和对当前局势的判断，对某一强制性事件进行降级处理等。

9.6　倒计时中断

倒计时不是从开始到起飞的一个连续不断的过程。倒计时期间，那些需要清空发射工位的危险性操作，或者为参试人员处理突发情况预留的时间段，都会打断任务进程。一切工作都是有时间限制的，使得目标 T–0 与发射窗口一致。

诺姆·卡尔森提出了预留时间段的概念。加里·鲍尔斯（Gary Powers）说，"诺姆将这个概念引入规程，预留时间段并不意味着你可以离开控制台去吃午饭，它意味着你正在紧急处理一些问题。"卡尔森说：

> 预留时间段的想法来自于我们想在整个流程时间轴上添加一些时段。它没有改变 T–0。它只是比规程实际时间多增加了一些。预留时间段是追赶进度的时间，以防止万一我们落后，而且还有应该完成的工作没有完成。

> 我们也希望倒计时期间工作尽量往前赶。倒计时流程中显示的某项工作的时间通常是完成它的最后时间。如果你可以提前完成任务，当然更好。

> 我认为在几次发射任务中，预留时间段挽救了我们。我们在倒计时中遇到一个问题，解决它用了 3 小时，几乎快超出预留时间段了。但是问题得到解决，我们不必使用计数时间来解决问题。

不在预留时间段期间，倒计时流程可能由于违反发射任务规则而被中断。根据具体情况和在倒计时中发生的时间，发射任务规则可以采取以下几种措施：

- 继续：继续倒计时程序。
- 中断：在指定时间中断倒计时。中断原因通常为天气情况、修理硬件或改正问题（例如从发射安控区域清理未经允许的船只等）。
- 中断点：中断倒计时的预定点。中断点通常设置在一个重要操作完成后和下一个操作开始前，航天器处于稳定技术状态并且能够保持该状态一段时间。它们可以是预留时间段或时间轴上可以安全暂停倒计时的其他时间。例如，在 T−00：22：00，S-II 级贮箱预冷前，就是一个可能的中断点。
- 循环：停止倒计时，返回到发射任务规则中前一个指定点。
- 关机：自动或手动停止终端倒计时时序的命令。这可能发生在时序器在 T−00：03：07 启动自动发射时序之后，和发射命令（T−0）之前，此时支撑臂已经释放且航天器开始运动。如果电子设备（地面或箭上的电子支持设备）检测到有一个联锁电路条件没有满足，则发出自动关机指令。发射控制室中负责 S-IC 级点火控制台的工程师也可以通过按下控制台上的红色按钮，手动发出关机指令。安控官员还可以使用"停火"命令发出关机指令。
- 取消：由于天气原因或无法在发射窗口内解决的技术问题，推迟当天的发射。
- 中止：入轨前通过飞船与运载火箭的分离来实现中止任务。
- 早期任务中止：入轨后对任务进行中止。"阿波罗"-13 任务就是早期任务中止的一个例子。

有许多因素影响着中断时间的长度，以及如何进行循环。弗兰克·布莱恩讲述了 S-II 级和 S-IVB 级贮箱与发动机开始预冷时，采取的"微妙平衡工作"（图 9-2）：

在"土星"-V 终端倒计时期间，S-II 级和 S-IVB 级的 J-2 发动机需要在 T−22 分钟时对贮箱和发动机舱预冷。贮箱预冷是为飞行期间贮箱内的液氢和液氧流动做准备。尽管地面供气系统向 S-IC/S-II 级间段泵入较高温度的氦气，但流经发动机舱的低温氦气仍然会将 S-IC/S-II 级间段冷却到非常低的温度。如果级间段温度过低，可能会影响其他组件（如电池）工作。

为了避免这种影响，在 S-II 级发动机舱冷却开始后，任务规则将倒计时中断限制在很短时间内。例如，在 T−8 分钟后，中断最大允许时间为 2 分钟。虽然规则可以保护设备，但是规

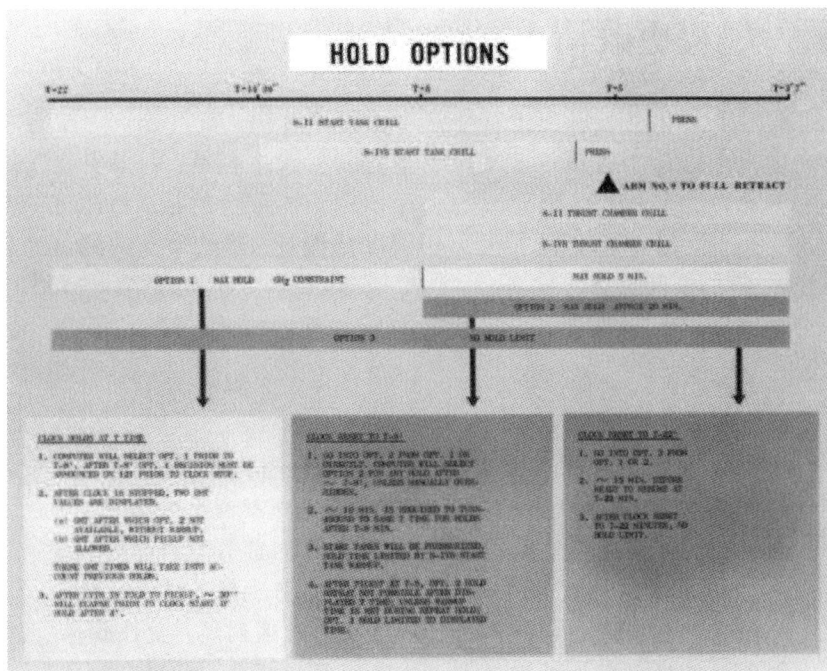

图 9-2　发射倒计时最后时段各时间点中断与循环的内容

则不允许发射指挥为了避免恶劣天气实施中断。

"阿波罗"-12 任务在雷电天气发射差点导致灾难后，发射指挥沃尔特·卡普莱恩（Walt Kapyran）责成我们与火箭设计人员合作，探索放宽任务规则和允许更长中断时间的方法。设计人员需要更好地了解级间段的温度环境，特别是 S-IC/S-II 级间段的温度环境。在经过多次会议研究后，为了收集数据，在"阿波罗"-13 运载火箭上进行了一次特殊试验。在倒计时验证测试期间，设计人员在级间段临时安装了温度探测器收集数据。

数据使我们能够放宽"阿波罗"-14 的任务规则，其中因为天气原因可以实施一个 40 分钟的中断。

由于选项的复杂，我将此图作为管理指南。此图被并入发射倒计时第 III 卷中。我们在"阿波罗"-17 任务中因为 S-IVB 级压力问题必须进行中断和循环时，就使用了它。

如果在运载火箭低温推进剂加注前实施取消，将根据飞船上低温推进剂状态和月发射窗口的情况选择推迟时间。

9.7　规程更改请求

有时，发生的问题只能通过更改规程来解决。布莱恩负责检查承包商提出的规程更改请求（PCR）。正常的检查过程是，如果更改在倒计时开始前获得批准，则更改的页面使用不同颜色的纸。在测试或倒计时开始前，所有的测试工程师必须进行检查，确认他们的测试文件使用的是正确的版本。

即使倒计时开始运行后，更改仍会继续。布莱恩说：

> 如果遇到问题，你不能只是独自决定采取什么不同的措施。你的规程更改请求必须得到批准。它可能需要很多批准，在倒计时期间可能需要获得 9 个或更多的批准。

> 一旦倒计时开始，波音公司可能会发布规程更改请求。负责规程的人员用一个备忘录进行记录，"把它们写到你的本子上。"没有时间修改和重新打印倒计时手册，不能确保每个人都拿到修改后的文件。如果在 T–9 小时后遇到规程更改请求，我们只是检查整个批准过程。波音公司的蔡斯·里德（Chase Reed）有一个签名的表格，他会把表格交给发射控制室中的每个人。

9.8　倒计时安全措施

对每一名在肯尼迪航天中心工作的人来说，发射日都是一个重大时刻，它是为期 6 个月的测试准备工作的高潮部分。参试人员在不同的工作岗位为发射任务而努力工作。

因为整个准备和倒计时需要大约 6 天时间，每个工作区域要安排人员轮班工作。在"阿波罗"-4 倒计时验证测试后，新制定了防止疲劳工作的规定，强制要求承包商员工每班工作时间不超过 10 小时。承包商和 NASA 对所属人员进行轮换调整，确保主要测试团队在发射倒计时最后阶段在岗工作。例如"阿波罗"-11 在清晨发射，主要测试团队在发射当天午夜后几个小时才上岗值班。至于非主要测试团队的工作，鲍勃·庞德（Bob Pound）说："在'阿波罗'时期，我相对比较年轻，发射时都是那些比我工作时间长的人在负责操作，我们这些年轻人实际上进行操作的时间比他们更多，因为发射时我们在半夜就开始进行检查和测试准备工作了。"

发射倒计时期间，弗莱德·科迪亚（Fred Cordia）在发射工位和发射控制室两处地方工作，他负责安排所属人员工作，在回忆倒计时人员安排问题时，他说：

> 发射控制室全天需要有人值守，所以我有足够的人员可以一天 24 小时负责关键控制台。不是所有的岗位都需要全天值守，但有些岗位需要。
>
> 我们还有另一个限制：一个人工作时间不能超过 10 小时，必须让他回家休息。这对计划人员是一个挑战，需要确保倒计时顺利进行、我们的人员精力充沛和每个岗位都有经验丰富的人员负责。如果一切按照计划进行，这还可以；但是，一旦遇到突发情况，时间表发生变化，那么不确定因素就会增加。因此，合理安排人员就变得困难、有趣和充满挑战。
>
> 主要原则是，当你开始加注推进剂，要安排主要测试人员上岗工作。这样，午夜时你的主要测试人员都在那里工作，他们可以工作 10 个小时，直到第二天早上约 10 点，然后就必须轮换他们。

在连续发射任务中，测试指挥和测试主管通常按照主/备方式轮换工作。

9.8.1 ACE 控制室

在发射倒计时期间，载人航天器操作厂房中的登月舱和指令/服务舱 ACE 控制室都挤满了工作人员。许多工程师按照主/备方式轮换执行任务。例如，鲍伯·西克（Bob Sieck）是"阿波罗"-10 和"阿波罗"-12 主要测试团队的指令/服务舱项目工程师，杰克·史密斯（Jackie Smith）则在"阿波罗"-11 任务中担任该角色。

斯基普·绍文是飞船指令/服务舱测试指挥。弗里茨·韦迪克（Fritz Widick）是 NASA 的飞船登月舱测试指挥。NASA 的雷蒙德·克林奈特（Raymond Klinect）负责管理 ACE 控制室 1 号房间（指令/服务舱），通用电气公司的厄尔·特纳（Earl Turner）负责提供支持；在相邻的 ACE 控制室 3 号房间（登月舱），尼文·鲍尔（Niven Ball）负责管理 ACE 系统，通用电气公司的埃里·西门（Eric Simon）负责提供支持（图 9-3）。

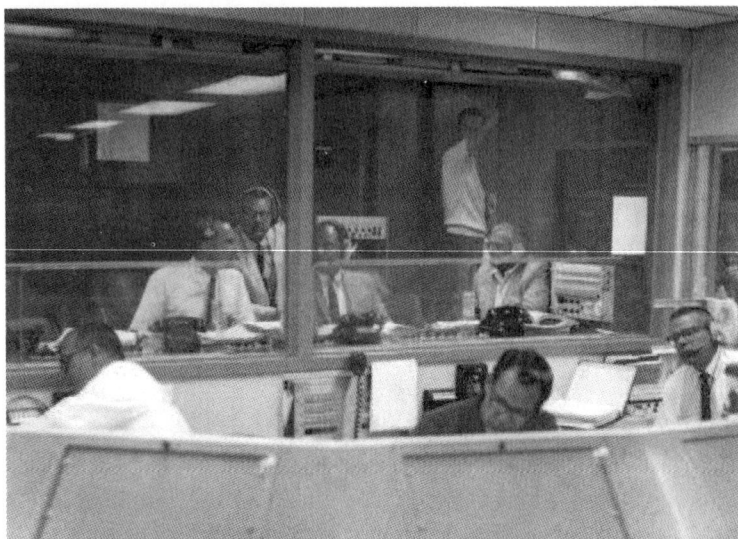

图 9-3 "阿波罗"-10 发射倒计时期间的 ACE 控制室（指令/服务舱）。玻璃墙后最左边的人是鲍伯·西克，前排穿深色衣服者是斯基普·绍文

9.8.2 发射工位

在发射倒计时过程中，发射工位的工作人员数量不断变化。当"官方"宣布倒计时从 T–28：00：00 开始时，火箭内还有很多工作要做，如连接电池、进行最后检测和取下所有的非飞行物品（工作平台、照明灯、飞行前的横幅等）。在箭体的每一个舱段，至少要安排一名 NASA 质量保证人员监督最后的工作。发射倒计时规程中的人员负荷表明确规定在特定时间段航天器每个舱段内允许同时工作的人员数量。发射平台/脐带塔中人员数量同样取决于正在进行的测试任务。

倒计时中的有些危险操作需要对箭体或发射工位部分区域进行清理。根据危险程度，清理的危险区域可能只是单个舱段，也可能是整个发射工位。这也是必须严格监控发射工位人员数量的原因之一。

推进剂加注时，需要清理发射平台/脐带塔基座内计算机设备间的工作人员。罗伊·撒普（Roy Tharpe）回忆说："我们准备好用氮气吹除代替空气吹除，不对航天器进行氮气吹除就不能加注低温推进剂。在发射平台里有些工作人员想坚持工作到最后，我们不得不马上让他们离开发射平台，安保人员报告，'这些人在发射平台内不出来!'我记得我在控制台上告诉他们，'保安，你拿枪对着他们，告诉他们立刻离开发射平台，我们将要登月，他们必须离开!' 他们最终离开了发射平台。"

在发射倒计时最后阶段，留在发射工位附近的人员只有白房子工作人员、航天员、安全人员和救援队。T-55分钟飞船舱门关闭人员撤离后，除非发生紧急情况，发射工位附近就只剩下航天员了。

9.8.3 其他支持操作

为了准备发射任务，肯尼迪航天中心还在进行其他支持操作。中继和跟踪测量船出航，准备监测运载火箭遥测数据；肯尼迪航天中心气象站发射气球监测高空风；通过健康稳定计划，将航天员与其他人员进行隔离，尽量减少航天员与其他人员的接触，以降低他们在飞行前遭遇感冒或其他疾病的风险（图 9-4）。

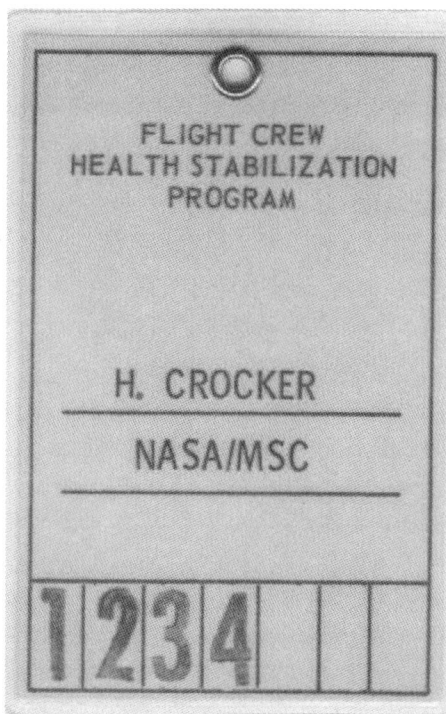

图 9-4　载人航天器中心医生休伊·克罗克（Huey Crocker）的"阿波罗"-16 健康稳定计划工作证。下面的数字对应于他可以与航天员见面的区域（1 代表载人航天器操作厂房三楼医疗办公室，2 代表任务支持办公室，3 代表换装区，4 代表航天员培训大楼乘员办公室）

公共事务办公室协调新闻发布会和对 NASA 主要官员与航天员的采访（航天员在玻璃墙后面接受采访）。新闻站和 VIP 室要接待许多来自世界各地的记者。贝弗利·梅里斯（Beverly Merrilees）和她的丈夫罗伯特就是肯尼迪航天中心自愿帮助新闻记者和 VIP 工作的数百名员工的代表。

9.9 准备开始：T−130 小时

"阿波罗"-11 倒计时准备工作于 1969 年 7 月 10 日 T−130：00：00 时开始。准备工作的重点是确保航天器和地面支持设备状态设置正确，在倒计时开始之前，一切准备工作就绪。一些所需的前提条件如下（图 9–5）：

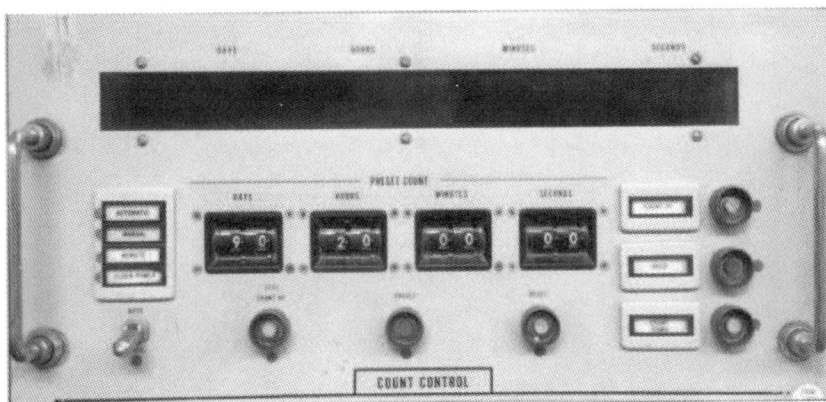

图 9–5 发射控制室中计时控制台

- S-IC 级中的 RP-1 煤油燃料处于正常水平；
- 环境控制系统向航天器提供空气；
- S-IC 级发动机维修工作平台升至发射平台第 0 层；
- 所有摆臂及工作平台伸展到位；
- 按照规程进行电气和机械准备；
- S-IVB 级辅助推进系统发动机、指令/服务舱和登月舱已完成自燃推进剂加注；
- 气动系统加压；
- 安全自毁系统密钥交付安控系统人员；

- 在脐带塔避雷器中安装磁环；
- 火焰导流槽移动到位；
- 辅助电源准备好；
- 数字数据采集系统和 DEE-3 计算机系统加电工作。

指令/服务舱在 T−130 小时通电并开始进行系统检查。对指令/服务舱和登月舱中的冷却水/乙二醇进行维护。登月舱和指令/服务舱中的氦气系统分别在 T−122 小时和 T−113.5 小时开始准备。

随着计时到达 T−113 小时，发射工位准备工作开始增加，对低温推进剂加注系统各部件进行压力检查和泄漏检测。

在 T−102 小时，运载火箭测试指挥要求各子级指挥执行开关扫描程序。弗兰克·佩诺维奇（Frank Penovich）说，开关扫描总是在 RCA 110A 计算机参加测试之前执行。110A 计算机要求发射控制室中控制面板上的开关处于特定状态，开关扫描将计算机在测试开始时检测到的开关状态与要求状态进行比对检查。乔·梅德洛克（Joe Medlock）说，"开关扫描是一项程序，一些重大事件如加电、循环等需要执行它。要求状态与实际状态之间的差异要打印出来，并且必须在开始前解决，差异往往是因为系统当天不需要按照测试模式工作等原因造成的。由于修改和变化，在此期间状态是动态变化的。"

弗兰克·布莱恩补充道，"开关扫描的主要目的，如同我们所关注的，是确保 110A 计算机看到的一切事物状态正确。"

在"阿波罗"/"土星"时期，开关扫描大约需要 15 分钟。相比之下，到航天飞机时期，地面计算机系统进行首次开关扫描仅需要 5 秒钟。

发射控制室和发射平台中的 RCA 110A 计算机准备工作经过验证后，火箭测试指挥在广播中宣布："地面计算机准备好。"波音、罗克韦尔、麦道和 IBM 等公司然后开始所负责的舱段加电并进行检查。只有在地面计算机运行时，航天器才能加电。

罗克韦尔公司开始用高压氦气吹除 S-II 级贮箱和加注管路。3 小时后，罗克韦尔公司开始利用系统传感器和计算机系统校准 S-II 级推进剂。波音公司在 T−95 小时开始对 S-IC 级加电。

RCA 110A 运行两个程序来检查 S-II 级的推进剂利用系统。程序 QALS 检查 S-II 级的推进剂液位传感器系统；然后，程序 QAPU 对推进剂利用系统计算机进行功能检查。

S-II 级推进剂利用系统采用电容探测器来测量贮箱内液氧和液氢

的容量。利用系统计算机是一个闭环系统，用于监测和调整飞行期间 S-II 级液氧和液氢的燃烧混合比，通过调节混合比使液氧与液氢能够同时耗尽。S-IVB 级也采用了类似的利用系统。里奇·罗比塔耶（Rich Robitaille）负责 S-II 级的利用系统。他描述该系统"几乎就像一个油尺，但是具有非常先进的电子设备，它由麦道公司设计，我们在 S-II 级上采用了该系统，就像 S-IVB 级一样，它们使用的都是液氧和液氢，并且在贮箱内都安装了探测器"。

在对爆炸桥丝点火单元进行功能测试后（该系统在必要时点燃炸药将"土星"-V 炸毁），开始从各个舱段拆除脉冲传感器。脉冲传感器在地面测试中用于接收爆震信号，并将接收到的信号传递回地面计算机。发射时，点火单元最终将连接到引爆桥丝（EBW）雷管。

发射前几天，航天员、任务测试指挥、飞船和运载火箭测试指挥参加飞行乘员协商会。这是最后一次审查规程和讨论相关问题的会议（图 9–6）。

图 9–6　在"阿波罗"-7 发射前 3 天，飞行乘员协商会在载人航天器操作厂房航天员会议室召开，左起：保罗·唐纳利（Paul Donnelly，右肘放在桌面者）、诺姆·卡尔森、未知人士、堂·菲利普斯（Don Phillips）、沃利·斯基拉（Wally Schirra）、沃尔特·坎宁安（Walt Cunningham）、斯基普·绍文、乔治·佩奇（George Page）、罗恩·伊万斯（Ron Evans）和多恩·艾西尔（Donn Eisele）等

9.10 预倒计时：T-93 小时

"阿波罗"-11 预倒计时从 T-93:00:00 开始，此时发布命令，要求所有无关人员在航天器安装火工品时离开发射平台第 0 层。发射平台基座清空后，活动服务塔最底层工作平台移动到位，用于 S-II 级最终检查。

当发射平台工作人员清理完毕，专家们开始安装 S-IC 级发动机高压点火器和反推火箭火工品起爆器。飞行中 S-IC 级反推火箭几乎与 S-II 级/S-IC 级分离爆炸装置同时点火。反推火箭将 S-IC 级推离 S-II 级，以降低碰撞风险。安装火工品时，发射工位需要实施无线电静默，以避免意外爆炸事故。安装完反推火箭火工品起爆器后，工作人员在 S-IC 级发动机整流罩前端安装保护盖。

T-89:20:00，清理发射平台周围半径 15 米区域和第 0 层电梯，以便交付航天器上其他火工品。从 T-88:30:00 开始，工作人员开始安装和连接火工品，包括反推火箭引爆桥丝雷管、支撑臂爆炸释放装置、火箭各子级分离火工品和 F-1 发动机上的点火装置等。在每个子级上安装安控爆炸装置（S&A）并进行测试。同时在指令/服务舱中安装火工品。

T-85:15:00，各子级承包商断开运载火箭各子级电源，然后进行清理检查。T-84:30:00 开始，进行为期半个小时的指令/服务舱远程电阻检查，ACE 系统测试所有飞船电路的电阻，确保没有短路。

发射工位在 T-84:00:00 结束无线电静默。随后 3 小时，运载火箭几乎没有什么计划中的工作。这为处理倒计时期间发生的问题提供了时间。RCA 110A 计算机进行 6 小时的维修工作。程序员将下一阶段操作使用的磁带装入计算机。

T-79:00:00，测试指挥再次宣布所有无关人员撤离发射工位。开始进行登月舱推进剂贮箱增压、登月舱氧气瓶维护和指令/服务舱氦气系统维护。通过维护将这些系统压力提高到飞行要求。这项工作在 T-66:30:00 结束，发射工位重新开启工作。

T-63:15:00，安装数字安控指令系统的编码插头。插针按照预先设置的图案插入编码插头。预设的图案是保密信息，每一次任务都会进行改变。安控官负责为运载火箭安控指令接收机提供飞行编码插头。

编码插头可以防止接收机收到伪命令。在冷战期间这是需要密切关注的事情。苏联拖网渔船，装载了大量的电子和无线电设备，在公海密切监测着肯尼迪航天中心的发射活动。安控系统频率（450 MHz）是众知周知的。NASA 和美国军方认为苏联很有可能发出虚假信号，让"土星"-V 火箭自毁，以此破坏美国的登月计划（图 9-7 和图 9-8）。

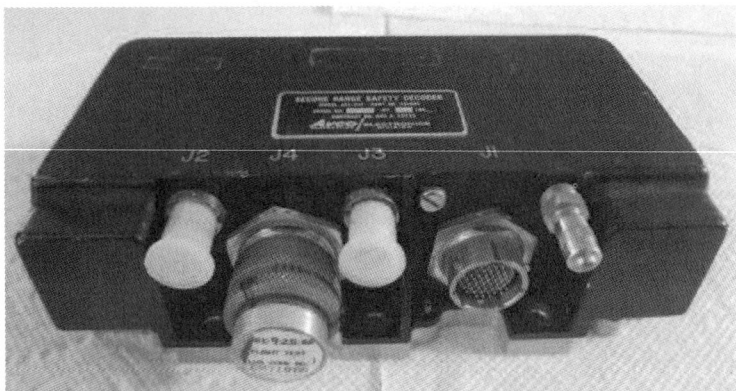

图 9-7　"阿波罗"和早期航天飞机时期使用的火箭安控解码机

图 9-8　安控解码机使用的编码插头和插针，将插针按照预先设置的图案插入插头，可以对设备进行编码，防止接收未经授权的自毁信号

在 T-62：00：00 检验飞行编码插头安装好之后，火箭发射指挥命令发射控制室 110A 计算机重新启动，再次进行开关扫描。运载火箭重新加电。发射团队确认脉冲传感器就位，所有控制面板开关设置为"auto"状态（除了 S&A 开关设置为"safe"状态，安控指令接收机设置

为"off"状态）。然后发射指挥命令承包商对安全自毁系统进行一系列闭环测试，验证系统是否正常，并且安控指令接收机将自毁信号传送到各子级的引爆桥丝。在 T-59：45：00，测试指挥通知系统安全员将自毁系统密钥交给运载火箭网络面板操作员（CLVN），然后该操作员对火箭接收和响应关机命令的性能进行测试。测试结束后，安全自毁系统密钥交回系统安全员。然后各子级再次加电。

T-57：00：00，白房子从指令舱摆开，技术人员安装发动机保护罩。4 小时后，白房子重新与飞船连接。

T-48：30：00，NASA 测试指挥（CVTS）命令所有无关人员撤离适配器、仪器舱和 S-IVB 级前端区域。工作人员开始对登月舱氦气罐进行加注。氦气罐中的氦处于高压低温液态。氦气罐在飞行中为登月舱下降发动机推进剂系统提供高压氦气。由于在加注低温液氦时需要在温度和压力之间保持微妙的平衡，所以氦气罐要进行一天的准备、预冷工作，然后才可以加注。

承包商开始激活电池，在飞行过程中，这些电池为火箭所有内部系统供电。S-IC 级中有 2 块银锌电池，S-II 级、S-IVB 级和仪器舱中各有 4 块银锌电池。

罗克韦尔公司开始激活服务舱的燃料电池。杰克·史密斯解释说：

> 燃料电池必须在发射工位上激活。"阿波罗"任务的燃料电池，你必须慢慢加热融化氢氧化钾。如果加热太快，它会破裂。控制台操作人员慢慢进行加热，加入适量气体，激活燃料电池工作需要一天半的时间。当你完成一项测试任务，还需要对它们进行冷却，冷却至少需要一天半时间，才能保证电池恢复到正常状态。这就是为什么在"阿波罗"-13 事故时，航天员们说，如果关闭了燃料电池，他们将无法重新启动它们。

T-44：00：00，工作人员开始第一次查看发射平台/脐带塔，确保一切正常。发射平台/脐带塔中的地面计算机操作人员对发射平台数字检测设备系统进行测试。

T-41：00：00，发射工位区域再次清理，进行指令/服务舱低温贮箱维护。除了发射平台 RCA 110A 计算机维护人员可以留在发射平台基座内，所有其他无关人员必须撤离以"土星"-V 火箭为中心半径335m 的区域。约 9 小时后，低温贮箱维护工作结束，如同登月舱反作用控制系统加注工作一样。发射工位再次重新开启工作。

这段时间没有安排太多工作，发射团队可以利用其处理突发问题。电池交付到发射工位。每个人都打起精神准备发射倒计时的最后阶段。

9.11 倒计时开始：T−28 小时

官方倒计时开始于 T−28：00：00。运载火箭工作人员开始使用倒计时规程的第二卷，按照本卷规程实施发射。

接下来的半小时，发射平台/脐带塔 1 号电梯专用于运送飞行电池。14 块电池，每块重 75 千克，需要运到脐带塔不同塔层。电池安装工作需要几个小时。

T−27：30：00，承包商和 NASA 的质量检查员开始查看 S-II 级和 S-IVB 级发动机区域。弗莱德·科迪亚说：

> 在 S-II 级，我认为 S-IC 级也一样，我们 3 个人进行查看：仪器－遥测监督员、机械－动力－供气监督员，和电子设备监督员，就是我。此时倒计时正在进行。在允许推进剂加注前，我必须签署一个表单，证明我已经查看过级间段、前端和尾端，通过目测检查，火箭状态已准备好。对于每次"土星"-V 发射任务，我是负责最后检查舱段的两三个人中的一个。
>
> 倒计时期间检查时，有很多飞行前需要取下的红色标签，工作平台也必须撤除。他们在上面留了很少的工作平台，让你可以借助工作平台看到电子设备、遥测仪器箱，所以你可以看到红色标签已被取下。谁也不希望在起飞时火箭里留有一个红色标签，否则你就倒霉了！那样有些设备将不能正常工作。查看后，你必须将火箭内所有工作平台撤除，并通过摆臂将它们拿出来。

T−26：15：00，发射控制中心备用（第二）发射控制室开始进行准备。备用发射控制室中的人员可以监测发射倒计时工作的状态。如果主份发射控制室计算机系统发生故障，关键状态信息会显示在备用发射控制室中。然而，没有办法将发射控制操作切换到备用发射控制室。如果倒计时期间发生停机，首要考虑的是，让主份发射控制室中的工作人员能够绕过计算机使用直连线路将航天器和地面支持设备置于安全状态。备用发射控制室状态监测人员可以验证系统是否正确响应，并将信息传递给主份发射控制室中的工作人员（图 9-9）。

图 9–9　"阿波罗"-11 备用发射控制室出入证。证件背面表明持有该证件的人员坐在 BB9 号控制台，负责监视仪器舱选择开关

　　T−26：00：00，撤除 S-II 级后端级间段工作平台，降低 S-IC 级发动机维修工作平台以准备发动机偏转测试。

　　T−24：50：00，RCA 110A 计算机再次进行开关扫描。发射团队确认计算机工作正常，且所有电池都已经安装好之后，在 T−24：00：00 火箭加电。T−23：30：00，仪器舱中的火箭数字计算机、数据适配器和飞行控制计算机加电。

　　T−23：15：00，向仪器舱发出命令，允许指令舱控制"土星"-V 火箭。从载人航天器操作厂房 ACE 控制室，ACE 系统通过飞船计算机发出一系列指令，指令舱通过箭载计算机/火箭数据采集器和飞行控制计算机向 S-IVB 级辅助推进系统发送转控命令。在确认辅助推进系统转控电路接收到来自飞船的命令后，试验结束，仪器舱回到原工作状态，禁止飞船控制运载火箭。

　　启动运载火箭上的控制指令接收系统，为 RCA 110A 计算机运行程序测试飞行控制系统接收无线电指令做准备。在 T−22：20：00，测试程序开始运行。测试程序自动通过无线电指令控制 S-II 级发动机偏转，然后对 S-IC 级发动机进行同样的操作。T–21：45：00 测试结束。

IBM 和波音公司的代表与 NASA 的质量检查员开始查看他们负责的舱段。安装 S-IC 级底座防热罩。

控制指令接收测试结束后开始进行遥测检查，确保中央仪器设备处理中心能够接收到航天器遥测数据。

仪器舱中的 ST-124M 导航平台加电，为经纬仪测试做准备。逃逸塔顶端的 Q 球也为经纬仪测试进行加电。

T–21：30：00，格鲁曼公司发射工位领导协调关闭适配器。在适配器关闭之前，清理适配器和仪器舱区域，以便对登月舱氦气罐进行加注。

9.11.1 电源转换测试

T–21：15：00，开始电源转换测试。仪器舱控制台操作员在控制面板上选择"S-IC Burn"命令，然后突发防护系统/陀螺仪控制台操作员命令 S-IC 发动机偏转到某一位置，在飞行时该偏转位置将导致火箭以 10 度/秒的角速率滚动。操作员在整个电源转换测试期间保持该偏转位置（图 9–10）。

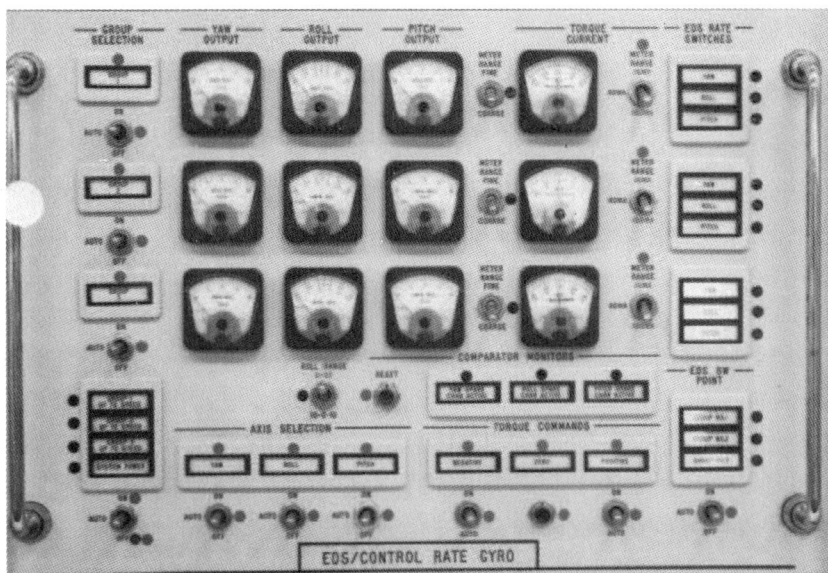

图 9–10　位于发射控制室 BD 排的突发防护系统/陀螺仪控制台。"土星"-V 火箭在垂直总装厂房或发射工位时，该控制台操作员可以发出命令，控制"土星"-V 发动机转动

测试指挥询问各子级电源转换测试是否准备好。RCA 110A 计算机然后运行 VAPX 程序，测试运载火箭从地面供电转到内部（电池）供电的能力。各子级使用内部电源 30 秒，然后每个子级的网络控制台操作员拨动开关将各子级转回地面电源。工程师分析各种系统测试数据，确认电源转换期间没有意外的毛刺，且一切设备能够连续运行。弗兰克·布莱恩说：

> 飞行电池在工作台上激活，然后进行负载测试，拿到发射工位，安装并连接。我们在所有子级和仪器舱上进行电源转换测试。这是非常关键的测试：确保飞行电池能够承担负载，所有系统可以在电池供电情况下工作。
>
> 在计划早期，S-IVB 级一块电池坏了，因为电池已经安装，我们讨论电池到底应该归谁。麦道公司一名技术人员上去进行了检查，他感觉到一块电池非常烫，这是不应该的。电池彻底失效了，所以他很快拆下电池。他把电池从箭体内拖出，放进电梯，扔在发射工位斜坡上，然后悠然离开。他说，"NASA，它现在是你的了！"没有人想接收它。我们写了一个紧急程序来处理它。

T–21：00：00，开始对仪器舱机械系统和发射平台/脐带塔电子系统进行检查。技术人员在适配器中安装进入登月舱的扶梯，用以安装最后的飞行装备。

T–20：35：00，计算机开始运行 S-IC 级发动机飞行控制系统增益测试程序（CTC1）。计算机向第一子级发送命令，控制发动机正/负俯仰，然后正/负偏航。完成该测试后，计算机对火箭突发防护系统进行测试。测试完毕，导航平台断电。

从 T–19：45：00 开始，计算机运行 FT-25 程序，即一系列离散输入测试。首先，测试人员坐在指令舱中指令长位置上，拨动一系列开关，同时发射控制室中的测试人员观看 CRT 显示器，确认计算机是否能接收并识别指令。RCA 110A 计算机读卡器重新加载程序卡片后，测试人员再次运行测试，检测箭载计算机接收发射控制室发出的子级逻辑复位命令的能力。

T-19：00：00，开始检查发射工位。工作人员将发射工位无关设备撤除。从 S-II 级发动机舱中取出最后的非飞行设备（如工作平台和工作灯）。工作人员固定 S-II 级尾端舱门，然后清理 S-II 级前端。负责摆臂系统的工作人员开始射前准备。此时，登月舱氦气瓶加注工作结束。从 T-18：00：00 开始，登月舱工作人员检查登月舱起落架探测器上的月球接触开关。

从 T-17：45：00 开始，工作人员拉下支撑臂安全销。拆除尾端服务杆周围的服务工作平台。降低发动机维修工作平台，放置到发射平台下方的运输车上。拆除 S-IC 级底部周围的其他工作平台。

T-17：00：00，S-II 级泄漏检测控制台操作员向发射平台/脐带塔发出指令，确保泄漏检测设备工作正常。1 号、5 号和 6 号摆臂上的液压系统加压，30 分钟后，2 号、4 号和 7 号摆臂上的液压系统加压，在 T-16：00：00，8 号和 9 号摆臂上的液压系统加压。发射平台/脐带塔上的塔吊锁定在发射位置（与发射平台到火箭的连线垂直）。

9.11.2 安全自毁系统测试

T-16：00：00，安全自毁系统开始进行测试。首先，在系统安全开关设置为"off"状态下，运行开环测试。T-15：30：00，进行闭环测试。运行测试前，各子级工程师确认火工品上已经安装了短路插头，爆炸装置未连接到引爆线路上，安全自毁系统安装了与发射控制室构成回路的跳线。这些预防措施可以防止测试期间发生意外情况，因为闭环测试要对自毁指令电路加电。

T-15：35：00，仪器舱发射工位领导监督 Q 球保护罩的安装。航天器矗立在发射工位的大多数时间里，Q 球处于活动服务塔密封舱内。活动服务塔撤离前，在 Q 球上安装一层泡沫保护罩。

波音公司的戴维·绍姆坡（David Shomper）负责安装和操作 Q 球保护罩回缩系统。Q 球保护罩通过电缆连接到发射平台/脐带塔的一个机构上，该机构在倒计时结束时将保护罩拉掉。绍姆坡回忆说：

> 因为我是一个新人，这项工作交给了我。火箭矗立在发射工位时，Q 球顶部必须有一个保护罩，以防止海鸥进入传感器孔，这个保护罩需要在 T-8.9 秒时去掉。保护罩收缩系统是一个非常傻瓜的系统，它靠一个重物坠落，来切割聚苯乙烯泡沫保护罩中间的连线，然后将分成两半的保护罩拖离火箭。我

的工作中可怕的一部分是沿着发射平台顶端的吊车过道行走，将电缆从发射平台/脐带塔连接到逃逸塔顶端的保护罩上。吊车过道两侧是开放的护栏，所以可以直接看到地面——如果你敢看的话。我猜那差不多离地面有 150 米高。

Q 球保护罩切割 – 收缩系统取代了原来繁琐的拆卸过程。原来拆卸过程需要对 Q 球保护罩充气，使其从逃逸塔尖端掉落，原来的系统有太多的活动部件，需要将空气输送到 Q 球保护罩，如果供气系统失效，还必须有备份系统。后来的切割 – 收缩系统依靠重力完成这项工作，因此更加简单和可靠。

9.11.3　登月舱关闭

"阿波罗"-11 登月舱氦气瓶加注完成后，此时在登月舱安装最后两件设备：旗标和标牌，这两件设备贴在登月舱前（+Z）支腿上。旗标紧贴在左侧（面向登月舱时）梯子后面。纪念标牌固定在梯子的第三和第四级（从下向上数）之间（图 9–11、图 9–12 和图 9–13）。

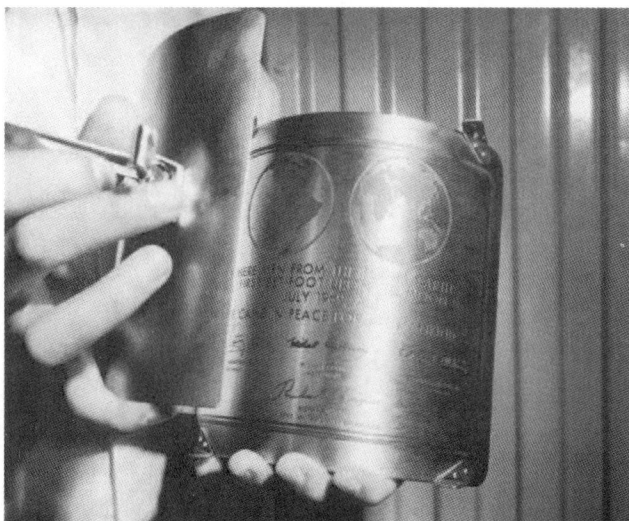

图 9–11　格鲁曼公司技术人员乔·冯克（Joe Funke）手持"阿波罗"-11 任务 LM-5 的纪念标牌

图 9-12　格鲁曼公司技术人员肯·克罗（Ken Crow，上）和乔·冯克在"阿波罗"-16
登月舱上安装纪念标牌。他们正在适配器内操作

图 9-13　安装好纪念标牌的登月舱视图。可以看到左侧适配器的电缆，适配器内部
工作空间狭小

恩尔尼·雷耶斯（Ernie Reyes）回忆说："乔·冯克是照片中拿着标牌的格鲁曼公司技术人员，他有一双钢琴家一样的手！标牌上有航天员的签名，临射前，尼克松总统看到标牌后，他说想把自己的名字也增加上去。我们不得不把所有的工作平台留在适配器中，等待标牌安装。这些人说：'在你们拆除工作平台前能给我们多少时间？'我说我们已经开始拆除了，他们问我们能不能延迟到明天拆除？'我们还有一面美国国旗，休斯敦决定设置一面国旗，我们唯一可以放置它的地方就是在梯子上。'"

在"阿波罗"-11之后任务中，这一时段是在登月舱上安装为辐射热发生器提供动力的钚桶的时间。钚桶将热量散发到太空之前，需要通过仪器舱的通风系统进行冷却（图9–14）。

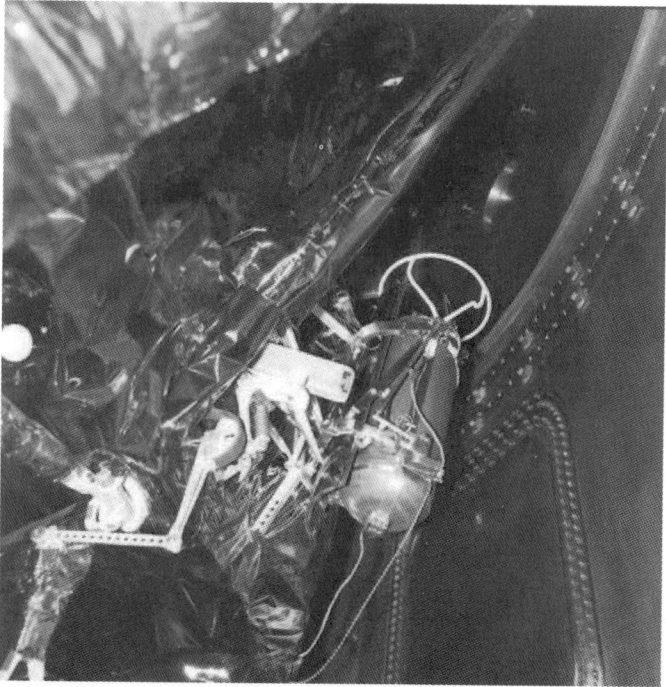

图9–14　"阿波罗"-17登月舱上安装的钚桶（带白色圆环者）。这张照片于发射前检测期间在适配器内部拍摄

T−13：15：00，清理发射平台第 0 层，准备 S-IC 级 RP-1 推进剂补充加注。拆除适配器中的工作平台，现在登月舱中的工作已经完成。关闭从白房子到活动服务塔上层平台的舱门。

T−12：00：00，允许收回 3 号摆臂（S-II 级尾端）。该摆臂与火箭没有电缆连接，仅用于人员进出 S-II 级发动机舱。此时已不再需要进入 S-II 级发动机舱，除非发射任务被取消或设置循环。

波音公司在发射控制室的 S-IC 级时序控制台操作员从系统安全员那里得到控制台的钥匙。操作员测试终端计时器加电程序，然后关闭控制台并将钥匙交回系统安全员。

T−11：45：00，除了在指令舱中工作的人员，所有无关人员从航天器内撤离。在 T−11：30：00，发射工位实施无线电静默。各子级确认安全设备开关状态设置为"safe"。安全设备具有一个转子系统，转子转动时可以连接或断开爆炸装置。安全设备转子上做有标记，地面工作人员通过标记可以知道安全设备处于什么状态。子级测试指挥指导工作人员开始安装自毁装置，如果飞行时遇到紧急情况，自毁装置将炸开火箭贮箱。在 S-IC 级、S-II 级和 S-IVB 级中安装引爆桥丝和雷管。RP-1 煤油补充加注完毕。

T−11：15：00，工作人员断开活动服务塔与发射工位服务设施的连接。到 T−10：50：00，将活动服务塔放置在履带运输车上。

T−11：00：00，对支撑臂爆炸释放机构进行测试，确保主/备系统工作正常。T−10：45：00，关闭 S-IVB 级和仪器舱，然后关闭 S-IC 级。S-II 级在 T−10：15：00 关闭。仪器舱检修舱门在 T−09：45：00 关闭。各子级舱门关闭后，收回摆臂。

9.11.4 撤离活动服务塔

T−10：15：00，履带车开始将活动服务塔撤离发射工位。在撤离过程中，工作人员站在活动服务塔或发射平台/脐带塔上，最后一次拍摄发射前"土星"-V 的照片。有趣的是，下面的两张"阿波罗"-11 的照片都拍摄于 1969 年 7 月 15 日下午，一张照片从发射平台/脐带塔拍摄，另一张从活动服务塔拍摄。在两张照片中，位于白房子顶部的一名工作人员几乎处于相同位置，还可以看到活动服务塔上层的摄影师正在调整三脚架上的相机（图 9–15、图 9–16 和图 9–17）。

图 9–15　"阿波罗"-11 倒计时期间，活动服务塔撤离时拍摄的活动服务塔工作平台。一名工作人员坐在 9 号摆臂末端的白房子顶上（图左），还可以看到在活动服务塔上层有一名摄影师和架着三角架的相机，以及逃逸塔顶上 Q 球保护罩和回缩电缆

图 9–16　在活动服务塔撤离期间，从活动服务塔上层拍摄的"阿波罗"-11 航天器和脐带塔。这张照片与图 9–15 几乎同时拍摄

图 9–17   "阿波罗"-13 任务活动服务塔撤离期间拍摄的航天器和发射工位 A

断开次级阻尼系统（连接脐带塔与 S-II 级），活动服务塔开始移动后，连接脐带塔与逃逸塔之间的主要阻尼系统。履带车和活动服务塔撤离后，将发动机维修工作平台拖到发射工位坡道停放处，靠近经纬仪。工作人员关闭发射平台第 0 层尾端服务杆（图 9–18）。

图 9–18   "阿波罗"-8 任务中，移走 S-IC 级发动机维修工作平台

　　T–10：00：00，发射控制室开始远程操作泄漏检测设备。麦道公司开始对 S-IVB 级中可校准压力开关（calips）的操作进行验证。该压力开关是反推火箭的重要组成部分，用于重新启动 S-IVB 级发动机进行月球轨道转移。

　　在 T–09：00：00 前几分钟，各子级和摆臂进行撤收前的机械清理。对发射平台/脐带塔进行最后一次查看。质量控制人员确认仪器舱和 S-IVB 级所有飞行前拆下的飘带均已取出，对这些飘带进行单独编号，登记在标签日志中。日志中没有登记的飘带被认为仍然留在箭体内。在批准发射前，必须对缺失的飘带进行调查。

　　在卡纳维拉尔角空军基地早期，洛克·佩特龙（Rocco Petrone）有一次在发射前发现地面上有一根飘带，随后他建立了飘带编号登记制度。在不知道飘带来自何处的情况下，就没有办法确定运载火箭飞行状态是否正确（图 9–19）。

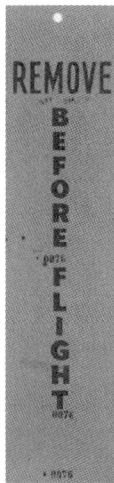

图 9–19　罗克韦尔公司的"飞行前拆除"飘带

　　T–09：00：00，计时进入 6 小时预留中断期。这是一段非计划工作时间，在此期间工作人员可以解决之前遇到的问题。

　　有趣的是，随着后续任务中检查测试越来越计算机化，这个中断期长度不断增加。到"阿波罗"-17 任务，在 T–9 小时，预留中断期长达 9 小时 53 分钟。

9.12 花絮: S-II 级传感器短路

弗莱德·科迪亚回忆起倒计时期间推进剂加注前发生的一个问题。造成问题的原因不是"土星"-V 火箭 S-II 级本身，而是一个拙劣的测试设备，该问题几乎推迟了发射。

C7-55 泄漏检测单元将氦气在 S-II 级液氢贮箱周围的绝缘层中循环，C7-55 上的质谱仪分析循环气体，确定其是否含有氢气，如果有则表明贮箱某处有泄漏。与发射平台/脐带塔和"土星"-V 火箭上的其他一些设备相比，该单元是一个相对简单的设备。在此次倒计时中，罗克韦尔公司制造的该单元不能正常工作。科迪亚说:

> 似乎是该单元内部接地电路中有一处短路，该单元在脐带塔 160 英尺标高处。不解决短路问题，该单元根本无法使用。
>
> 我记得那天晚上来到脐带塔 160 标高处，灯光照亮整个"土星"-V 火箭。我和 NASA 最好的排故工程师一起试图找到导致短路的电线或连接。也讨论过不使用该单元可能带来的风险等等。我们得到了发射团队所有人的关注，包括发射操作指挥洛克·佩特龙。这可不是你想要的那种关注。
>
> 倒计时在进行，我们越来越接近对 S-II 级液氢贮箱检查放行点。S-II 级测试指挥 (C2TC) 不能在没有进行泄漏检测的情况下，给发射测试指挥一个放行信号。当我们到达检查放行点时，整个发射任务都在等待第二级，更具体地说，都在等待我和我的工程师们! 毫无疑问，这是我压力最大的时刻!
>
> 几名罗克韦尔公司的工程师和技术人员轮流进入该单元，他们拿起电线或移动物体，但没有成功。NASA 的一名工程师，鲍勃·布洛克尔 (Bob Blocker) 说:"让我试试。"他进入了该单元，在经过似乎很长一段时间后，找到了罪魁祸首。我们在外面监测地面电路，有人喊道，"故障消失了!"
>
> 布洛克尔通过反复拽拉导线验证了短路问题。所有正在观看排故的人都在欢呼。鲍勃挽救了这一天! 鲍勃是一个不起眼的同事，他需要的唯一奖励就是让设备能够正常工作。
>
> 这是倒计时期间幕后发生的插曲，它从来不像在电视上看到的那样顺利。重要的是谁也不想出这种风头，让整个"土星"-V 倒计时工作中断下来等你!

9.13 推进剂加注：T−9 小时

7 月 16 日星期三，"阿波罗"-11 主要测试团队人员开始前往肯尼迪航天中心。对他们中很多人来说，发射前深夜驾车前往肯尼迪航天中心是永生难忘的一个时刻。即将发生的具有历史意义的发射任务，以及成千上万的观众，都让他们对这段旅程永生难忘。

里奇·罗比塔耶清楚记得那天晚上："倒计时已经进行 4 天时间了，我回家睡觉，然后回来参加早晨的发射，我必须在凌晨 2 点钟到达。我住在梅里特岛上，沿着 3 号国道开车。从 20 英里开外看，'土星'-V 就像一支铅笔，随着距离越来越近，看得越发清楚！就要准备发射倒计时了，他们正在进行加注，你可以看到液氧蒸气冒出来，这一切令人难以置信。"

杰克·金回忆说：

> 在"阿波罗"-11 发射前的那个晚上，有几十万人在看发射。洛克让直升机待命，以防交通拥堵时可以用直升机把关键参试人员送到发射控制室。我永远不会忘记那天晚上开车出去。我吻别了我的妻子，来到一家咖啡店，买了一杯咖啡和甜甜圈，沿着公路穿过大门，朝着卡纳维拉尔角的南门开去，那里到处都是汽车，我甚至看不到泻湖。
>
> 我习惯穿过坡道，经过现在称为罗伊桥的桥梁。那里没有人。我把车停在离马路大约半英里远的地方，可以看到对面的泻湖，"土星"-V 在灯光下非常醒目。我站在那里欣赏了 5 分钟，然后钻进汽车，前往发射控制中心。

乔治·英格丽史（George English）对"阿波罗"-11 最深的印象是，他和 NASA 管理人员搭乘直升机前往肯尼迪航天中心参加发射任务，早晨前往发射控制中心时，直升机围绕着发射工位盘旋，"土星"-V 就静静地矗立在发射工位上。

9.13.1 最后阶段的准备工作

发射团队主要成员来到了发射控制室，与上一班同事进行了工作交接，开始准备接管任务。罗比塔耶说，人们前往肯尼迪航天中心的兴奋和期待很快就被手头的工作所替代："进入发射控制室，除了你的控制台，好几个小时看不到任何别的东西，你看不到窗外，因为背对着窗

户。"（图 9–20 和图 9–21）

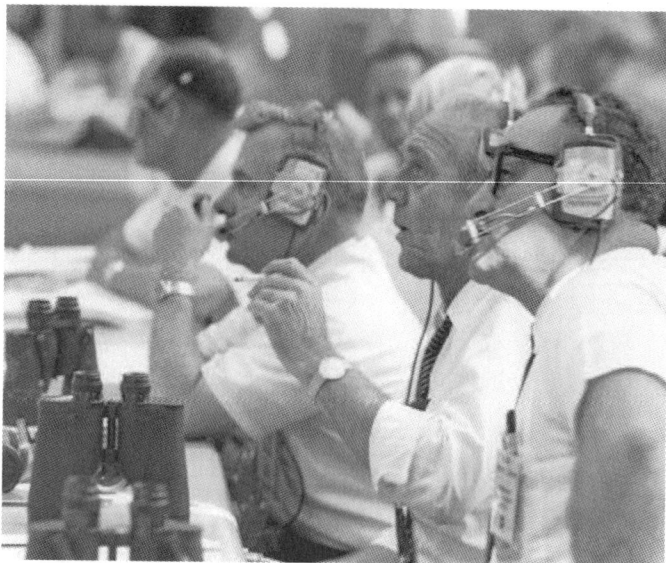

图 9–20　肯尼迪航天中心管理人员参加"阿波罗"-11 倒计时工作。右起：洛克·佩特龙、库尔特·德布斯（Kurt Debus）和沃尔特·卡普莱恩（Walter Kapryan）

图 9–21　"阿波罗"-11 发射控制室通行证

在发射控制室工作不是一个很有趣的经历。在以前的测试中，有人在控制台边吃东西，甚至把咖啡洒到控制台上，为此洛克宣布食物和饮料不能带进发射控制室。这与"阿波罗"/"土星"计划早期在LC-34和LC-37发射场的做法不同。弗兰克·佩诺维奇回忆说："事情的变化很有趣，我们在LC-34/37发射场参加发射任务时，常在桌子上放置丰盛的食物，有火腿、火鸡、各种午餐肉和土豆沙拉，几乎像一个聚会。在LC-39发射场参加发射任务时，这一切逐渐就没有了。发射控制室没有任何食品。洛克宣布在发射前10分钟不允许在发射控制室抽烟，他说，'不准抽烟。'有人说，'好吧，但德布斯博士正在发射控制室抽烟！'洛克回答，'德布斯不归我管。'"

罗伊·撒普谈到他如何学会应对发射控制室的限制：

> 我去NASA上班后才开始喝咖啡并学会了抽烟。我也开始不正常吃饭，可以只靠一杯咖啡和一包饼干顶着，我们每4个小时可以休息10分钟，摘掉耳麦，跑到头喝一杯咖啡。在"阿波罗"计划早期，我们还可以带一杯咖啡回发射控制室，但有些家伙把咖啡洒在了控制台上，然后就不允许带咖啡了。所以从那时起，我们不能把咖啡带回到发射控制室。我们学会了在10分钟休息时间内，去卫生间喝一杯咖啡，吃一包饼干，然后回到控制台。

杰克·史密斯回忆说："发射日有一件事困扰着我。在倒计时特定时间点，他们会把发射控制室锁上，你就没法出去了。除了发射完毕或取消发射，你没有足够的理由离开发射控制室。所以在那之前，你要做的最后一件事就是去卫生间。"

查克·麦凯克伦（Chuck McEachern）说："我在发射控制室参加过多次发射，真没有很多乐趣，你必须坐在那很长时间，有时这是一个挑战，有时这也令人沮丧，因为很多时候你没有太多事情可做，除非你发现了一个泄漏或其他什么事情。"

在点火起飞之前几小时，佳宾们开始进入发射控制室和参观区。美国副总统斯皮罗·阿格纽（Spiro Agnew，由于他对太空计划的大力支持，在发射控制室里被许多人称为"英雄的斯皮罗"）几乎参加了每一次发射任务。科迪亚说："我们准备在23点加注推进剂，阿格纽就会出现在那里，他会整晚待在那里，戴着耳麦收听发射程序。我不知道他对发射任务真的了解多少，显然不是很多。有一次他从卫生间出来遇到我们，他说：'我搞不明白那个东西，我真不知道你们是怎么做到的!'"（图 9–22）。

图 9–22 "阿波罗"-9 发射后，美国副总统斯皮罗·阿格纽（左）与沃纳·冯·布劳恩、乔治·缪勒（George Mueller）交谈

9.13.2 倒计时恢复

倒计时再次开始前 30 分钟，环境控制系统进行准备工作。各子级承包商和发射工位工作人员向运载火箭测试指挥报告，所有准备工作已经完成，发射工位和航天器已做好加注状态准备。

史蒂芬·克斯特尔（Stephen Coester）回忆起在推进剂加注前他最后一次查看时的感受："我对'阿波罗'记忆最深的是在'阿波罗'-11 发射前最后一次查看发射平台/脐带塔，我们非常清楚我们要做什么，活动服务塔已经撤离，可以看到巨大的'土星'-V 全景，天很黑，探照灯将光线投射到箭体上，我独自在脐带塔上，检查了液氢系统的每个组件，尽可能确保系统工作正常。那时只有我和'土星'-V，我记得当时在想，'除了这儿，我不想去任何地方。'"

杰克·金坐在 A 区 A 排最后的控制台处，拿出他的提示卡，开始准备在剩余的倒计时过程中，向公众广播"肯尼迪发射控制之音"（图 9–23）。

图 9-23 杰克·金在"阿波罗"-11 任务倒计时期间担任肯尼迪航天中心公共事务官员

    测试指挥比尔·希克在广播中向参试各区宣布，"倒计时将在 9 小时 0 分 0 秒开始，5、4、3、2、1，开始。所有没有 T-9 小时危险工作通行证人员请撤离爆炸危险区域。"（图 9-24）

图 9-24 运载火箭测试指挥诺姆·卡尔森（Norm Carlson，最靠近镜头者）准备在 1970 年 4 月 10 日 22 点开始"阿波罗"-13 任务倒计时，发射时间设定在第二天 14：13。卡尔森右边分别是杰克·波尔塔（Jack Baltar）、约翰·科普兰（John Copeland）、伯特·格伦维尔（Burt Grenville）和戈登·特纳（Gordon Turner）

S-II 级测试指挥开始呼叫点名，确保加注时所有中央仪器设备处理中心和其他红线观察员就位。所有人员使用其调度代号进行通信。

RCA 110A 计算机开始执行 VALK 链接程序，该程序由 IBM 公司程序员肯·克拉克（Ken Clark）开发，VALK 程序协调和控制地面加注支持设备。加注期间，计算机在后台运行模拟飞行测试和其他箭载计算机检查。

备份航天员乘组从 T−08：30：00 开始，进行指令舱发射前检查。他们确保控制开关设置正确、与 ACE 控制室和休斯敦的通信正常、所有飞行装备安装到位。火箭推进剂加注时，他们同时在飞船内进行操作（图 9–25）。

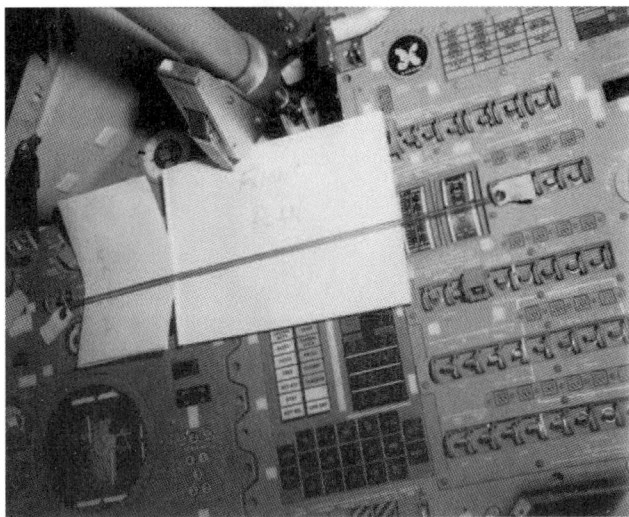

图 9–25　工作人员在"阿波罗"-11 指令舱中留下这些字条，告诉备份航天员乘组 CDR 飞行计划和检查清单放置在什么地方

测试指挥确认所有人员在 T−08：30：00 撤离危险区域后，开始对运载火箭进行氮气吹除。氮气可以带走运载火箭内残留的湿气，吹除箭体内易爆气体，并能够将电气设备保持在适当的温度。

推进剂加注始于 T−08：25：00，从 S-II 级发动机氦气瓶开始，氦气瓶负责飞行中对 S-II 级推进剂贮箱增压。

当 T−08：15：00 此项操作结束时，计算机发出"液氧加注"（LOX FILL）指令。液氧先于液氢加注到 S-IVB 级和 S-II 级。每个子级中液氧和液氢贮箱采用共底结构。虽然共底舱壁防热良好，但仍有一些热量传导。液氧贮箱位于液氢贮箱下面，因为液氧比液氢更重，温度更高，因此首先加注液氧。

计算机启动自动加注时首先执行冷却程序。冷却程序对泵、输送管路、阀门和贮箱进行冷却降温，以尽量减少液体推进剂的蒸发。冷却过程通常需要大约 10 分钟时间。在计算机检测到贮箱准备好后，推进剂贮箱计算机系统（PTCS）发出"快速加注"（fast fill）指令，以最大流量进行加注；当贮箱加注到飞行质量的 98% 时，推进剂贮箱计算机系统停止快速加注，开始采用"慢速加注"（slow fill），慢速加注时间约 3 分钟。

T−07：14：00，S-IVB 级液氧加注到 99%，开始进行 S-II 级液氧加注。T−06：32：00，S-II 级液氧加注到 99%，然后开始 S-IC 级液氧加注。T−05：07：00，S-IC 级液氧加注完成。各子级液氧加注完成后，推进剂贮箱计算机系统切换到补加模式，以补充贮箱中液氧蒸发的损耗。补加过程将持续到点火起飞。

在载人航天器操作厂房，"阿波罗"-11 航天员乘组于 T−05：17：00（4：15）被唤醒，15 分钟后，对他们进行一次简单的体检。

S-II 级液氢加注工作于 T−05：04：00 开始，在 T−04：21：00 结束。然后开始 S-IVB 级液氢加注。

加注期间，发射控制室对安控指令接收机系统再一次进行闭环检查。

T−04：32：00，航天员在载人航天器操作厂房航天员宿舍吃早餐（牛排和鸡蛋），T−03：57：00，穿航天服。

在发射工位，T−03：38：00，收回主阻尼器。检查贮箱排风和推进剂利用系统。液压泵加电，检查飞行控制。运行箭载计算机表决逻辑测试。箭载计算机对关键功能采用三取二的表决逻辑，以确保"土星"-V 关键电子系统中不会因为单点故障导致飞行中止。

9.14　液氢泄漏：T−03：38：00

按计划，"阿波罗"-11 S-IVB 级液氢加注工作在 T−03：38：00 完成。与液氧贮箱一样，一旦液氢贮箱加注完，推进剂贮箱计算机系统在倒计时剩余时间内对贮箱进行补加，以保证液氢质量满足飞行要求。然而，在 S-IVB 级液氢补加开始时，补加系统发生了一次重大泄漏。史蒂夫·克斯特尔（Steve Coester）那天早上在发射控制室液氢控制台上工作，他回忆说：

长期被人们忽视的事实是，那天"阿波罗"-11 发射几乎取消。S-IVB 级开始补加时，脐带塔 200 英尺标高处的第三级补加阀门发生液氢泄漏，为了防止火灾或爆炸，停止了加注，管路进行泄出。

红色应急小组前往发射工位处理这个问题①。使用我开发的故障排除技术，红色应急小组扭动法兰螺栓，旋转阀门。然后，我们恢复了液氢流动，但是没有成功阻止泄漏，这使我们无法将 100% 燃料加注到火箭第三子级。贮箱不能加满液氢，就不能发射。

参试人员正在发射工位和垂直总装厂房中解决泄漏故障时，"阿波罗"-11 航天员乘组已经离开了载人航天器操作厂房。在停车场，航天员向欢呼的人群挥手致意，从 T–03：07：00 起，航天员要花费 12 分钟乘坐专用车辆前往发射工位。在发射工位，航天员乘电梯来到发射平台 A 层，穿过发射平台内部，然后乘坐高速电梯来到脐带塔 320 英尺标高处。

到达飞船层后，航天员穿过 9 号摆臂来到白房子。杰克·金在大约 T–02：39：00 时的记录如下：

飞船指令长尼尔·阿姆斯特朗（Neil Armstrong）和指令舱驾驶员迈克尔·柯林斯（Michael Collins）正在穿过摆臂，进入连接飞船的白房子。同时，在大约 100 英尺以下，我们有一名技术人员——一组技术人员正在处理泄漏阀门，该阀门是地面支持设备的一部分，用于对火箭第三子级补加燃料。他正在拧紧阀门周围的螺栓，希望可以解决泄漏。技术人员离开，液氢再次流动，希望解决掉泄漏问题。飞船指令长尼尔·阿姆斯特朗和指令舱驾驶员迈克尔·柯林斯，现在就站在白房子里。倒计时时间为 2 小时 38 分钟 45 秒，这可是发射任务。

红色应急小组想出了如何阻止泄漏的办法，但这样做会带来另一个问题。克斯特尔解释说："红色应急小组通过向阀门泼水来冷冻阀门，从而阻止泄漏。但这使得阀门无法操作。我们提出使用大型主加注阀（该阀门不是设计用于补加）来维持液氢加注量，为此我们不得不在现

---

① 红队应急小组是由经过特别认证的工程师和技术人员组成的团队，在危险操作期间，特别是在倒计时验证测试或倒计时期间，他们前往发射工位进行紧急维修。红色应急小组的工作在本书的姊妹篇《"阿波罗"登月计划中的肯尼迪航天中心》中有更详细的介绍。

场签署了一个规程变更请求。随后的时间里，负责液氢设备控制台（CPH1）的工程师杰克·克雷默（Jack Kramer）从控制台上手动控制阀门旋转，如果贮箱液位下降或低于 100%，我就打电话通知他”（图 9–26 和图 9–27）。

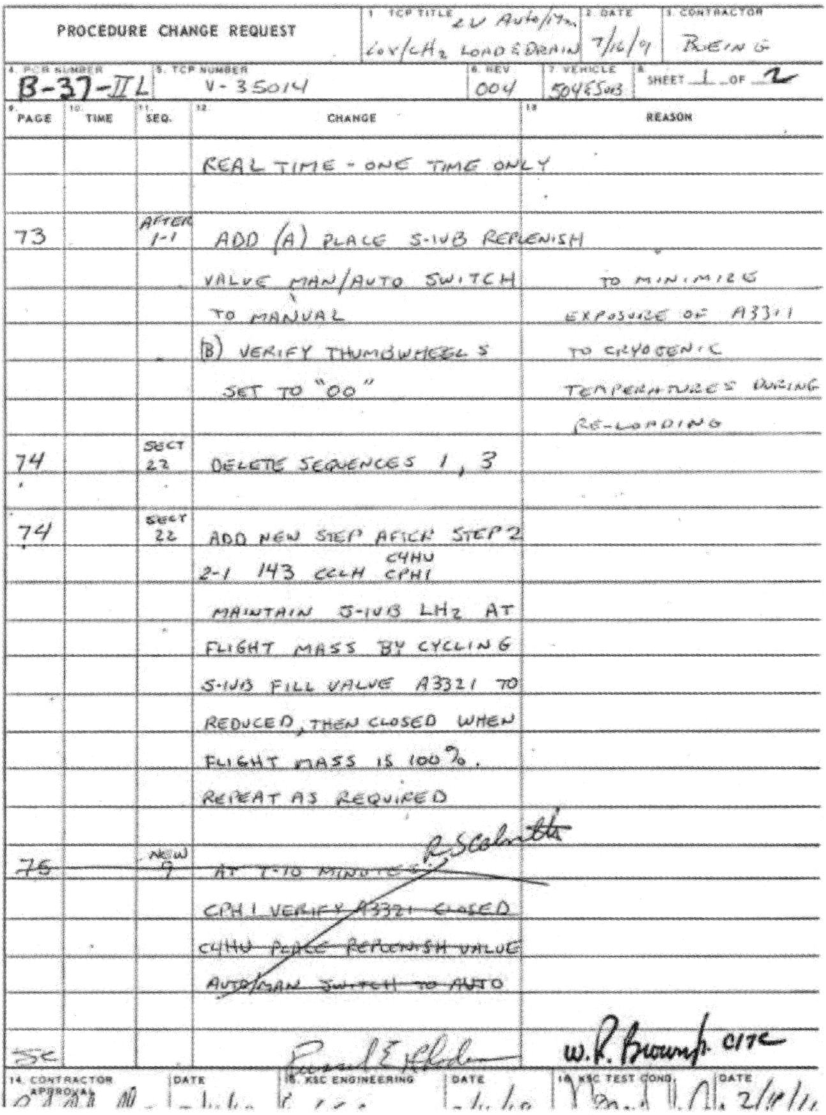

PROCEDURE CHANGE REQUEST

1. TCP TITLE	2. DATE	3. CONTRACTOR
2V Auto/Man LOX/LH_2 LOAD & DRAIN	7/16/?	BOEING

4. PCR NUMBER	5. TCP NUMBER	6. REV	7. VEHICLE	8. SHEET
B-37-IIL	V-35014	004	504ES03	SHEET 1 OF 2

9. PAGE	10. TIME	11. SEQ.	12. CHANGE	13. REASON
			REAL TIME - ONE TIME ONLY	
73		AFTER 1-1	ADD (A) PLACE S-IVB REPLENISH VALVE MAN/AUTO SWITCH TO MANUAL (B) VERIFY THUMBWHEELS SET TO "00"	TO MINIMIZE EXPOSURE OF A3321 TO CRYOGENIC TEMPERATURES DURING RE-LOADING
74		SECT 22	DELETE SEQUENCES 1, 3	
74		SECT 22	ADD NEW STEP AFTER STEP 2 2-1 143 CCLH C4HU CPH1 MAINTAIN S-IVB LH_2 AT FLIGHT MASS BY CYCLING S-IVB FILL VALVE A3321 TO REDUCED, THEN CLOSED WHEN FLIGHT MASS IS 100%. REPEAT AS REQUIRED	
~~75~~		~~NEW 9~~	~~AT T-10 MINUTES CPH1 VERIFY A3321 CLOSED C4HU PLACE REPLENISH VALVE AUTO/MAN SWITCH TO AUTO~~	

R. Scalzitti

W. R. Brown CITC

14. CONTRACTOR APPROVAL	DATE	15. KSC ENGINEERING	DATE	16. KSC TEST COND.	DATE

图 9–26 “阿波罗”-11 倒计时期间签署的规程变更请求，它允许史蒂夫·克斯特尔和他的团队处理液氢泄漏

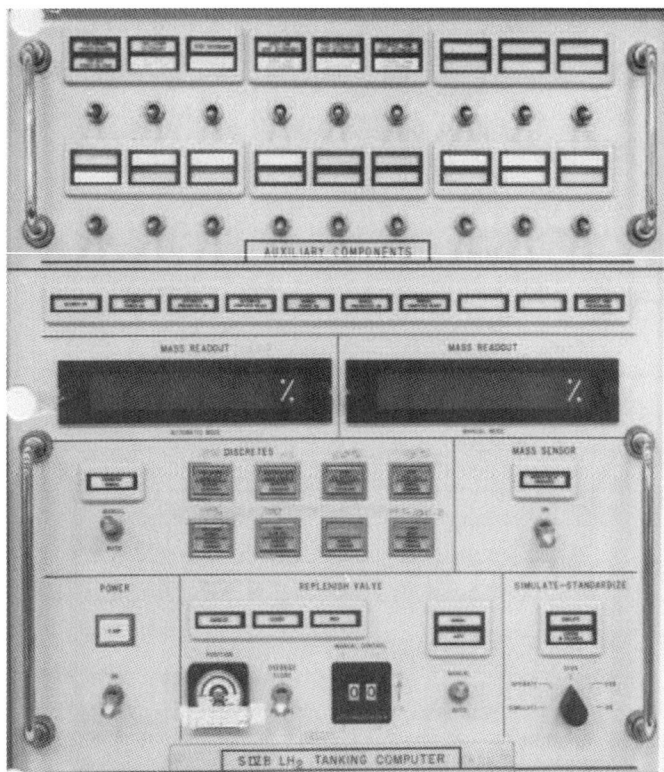

图 9-27 发射控制室中的控制台，史蒂夫·克斯特尔和杰克·克雷默操作该控制台
对"阿波罗"-11 S-IVB 级进行了液氢补加

克雷默补充道，"史蒂夫详细计划如何拧紧阀门螺栓和进行泄漏检查
时，韦恩·格雷（Wayne Gray）、雷德·戴维斯（Red Davis）、一名负责安
全的人员和我正在发射平台里。我们把阀门准备好后，我返回了发射
控制室，史蒂夫和我使用慢速加注模式旋转主加注阀门，来控制液位。
如果我们不能控制泄漏保持足够量的液氢，那天的发射就被取消了。"

危机最终解除了，"阿波罗"-11 倒计时继续进行。

9.15 航天员进舱：T–02：40：00

T–02：40：00，"阿波罗"-11 航天员开始进入指令舱。尼尔·阿姆
斯特朗第一个进入，他挪到最左边位置坐下，接下来，迈克尔·柯林斯
进入指令舱，坐在右边的位置，巴兹·奥尔德林最后一个进入指令舱。

罗克韦尔公司发射工位领导卢·库拉托洛（Lou Curatolo）关闭了舱门。工作人员将发动机保护罩最后部分安装在指令舱舱门上。

休斯敦任务控制中心的任务操作控制室（MOCR）工作人员与飞船进行通信检查。斯基普·绍文是肯尼迪航天中心与航天员乘组主要通话人员；在休斯敦负责舱内通话的是航天员布鲁斯·麦坎德斯（Bruce McCandless）；航天员比尔·波格（Bill Pogue）在发射控制室值班，他可以从 A 区的"Stoney"控制台与航天员通话；最后倒计时期间，测试操作指挥保罗·唐纳利和乔治·佩奇在必要时也可以与航天员通话（图 9–28、图 9–29 和图 9–30）。

图 9–28　"阿波罗"-14 倒计时，迪克·斯雷顿（Deke Slayton）在 2 号发射控制室"Stoney"控制台上工作，汤姆·斯塔福德（Tom Stafford）在后面看着

T−01：51：00，飞船突发防护系统开始测试。在接下来的半小时内，RCA 110A 计算机通过一系列自动化程序运行此项测试。然后，将一组新的程序加载到 RCA 110A 计算机中，以配合飞行计算机进行飞行前指令系统测试。

T−01：05：00，通知 9 号摆臂控制台操作员（连着白房子、可以进入指令舱的摆臂，操作员调度代号 CSA9）将其主调度通信通道切换到 111。从倒计时这一刻起，CSA9 将通过此通道直接接受运载火箭测试指挥比尔·希克指挥，在发生紧急情况需要摆臂重新摆回救援航天员

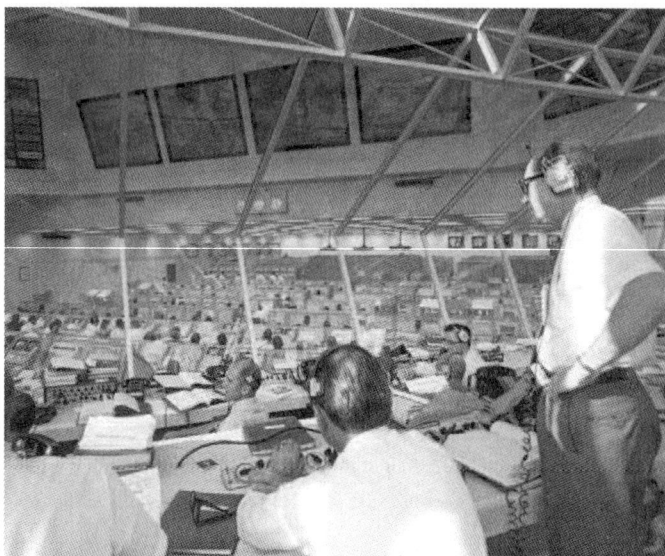

图 9-29 塞缪尔·菲利普斯将军（Gen. Samuel Phillips，站立者）在 1 号发射控制室操作管理区向外看。倒计时时钟显示距离"阿波罗"-11 发射还有"52∶02"

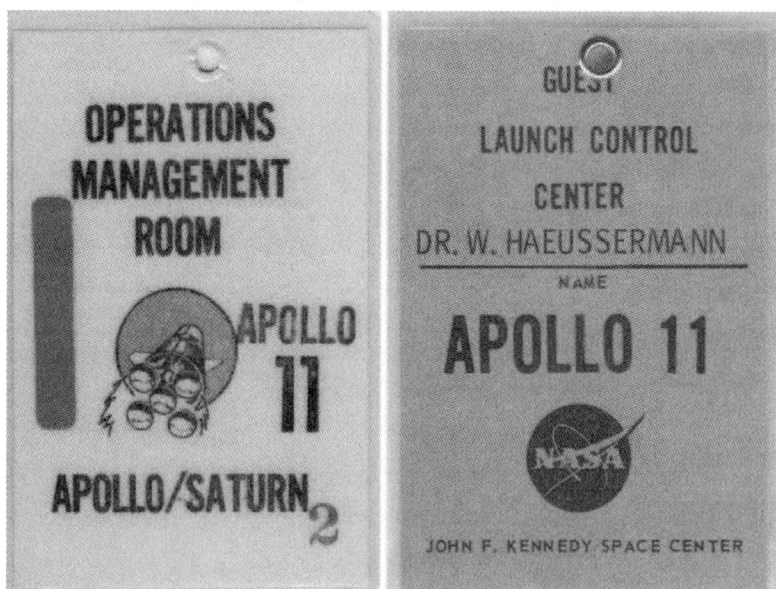

图 9-30 "阿波罗"-11 任务中进入操作管理区和参观区的通行证

时，这种指挥方式可以减少指挥延迟时间。

"土星"-V 各子级利用系统进行开环测试，验证阀门可以正常工作。在 T-01：00：00，开始检查和校准遥测系统。接下来进行飞行控制系统的另一项测试。

T-00：55：00，发射工位收尾人员开始清理发射工位区域。如果一切顺利，到"阿波罗"-11 点火发射前为止，发射工位 5.6 千米范围内的人员就只有指令舱中的航天员、液氧库房附近地堡中的救援分队和前方观察员小组。

巴兹·奥尔德林坐在指令舱中间位置，他对服务舱反作用控制系统实施增压。

T-00：43：00，测试指挥比尔·希克指示 CSA9 将 9 号摆臂摆到 12° 停放位置，此时白房子与指令舱相距约 1.5 米。如果需要，在 30 秒内可以将白房子重新连接到指令舱。

T-00：42：00，发射逃逸系统准备。进行最后一次安控系统测试。

绍文询问航天员在舱内的感觉。尼尔·阿姆斯特朗回答说："我们很舒服，今天早上天气不错。"

T-00：32：00，通知突发防护系统/陀螺仪控制台操作员（调度代号 CUFS）发出模拟指令，使火箭以 10 度/秒角速度进行滚动。T-00：30：00，进行电源转换测试。30 秒内，火箭各子级从地面供电转换到内部（电池）供电。仪器舱保持内部供电 3 分钟。各子级测试人员确认箭上电池功能正常且可以承担相应负载。确认仪器舱中的姿态速率指令在电源转换测试期间不受影响后，CUFS 取消滚动指令。

在电源转换测试期间，登月舱切换到内部电源，但测试结束后不再切换回地面电源。控制人员关闭登月舱所有操作仪器，在接下来的几分钟内登月舱进入睡眠状态。这可以节省登月舱电池容量，直到进入月球轨道登月舱才重新激活。

T-00：26：00，S-IC 级液氧开始预冷。这是系统设计的一部分，目的是使输送管路中的液氧保持在适当的温度，防止飞行过程中液氧蒸发和出现间歇泉现象。液氧预冷开始后，纵向耦合（POGO）抑制系统预充氦气。

T-00：25：00，RCA 110A 计算机加载并运行 VATS 终端时序链接程序。该程序控制"土星"-V 最后阶段的测试和发射准备工作。

T-00：24：00，所有分配了紧急电话号码的人员需要接通系统等待命令，保持收听状态直到 T-0。

提普·泰龙解释说，从这一时刻直到点火起飞，调度通信系统命令通道，就是任务测试指挥、运载火箭测试指挥和飞船测试指挥使用的通道，需要保持静默：

> 有 3～4 名参试人员被授权可以汇报一些像"S-IVB 级增压完毕"之类的工作。就是这样，只是为了确认在倒计时期间必须完成的工作已完成。
>
> 如果你遇到一个真正的问题，你会说，"CLTC，我们遇到一个严重问题，我们要求采取中断措施，我们想请求你在什么时间中断"，他会在倒计时时钟上选择一个时间，"在 4 分钟 50 秒中断，我们将很快返回我们的计划。"然后去处理问题，除此以外调度中没有其他声音。
>
> 规则是：在倒计时最后几分钟，遇到紧急情况，你必须保持命令通道畅通。你不希望有人遇到重大问题例如着火等情况而无法在调度中汇报。除非你遇到重大问题，否则也不会占用命令通道。

运载火箭倒计时流程与休斯敦任务控制中心做法之间有一个明显区别，就是不对运载火箭各子级测试指挥进行轮询。卡尔森说：

> 我制定了这样一个规则，如果你遇到一个问题，马上就可以站起来汇报。我需要第一时间掌握，我不想等到 T-0 前两分钟。我们不进行轮询。如果你去听任务控制中心，他们就进行轮询，也许有十几个人在喊"FIDO —— 正常!"那就像作秀，我觉得没有意义。
>
> 有些测试指挥也在争论是否应该采取任务控制中心的做法。我们得到了艾克的支持，轮询没有必要。参试人员遇到问题直接汇报这种方式更好。如果有问题，立即通知我，不要等到询问"你们有问题吗"才汇报。

9.16 循环点：T-22 分钟

T-00：22：00 是发射倒计时的关键节点之一。前面章节已经介绍过中断和循环，如果在倒计时后期请求中断或循环，则 T-22 分钟是返回和重新开始倒计时的一个安全时间节点，此时是在 S-II 级氦/氢贮箱冷却前的节点。

RCA 110A 计算机对遥测系统进行校准。中央仪器设备的计算机系统检测接收"土星"-V 实时导航数据的能力。

T−00：16：00，S-IC 级发动机控制台操作员（C1EP）确认 F-1 发动机点火器准备好。解除 S-IVB 级辅助推进系统动力开关上的安全装置。在 T−00：15：00，飞船切换到内部电源，从此时起飞船由燃料电池供电。

T−00：14：30，S-IVB 级贮箱开始冷却。

在指令舱内，尼尔·阿姆斯特朗装备了旋转手持控制器，如果飞行期间遇到故障，他可以使用该控制器控制"土星"-V 飞行。

T−00：10：00，激活 S-II 级飞行控制液压系统。获取并确认"土星"-V 预定发射方位角。开始冷却 S-IVB 级发动机舱①。在 T−00：08：00，开始冷却 S-II 级发动机舱。

T−00：07：00，确认所有发射支持设备已经准备好。"土星"-V 突发防护系统设置为"发射"模式。30 秒后火箭数字计算机设置为"准备发射"模式。发射工位消防系统开始准备。

绍文询问他的 ACE 控制室测试团队工作情况，通知测试指挥比尔·希克飞船发射准备就绪。在倒计时期间，飞船测试指挥约翰·海德（John Heard）是飞船测试团队中唯一在发射控制室中工作的工程师。海德扳动他负责的控制台上的一个开关，发射控制室关键事件显示板上的绿色"S/C READY"面板就会点亮。

随后，保罗·唐纳利和发射指挥洛克·佩特龙都发出准备好命令。杰克·金说："我一生中从来没有听到那次倒计时中充满激情的准备好命令，因为那里真的很紧张，我们一起工作了很多年，这是我们第 6 次发射'土星'-V 火箭，虽然对我们来说一切不再新鲜，但那天早上的气氛非同一般。"

T−00：05：30，"土星"-V 安全自毁系统开始待命。

T−00：05：00，希克命令 CSA9 将 9 号摆臂完全摆开。绍文通知"阿波罗"-11 航天员，摆臂已经摆开。

T−00：04：30，卡尔森命令 S-IC 级点火控制台操作员设置好终端倒计时时序装置。

---

① 在"阿波罗"-13 任务后重新设计了倒计时，S-IVB 级发动机舱冷却开始时间调整到 T−00：08：00。这为倒计时后期发生问题提供了另一个可能的中断点，"阿波罗"-14 倒计时在次节点中断了 40 分 2 秒，等待天气放晴。

T−00：04：00，希克通知卡尔森，"你可以实施发射。"唐纳利为"阿波罗"-11 航天员祝福，"祝你们好运，一路顺风。"

T−00：03：30 开始，希克每 10 秒钟通报一次时间。从 T−40 秒开始，每 5 秒钟通报一次时间。从 T−15 秒钟开始直到点火起飞，每秒钟通报一次。

9.17　倒计时：T−00：03：10

"阿波罗"-11 倒计时最后 3 分钟工作处于自动控制模式下。除非遇到问题，否则不需要人为干预。

此时需要关注发射系统电气支持设备的两个关键部分，因为它们从这一刻起开始进行倒计时，这两个设备是终端倒计时时序装置和发射联锁系统。

9.17.1　终端倒计时时序装置（TCS）

终端倒计时时序装置是安装在发射平台基座中的一个固态设备（但不是一台计算机）。终端倒计时时序装置在最后倒计时期间输出精确的时间，以启动电气支持设备中的动作，然后这些动作控制航天器和地面支持设备完成相应工作。这些工作包括关闭排风，贮箱增压、从外部电源切换到内部电源，以及将点火时间指令发送到 S-IC 级的 5 台 F-1 发动机。这些事件发生得非常迅速，时间要求非常严格，如果不进行自动化控制，仅靠人工是无法完成的。

弗兰克·布莱恩说："终端倒计时时序装置基本上是一个提供输出的时钟，输出时间由电气支持系统逻辑继电器控制，所以，如果你想在 T−40 秒执行一项动作，需要把终端倒计时时序装置输出的时间连接到控制台，然后接上一个继电器，利用该逻辑继电器即可执行任何动作。"

通过终端倒计时时序装置和某些联锁系统（见下文）的状态，逻辑继电器可以控制特定时间航天器和地面支持设备的状态。终端倒计时时序装置启动后，只能通过手动或不满足联锁条件自动发出的关机信号进行中止。终端倒计时开始，终端倒计时时序装置和逻辑继电器不允许中断。

发射控制室终端倒计时时序装置允许启动后，从 T−186 秒到 T+3 秒，发射控制室中的 RCA 110A 计算机禁止离散输出。正如布莱恩所说，"终端倒计时时序装置启动后，110A 的工作基本完成。"在紧急情况下，可以解除 110A 的禁止（在第 10 章，读者将在"阿波罗"-17 发射倒计时中了解到这一功能）。

9.17.2 联锁电路

LC-39 发射场庞大的电路网络由发射控制中心、发射平台和部分电气支持设备（ESE）中的继电器进行控制。电气支持设备内的逻辑继电器是终端倒计时时序装置的扩展，可以控制地面支持设备和运载火箭。

电气支持设备不对几千个继电器的状态进行轮询，它只检测几十个联锁电路的状态。求和联锁电路只有当特定的电路组合工作正常时才能接通。任何联锁电路要接通，所有的先决条件输入电路必须正常。

例如，在 T−50 秒，终端倒计时时序装置计划启动电源转换时序。如果 T−50 秒时间脉冲发出，"航天器电源转换准备好"联锁继电器接通，则电气支持设备就启动电源转换时序。为了接通该联锁继电器，"仪器舱电源转换准备好""S-IVB 级电源转换准备好""S-II 级电源转换准备好"和"S-IC 级电源转换准备好"等联锁电路都必须工作正常。

如果任何一个联锁电路没有准备好，则"航天器电源转换准备好"联锁无法接通。当终端倒计时时序装置在 T−50 秒发出信号，"航天器电源转换准备好"联锁没有接通时，电气支持设备无法启动电源转换时序。倒计时将在下一个检查点（T−30）自动停止。

每个联锁电路接通后直到倒计时结束，状态必须一直保持。如果每个联锁电路的一个先决条件在倒计时期间失效，则该联锁将从逻辑链中解除，电气支持设备将在下一个检查点停止倒计时。

有几个联锁电路对航天器的安全至关重要，它们出现故障会立即终止倒计时。这些故障包括 S-IC 级主燃料阀门故障、S-IC 级电源故障、终端倒计时时序装置电源故障、突发防护系统故障、仪器舱故障和某些 S-IC 级内部电路故障等。S-IC 级点火控制台发出关机指令也是一个联锁电路，它会立即中止倒计时。

联锁电路分为两大类。第一类是从 T−186 秒终端倒计时开始前到 T−8.9 秒发出点火命令期间的联锁电路。如果不满足某些条件，这些联锁电路将停止倒计时。第二类联锁电路在点火后至起飞前发挥作用。

它们会关闭发动机，阻止起飞。例如，点火后的某台 F-1 发动机发出"推力故障"信号，联锁电路会立即关闭其他发动机。

在第 10 章，将介绍"阿波罗"-17 任务中终端倒计时时序装置故障如何导致任务在 T–30 秒中止。

9.17.3　起飞前倒计时

从此时到点火发射，工作进行得非常迅速。下面的倒计时时间中，"小时"部分将被省略，只保留分钟和秒数。

T–03∶30 —— 所有站点将调度通信频段切换到命令通道，收听运载火箭测试指挥命令。S-IC 级点火控制台（C1FR）上的波音公司工程师将他的右手拇指放在控制台上的"FIRING COMMAND"（点火指令）按钮上。他的控制台编号 BA8，位于发射控制室 B 区第一排左侧（图 9–31 和图 9–32）。

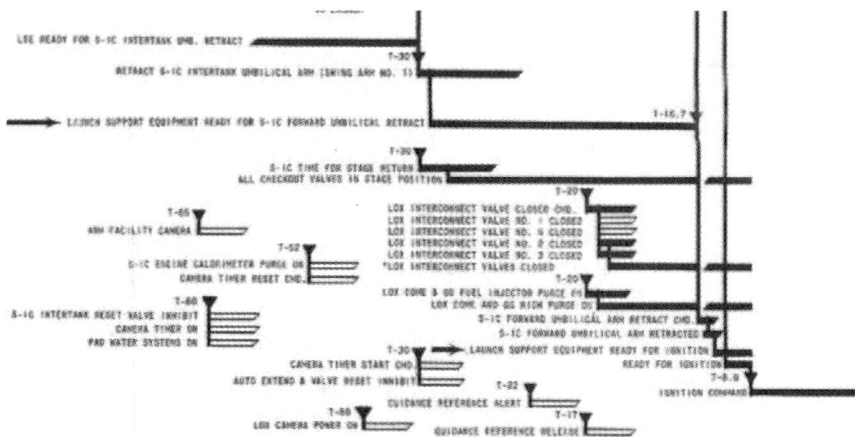

图 9–31　终端倒计时期间，电气支持设备联锁电路关系图示例

T–03∶10 —— C1FR 按下"点火"按钮。

T–03∶06 —— RCA 110A 检测到"点火"按钮按下，计算机发送指令启动终端倒计时时序装置。

当 C1FR 从数字事件评估器（DEE-6C）计算机上确认点火指令已发出且终端倒计时时序装置正在运行时，将手指从按钮上挪开。然后将手指向下放在"CUTOFF"按钮上。他的手指要一直放在那里直到起

图 9-32　S-IC 级时序和 S-IC 级点火控制台。上面的面板是倒计时时序装置，下面的面板上有 "Firing Command"（点火指令，中右）按钮和紧急 "CUTOFF"（关机，下右）按钮

飞。C1FR 是少数几个可以在任何时候中断倒计时的人员，他只要按下 "CUTOFF" 按钮就可以中断倒计时。如果有人在调度通信系统中通知说，"C1FR，关机！" 他会立即按下 "CUTOFF" 按钮。

艾克·雷杰尔说："我们有点担心，有人可以从类似垂直总装厂房这样远的地方进入我们的通信系统，请求关机。我们特别担心俄罗斯人。我们多次讨论谁有权请求关机，以及在什么时间段允许你这样做。在发射前最后几秒钟，你能够快速做出判断请求关机吗？"

弗兰克·布莱恩补充说："倒计时期间，我们可能有 1000 人在调度网络上，我们的控制台操作员经过了培训，如果他们听到'关机'命令，他们会立即按下关机按钮。他们不会问'你是谁？'他们会马上关机，中止倒计时。但据我所知，在'阿波罗'/'土星'期间我们从来没有遇到关机，或有人发出错误请求。"

一旦发射控制室发出的关机指令未能在发射前起作用，则还有最后一个措施。诺姆·卡尔森说："我和安控官有一个预先安排好的代码，只有火箭没有起飞且请求关机时，它才会起作用。然后我会呼叫安控官，给他代码，由他发送关机指令。但不是自毁。"

在终端倒计时时序装置和电气支持设备控制倒计时时序后，只有遇到问题或对工作进行确认时，参试人员才在调度通信系统命令通道上进行汇报。终端倒计时时序装置和电气支持设备从现在起直到起飞控制所有的动作。

T-03：06 —— 关闭 S-IC 级、S-II 级和 S-IVB 级液氧补加阀门，关闭 S-II 级和 S-IVB 级液氢补加阀门。关闭 S-II 级液氧贮箱排风，对 S-II 级液氧贮箱开始增压。

T-02：47 ——S-IVB 级液氧贮箱预增压。火箭网络控制台操作员（CLVN）关闭计算机测试开关。

T-02：00 —— 休斯敦检查与 DEE-6C 计算机的数据链路，监测航天器和地面支持系统的状态。

T-01：42 —— 启动 S-IC 级液压伺服系统。在初始上升段，液压伺服机构通过摆动 S-IC 级外侧发动机控制火箭飞行方向。点火时，液压伺服系统用于打开液氧主阀门。

T-01：37 —— S-IC 级、S-II 级和 S-IVB 级燃料贮箱开始预增压。

T-01：22 —— S-II 级液氢贮箱开始增压。

T-01：12 —— S-IC 级液氧贮箱停止预冷，S-IC 级液氧贮箱开始增压。

T-01：00 —— 发射工位消防系统启动。S-II 级发射准备好联锁电路接通。

T-00：50 —— 航天器从外部电源转换为内部电源，联锁电路指示"电源转换完成"。

T-00：40 —— 打开火焰导流槽冷却水。"S-IC 级推进剂增压"和"S-IVB 级发射准备好"联锁电路接通。

T-00：30 —— S-IC 级箱间段摆臂（1 号摆臂）摆开。S-IC 级发动机阀门移动到"stage"位置。为 S-II 级服务的摆臂上的推进剂供应阀门关闭、排气阀门打开，以减少加注管路末端氧气和氢气的积聚。T-30秒是电气支持设备的一个关键节点，决定是否继续或停止倒计时。

T-00：20——S-IC 级液氧连接阀门关闭。

T-00：17—— 经纬仪系统跟踪和控制 ST-124M 导航系统"断开平

台。"① "阿波罗"-11 任务发射方位角设置为北偏东 72°，火箭导航平台现在已经建立自己的内部参考坐标系。杰克·金宣布，"导航坐标建立。""仪器舱发射准备好"联锁电路接通。

T−00：16.2 —— S-IC 级前端摆臂（2 号摆臂）摆开。

T−00：11 —— "点火准备好"联锁电路接通。

T−00：08.9 —— S-IC 级发动机点火时序启动。参试人员都屏住呼吸。Q 球保护罩回缩系统将 Q 球保护罩连接线切断，并将分为两半的保护罩收回脐带塔。

T−00：08.8 —— S-IC 级 1 号点火器点火。

T−00：08.7 —— S-IC 级 2 号点火器点火。除了触发点火链路外，点火器还将发动机排出的废气燃烧掉。

T−00：06.7 —— S-IC 级点火链路启动，产生一个电信号启动电磁阀。电磁阀输出压力打开 S-IC 级发动机上的液氧主阀门。在每台发动机中，液氧要流过涡轮泵，涡轮泵将液氧和燃料输送到燃烧室。气体发生器的废气在发动机喷管中点燃。随着燃料管路中压力增加，它打开点火器燃料阀门，使燃料流出。两种推进剂进入燃烧室点燃。主燃料阀门启动 5 台 F-1 发动机的时间是交错的，以分散 S-IC 级尾端上的应力。

T−00：06.46 —— 发动机 105 启动。

T−00：06.13 —— 发动机 101 启动。

T−00：06.07 —— 发动机 103 启动。

T−00：06.00 —— 发动机 104 启动。

T−00：05.87 —— 发动机 102 启动。随后几秒钟内，所有发动机达到飞行推力。

T−00：01.92 —— "所有发动机工作"联锁电路接通。

T−00：00：05 —— 推力检查确认所有发动机都达到飞行推力。

T−00：00：00 —— 诺姆·卡尔森宣布，"启动发射。"起飞开关打开，同时释放发射平台上的 4 个支撑臂。如果任何一个支撑臂在 0.18

---

① 经纬仪系统产生一束红外光，瞄准仪器舱侧面的一个小窗口。仪器舱内的一个三棱镜可以反射远红外光。安装在 ST-124M 平台上的另两个棱镜可以反射中红外和近红外光。经纬仪控制系统通过电气支持设备发出指令，旋转 ST-124M 平台中的电机。这些电机旋转平台坐标系的轴，直到反射光束对准并反射回经纬仪。计算机反馈回路可以使经纬仪命令 ST-124M 平台保持该轴固定。平台的另一个轴被定义为火箭与地球中心方向。一旦建立了这两个轴，计算机可以建立起第三个轴。经纬仪系统控制"土星"-V 火箭平台的射向，直到倒计时 T−17 秒。然后断开控制，火箭导航系统不再依靠地面系统。

秒内未能释放，爆炸装置会自动切断火箭和支撑臂之间的连接。发射平台甲板上的 3 根尾端服务杆与火箭分离，旋转到垂直位置，它们的连接板移动到保护罩下。"土星"-V 火箭开始慢慢起飞。

当卡尔森看到控制面板上"LIFTOFF"（起飞）灯亮起，并看到监视器中火箭开始起飞时，他宣布，"起飞"。

在公共事务广播中，杰克·金宣布："起飞! 上午 9 点 32 分,'阿波罗'-11 起飞了。"（图 9-33）

图 9-33   1969 年 7 月 16 日,"阿波罗"-11 飞向太空

第 10 章

飞行过程和经验教训

10.1 "土星"-V 火箭起飞：T−0

杰克·金（Jack King）至今仍然清晰地记得"阿波罗"-11 起飞时的情景："我在发射控制室的后排，我说了'起飞'，回头一看，那个家伙看起来就像坐在一团火焰上！"

"土星"-V 火箭开始起飞时，几百磅的冰从箭体上掉落下来。这些冰是外界潮湿空气凝结在火箭液氧和液氢贮箱表面形成的。

火箭开始上升时，支撑臂中的控制开关闭合，使驱动摆臂点火分配器的母线通电。然后，脐带连接装置迅速与箭体分离，摆臂开始摆开（图 10–1）。

火箭上升约 4 厘米时，脐带连接装置从火箭连接插座上弹出。氮气对推进剂管路中剩余的氧气和氢气进行吹除。火箭上升到 45 厘米，负责撤回脐带连接装置和摆开摆臂的备份系统开始工作，不管是否需要，该系统均被激活，以确保摆臂为"土星"-V 火箭起飞让出空间。

火箭开始缓慢上升。发射时 4 个牵制释放机构逐次释放火箭，使"土星"-V 火箭上的动态载荷保持在可承受范围内。牵制释放机构包括：用螺栓连接到每个支撑臂的支架、紧固连接支架的锥形销和紧固连接 S-IC 级的模具。"土星"-V 上升到约 15 厘米时，火箭使锥形销缓慢地穿过模具，逐渐将锥形销挤压到模具直径的大小。随着火箭上升，拉动锥形销穿过模具的力逐渐减小。

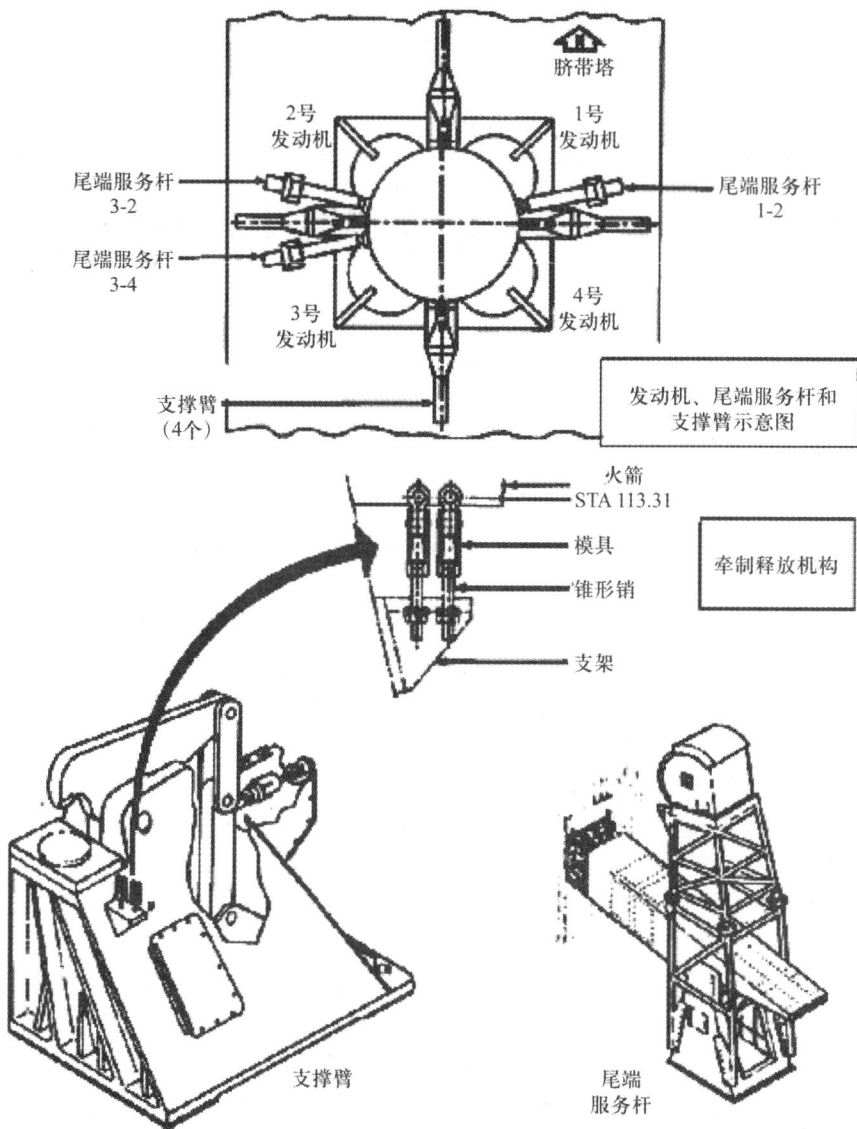

图 10–1　"阿波罗"-11

　　火箭外侧与支撑臂顶部保护罩之间有连接绳索。随着火箭上升，绳索逐渐拉紧，使保护罩向前旋转，从而保护支撑臂机构免受发动机火焰影响（图 10–2）。

　　发动机在发射平台甲板上产生的噪声约为 190 分贝，或 250 万瓦/米²。这几乎是空气可以承载而不撕裂的最大音量，仅次于核爆炸的

图 10−2 "阿波罗"-11 发射视频截图，此时发动机正在通过甲板火焰开口区。图中，冰屑从箭体上掉落下来，绳索正在拉动支撑臂保护罩，尾端服务杆正转动到保护罩中

人造音量。甲板上进行喷水以降低声压，并减小反射声压对火箭起飞的影响（图 10−3 和图 10−4）。

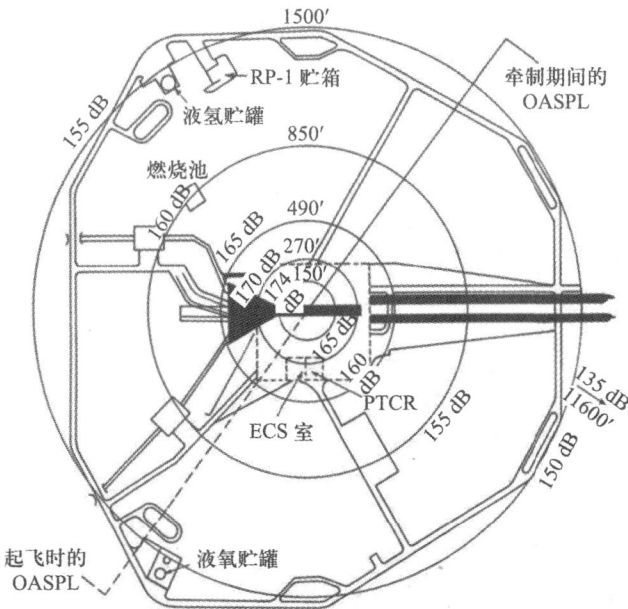

图 10−3 "土星"-V 发射期间总声压（OASPL）发布图，在牵制和起飞后该参数是距离的函数

图 10–4 "阿波罗"-15 发射图片，从图中可看出火箭向左侧偏转以远离脐带塔。从这个角度观察"土星"-V 似乎要倒下

在上升过程中，火箭发动机离开发射平台甲板火焰区后开始偏航。偏航使"土星"-V 火箭远离脐带塔，从而减小火箭与塔架或摆臂之间的碰撞概率。虽然火箭只偏转了几度，但对于 3.5 英里外的观众还是相当明显的，尤其因为火箭初始上升运动非常缓慢。许多首次观看"土星"-V 发射的观众总是错误地认为火箭即将与塔架发生碰撞。

发动机排出的火焰将支撑臂、尾端服务杆和发射平台下部涂覆的烧蚀层点燃。烧蚀层燃烧会带走热量，从而保护发射设备。

发射后约 10 秒钟，"土星"-V 火箭飞过脐带塔。此时，火箭的速度约为 25 米/秒。休斯敦的飞行指挥克里夫·查尔斯沃思（Cliff

Charlesworth）开始接管任务控制。

虽然直到火箭飞过脐带塔，肯尼迪航天中心仍然与载人航天器中心共同负责任务决策，但是发射控制室与"土星"-V 之间的联系在火箭起飞时就结束了。在所有地面连接断开的情况下，发射控制室中的控制台已无法与火箭通信（图 10-5）。

图 10-5　管理人员在 1 号发射控制室观看"阿波罗"-11 起飞

中央仪器设备处理中心通过天线接收航天器遥测信息和卡纳维拉尔角梅里特岛跟踪站的信息。飞行参数实时显示在发射控制室和中央仪器设备处理中心数据评估室中的大型投影仪上。中央仪器设备处理中心持续接收遥测信息，直到火箭从地平线上消失，大约就在 S-II 级关机时。

T+11：39，S-IVB 级发动机按计划关机，将"阿波罗"-11 飞船送入绕地停泊轨道。太空舱通信机操纵员布鲁斯·麦克坎德雷斯（Bruce McCandless）说，"'阿波罗'-11，这里是休斯敦，你们将进入轨道。完毕。"尼尔·阿姆斯特朗回答说，"罗杰，进入轨道。火箭工作正常!"

下面一张照片拍摄的是"阿波罗"-11 发射后发射控制室的场景，该照片曾被错误地描述为参试人员在观看"土星"-V 火箭从发射工位起飞。事实上，发射控制室墙上的时钟显示，照片拍摄时间是 10：24，即"阿波罗"-11 发射后约一个小时。当时，发射控制室中的工作人员正在听副总统斯皮罗·阿格纽（Spiro Agnew）讲话，他说（图 10–6）：

图 10–6　"阿波罗"-11 发射 50 分钟后，发射控制室工作人员正在听副总统斯皮罗·阿格纽（未在照片中）讲话，发射工位安全操作还在进行

来到这里向你们祝贺飞行成功几乎成为惯例。看上去这次与你们以往完成的任务一样完美。这是我首次在外面观看发射，感觉完全不一样，更加深刻地感受到火箭的力量。我不禁想到你们，在这里以及整个 NASA 的工作人员，你们完成了一项无与伦比的任务，是你们在背后的共同努力才将 3 名绅士送上登月之旅。[1]

①"Kennedy Space Center Story"（肯尼迪航天中心的故事），p.125。

鲍勃·西克（Bob Sieck）说："我们飞船参试人员不在发射控制室中工作的好处就是不必忍受发射后的演讲、令人分心的摄像机等。"

演讲结束后，在 4 号发射控制室为乔治·缪勒（George Mueller）51 岁生日举行了庆祝会。缪勒是 NASA 分管载人航天飞行的副局长，也是"阿波罗"计划的主要推动者之一。"阿波罗"-11 在他的生日发射非常巧合。

10.2 前方观察员

前方观察员是一组来自运载火箭机械和推进系统部门的志愿者，他们从独特的视角观察火箭发射。

在 LC-39 发射场投入使用前，发射控制设施放置在卡纳维拉尔角发射工位附近的地堡中。参试人员通过潜望镜观察火箭起飞。地堡临近发射工位，观察人员可以立即观察到航天器的异常迹象并迅速汇报。

在 LC-39 发射场，不再采用潜望镜，发射工位周围区域半径达到 5.6～6.4 千米。NASA 需要一些前方观察员对发射期间任何潜在的危险情况，提供近距离、客观和及时的汇报。

6 名前方观察员，分为 3 队、每队 2 人，分散在距离发射工位约 1.6～2.4 千米处。他们正式工作时间只有 25 秒，从 T−8.9 秒发动机点火直到火箭飞过脐带塔，他们利用望远镜对"土星"-V 进行监视。他们观察"土星"-V 火箭是否有倾倒、下落、着火、分解、撞击塔架或摆臂，以及爆炸的迹象。他们通过无线电与航天员中止咨询频段和保罗·唐纳利（Paul Donnelly）联系。如果 3 个前方观察点中有两个报告发生紧急情况，则通知航天员立即启动逃逸火箭，将指令舱带到安全区域。

前方观察点可以看到壮观的场景，但环境也非常艰苦。观察点大多位于蚊虫聚集的沼泽地。在紧急情况下，只有小型混凝土庇护所或半埋式金属管道可以提供防护，可这些地方也是响尾蛇最喜欢的休息区。

在"阿波罗"计划期间，前方观察员有：玛丽恩·布朗（Marion Browne）、文森特·卡西西（Vincent Cassisi）、萨尔·克里斯托法诺（Sal Cristofano）、吉姆·英格兰（Jim England）、雷伊·凡斯（Ray Evans）、乔治·菲舍尔（George Fischer）、汤姆·乔治（Tom George）、吉姆·格林伍德（Jim Greenwood）、迪恩·亨特（Dean Hunter）、迪恩·克拉法（Dean Karafa）、拉尔夫·洛茨皮奇（Ralph Lotspeich）、查克·麦凯克伦

(Chuck McEachern)、弗兰克·莫克里(Frank Mokry)、巴里·奥尔顿(Barry Olton)、里克·韦斯(Rick Weiss)和戴夫·文特沃斯(Dave Wentworth)等。可能还有其他人,这些来自运载火箭机械和推进系统部门的勇敢绅士们,不顾环境条件恶劣,为"土星"-V 火箭发射提供了最及时的信息。

虽然不是前方观察员,消防员李·斯达瑞克(Lee Starrick)也观看了几次发射。"阿波罗"-13 发射时,他待在发射工位东南方 1 英里多处航天员使用的海滨别墅附近。他说,与《"阿波罗"-13》电影相反,航天员马丁利(T. K. Mattingly)不是在这里观看发射的,发射时他在休斯敦。

斯达瑞克带着他的 8 毫米电影摄影机打算近距离拍摄发射。从卡车上下来后,他把摄影机放在外套下面,无意中触发了开关。当他拿出摄影机时,才发现整个胶卷已经卷过了。他和一个同事试图将胶卷回卷,但没有成功。他最终错过了拍摄一部非常有趣影片的机会。

10.3 发射工位安全恢复工作

当"土星"-V 飞出视线,大多数参试人员开始在发射控制室中相互祝贺。丹尼尔(J. I. Daniel)说:"当火箭第二级点火时,那些双开门被打开,许多人开始向外涌出。"

但仍然有一些人在努力工作,或者他们的工作才刚刚开始。中央仪器设备处理中心的工作人员继续监测遥测信息;飞船操作人员在 ACE 控制室收听任务进展情况;在 LC-39 发射场,还要完成一些确保发射工位设施安全的工作。

诺姆·卡尔森(Norm Carlson)说,"我们有 3 组人员参加发射任务。一组在主要测试团队执行任务前 8 小时完成各项准备工作,然后是我们主要测试团队,发射后,另一组人员来接管,对发射工位进行评估,状态恢复,开始准备下一次任务。

发射工位安全操作在起飞后 1 分钟开始。参试人员操作发射控制室中的控制台,确保发射工位处推进剂供应设备安全。在 5 分钟内,发射工位安全操作完成。

随即发射工位区域推进剂系统安全操作开始。发射平台中的 RCA 110A 计算机电源关闭,DEE-6C 计算机断电(图 10-7)。

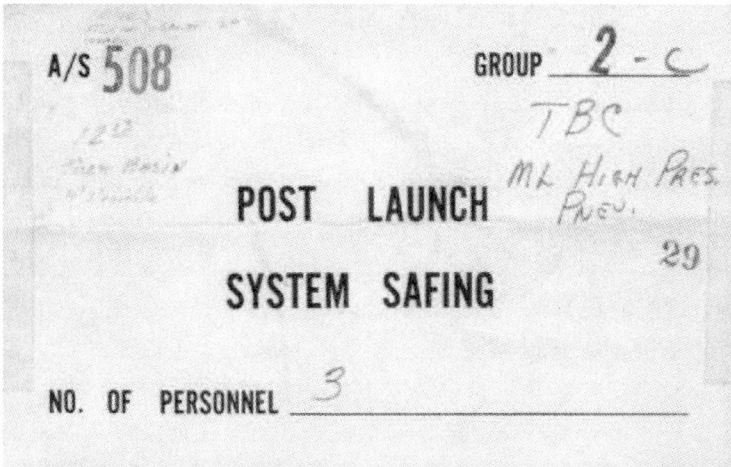

图 10-7 "阿波罗"-13 发射后安全操作通行证。该通行证属于负责发射平台高压供气设备的波音公司工作人员，发射任务的通行证表明有超过 250 名安全操作人员在发射工位工作

从大约 T+1 小时开始，安全人员和承包商返回发射工位进行检查。"阿波罗"-11 发射后，乔安·摩根（JoAnn Morgan）在发射控制室控制台上工作，监视安全操作并对发射平台/脐带塔的通信设备进行损伤评估。她回忆说：

发射后，我们将立即用监视摄像机扫描发射工位区域。你发现的第一件事是，有一些摄像机被损坏了。你可能在该地区周围看到一些火。

发射后，一支特别工作队要马上前往发射工位，在进行检查前要确保发射工位安全。他们迅速赶到，将火扑灭。因为我们已经从早期任务中吸取了经验教训，我们知道不能让发射工位设施烧毁。

对于"阿波罗"-11 任务，我最关心的是通信系统、电视系统和需要更换的天线，因为这些都是我们的技术人员必须尽快恢复的。

我们关心发射工位/脐带塔上所有调度通信系统通信箱的状态。我们必须恢复它们，因为我们必须为下一次发射做好准备。我们还有一些安装精密设备的防爆箱。对于我们的测试和检查，通信系统必须完好。如果通信系统不能正常工作，就无法安排人员到发射工位工作，因此通信系统至关重要。所以首要工作就是用电视摄像机查看那些通信箱。

然后是天线。在不同地方设置有各种不同功能的天线。当发射烟雾散尽后，我们马上使用电视系统扫描发射平台，寻找可能损坏的设备。可以查看是否有天线悬挂在电缆上摆动！

你可以设想一下所有的设备安装在一座超过 400 英尺高的塔架上的情景。有些设备在这边，有些天线和通信箱被遮挡着，还有电视系统。然后还有氢气传感器和火灾探测器。其中有些在当时技术非常先进，还没有人用过像我们在发射时看到的设备。有些传感器非常小，无法用电视摄像机看到它们。必须走遍整个脐带塔，观察它们是否损坏。我们经常不得不更换一些传感器。我们知道会有很多恢复工作。

我们想要做的是，算一算能否在下一次测试前完成修复工作。这样的问题已经置入每个人头脑中：我们要在规定的时间内完成工作。让我们来检查损伤情况，进行计算。哪些事情必须首先完成，其次完成什么等等。

"阿波罗"-11 发射后，我是最后 3 个离开发射控制室的人之一。我和电视系统技术人员花了几个小时进行巡视和查看。

加里·鲍尔斯（Gary Powers）参与了发射工位损伤评估。他说："可以进入发射工位时，我就在控制台上与前往发射工位进行损伤评估的人员联系，看看在下一次发射前我们要做些什么工作。发射后会有相当多的损伤，火焰导流槽中的一些砖块会被冲击到围栏外面。我们对发射工位损伤情况进行拍照，以便进行检查评估。"（图 10–8 和图 10–9）

"阿波罗"-11 发射对发射工位造成的损伤远远小于 AS-501 发射造成的损伤。"土星"-V 火箭首次发射对发射工位造成的破坏远超人们预期。脐带塔上的柜子被撕开，电缆被烧穿；钢制的 S-IC 发动机维修工作平台停放在瞄准间附近，原本认为足够安全，结果被撕成碎片；火焰导流槽上吹出来的砖块在发射工位安全栅栏上打出矩形孔洞，在"阿波罗"-10 发射期间，发射工位 B 火焰导流槽有超过 1200 块砖被吹出，散落在发射工位周围。

没有人真的知道"土星"-V 火箭首次发射会发生什么情况。拉斐尔·马利特（Rafael Mullet）说，"我非常吃惊地发现，发射的热量将一些混凝土烧成了玻璃。"

图 10–8 "阿波罗"-12 发射后对发射平台进行损失评估。图中可以看到尾端服务杆上烧蚀后黑色炭化的涂层（与图 10–2 相比），发射平台甲板上火焰区已经盖上了帆布

图 10–9 "阿波罗"-12 发射后脐带塔下部烧蚀情况

发射后大约 2 小时，专业人员进入发射工位，拆除支撑臂点火机构中未爆炸的火工品，使用惰性气体对推进剂供应管路进行吹除，以去除管路中残余的氢气或氧气。

约翰·普劳登（John Plowden）是罗克韦尔公司发射工位损伤检查团队成员。他说："发射期间脐带连接装置分离后，它们就坐在那里，我们非常担心，一旦发射工位开放，我们必须前往发射工位保护那些昂贵的脐带连接装置，以便于再次使用它们。它们都需要清洗，我们只是在它们挂在那里时保护其免受进一步的损坏。当然，你要在摆臂的尽头进行工作，此时已经没有火箭。我们的技术人员真是勇敢。"

在 T+02：30，发射平台/脐带塔和发射工位终端连接房间（PTCR）的电气支持设备停止工作。运载火箭倒计时规程此时正式结束。

发射成功庆祝活动持续到深夜。第二天，所有人员返回工作岗位，继续进行"阿波罗"-12 飞行准备工作。

10.4　发射任务取消后的应对措施

如果在终端倒计时期间发生一个无法预知的故障导致当天发射任务取消，可以有两个应对措施：24 小时发射延迟或 3 天发射延迟。

10.4.1　24 小时延迟

如果任务取消发生在 T−16.2 秒（2 号摆臂摆开）和 T−8.9 秒（点火）之间，那么当天没有可能再次组织发射。任务取消后，液氧和液氢将立刻从运载火箭泄出。假如指令/服务舱的燃料电池状态良好、运载火箭中的电池性能良好、服务舱中的冷却剂状态良好且 S-IVB 级满足特定的准备条件，则可以在 24 小时内再次组织发射。循环操作将从任务取消后 6.5 小时开始。在接下来的 8 小时内，将检查运载火箭和地面支持设备的状态。2 号摆臂上的脐带连接装置重新进行连接并测试。假如检测正常，倒计时时钟将被重置为 T−9 小时并保持，使倒计时与新的发射窗口同步。

10.4.2　3 天延迟

假如火箭第一级没有点火，但火箭需要完成的工作用时超过 24 小时，则可以采用 3 天发射延迟。采用 3 天发射延迟的情况包括更换运

载火箭的电池、维护服务舱的冷冻剂或需要对 S-IVB 级环境控制系统
进行检查。

履带运输车要将活动服务塔从停放点运输回发射工位；安全设备
将断开连接；工作平台将放回"土星"-V 火箭内，以提供更换电池的通
道；在安装和测试新电池后，工作人员将检查推进剂贮箱计算机系统
和推进剂利用系统。

这些维修工作大约需要 1.5 天时间。航天器经过彻底检测后，倒计
时时钟将被重置为 T−28 小时，倒计时将与新的发射窗口保持同步。

10.4.3 其他措施

如果发射取消发生在倒计时早期（早于终端倒计时时序），则取消
和中断的措施根据中断或取消发生的时间进行变化调整。

10.5 倒计时和发射的经验教训

前面注意到，倒计时被归类为"测试"。这是一个准确的描述，因
为每次发射会产生大量的数据。罗伊·撒普（Roy Tharpe）说，我在
LC-34 和 LC-37 发射场参加的每一次发射或重大测试任务都会生成约
80 千米长的纸带数据，这些数据需要进行复制、分发和分析。幸运的
是，LC-39 发射场自动化技术减少了纸带数据的数量，虽然"土星"-V
及其地面设备的测量数据急剧增加。

每次发射都可以收获经验教训。对 DEE-3 和 DEE-6C 系统的输出进
行分析，可以为评估火箭和地面支持设备的相互作用提供有价值的数
据。"土星"-V 的遥测数据可以发现航天器设计或测试程序中的缺陷。

艾克·雷杰尔（Ike Rigell）告诉笔者，"你不知道一切是否都进展顺
利。"本节介绍几次"阿波罗"/"土星"发射任务的经验教训。

10.5.1 "阿波罗"-6（AS-502）：成功的失败

"阿波罗"-6（AS-502）任务是"土星"-V 火箭第二次飞行。与
AS-501 任务不同，此次发射任务发生很多问题，因此此次任务被归类
为"成功的失败"。

第一个问题是 S-IC 级纵向耦合（POGO）振动非常剧烈。此次任务
纵向耦合振动时间长、强度大，导致飞行中部分适配器从箭体上脱落；

振动还损坏了连接 S-II 级和 S-IVB 级的 J-2 发动机上增强型点火器（ASI）的燃料管路（图 10–10）。

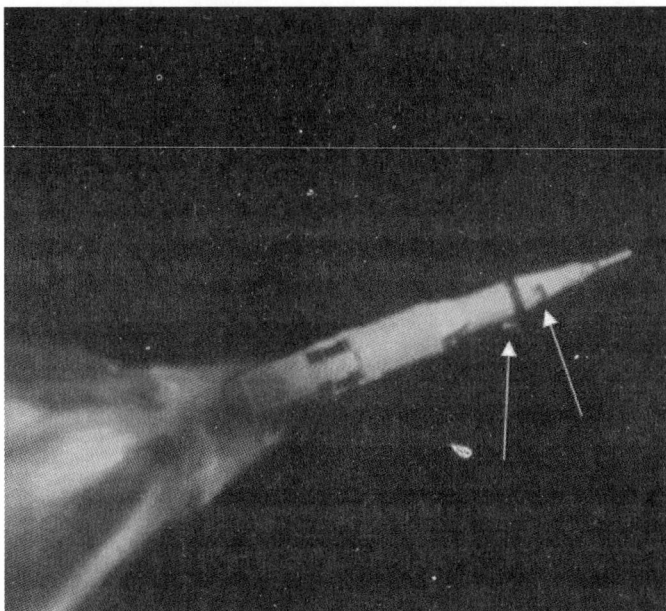

图 10–10 跟踪摄像机拍摄到"阿波罗"-6 上升阶段纵向耦合振动导致部分适配器脱落，图中肉眼可见一片适配器碎片掉落在 S-IVB 级下，适配器上明显出现了一个巨大开口

在 S-II 级燃烧期间，一根受损的增强型点火器燃料管路失效，导致发动机 202 在启动后 264 秒（比其原计划关机时间提前 104 秒）关机。关机 1 秒钟后，发动机 203 的液氧前置阀门关闭，发动机 203 关机。剩下的 3 台发动机努力操控"土星"-V 火箭，发动机比原计划工作时间延长，力图使火箭速度达到要求。

在 S-II 级分离后，S-IVB 级工作，将"阿波罗"-6 送入轨道。然而，S-IVB 级增强型点火器燃料管路也出现故障，该子级的 J-2 发动机无法进行二次启动。

结合 S-II 级发生的故障，可以认定发动机 202 的增强型点火器故障导致发动机富氧燃烧，这直接导致发动机发生故障。发动机的电子装置检测到故障，向 S-II 级电气系统发出关机信号。这原本应该使火箭关闭发动机 202 的液氧前置阀门。然而，电子装置却关闭了发动机 203 的前置阀门。与许多说法相反，不是"土星"-V 火箭仪器舱关闭了发动机，而是 S-II 级发出了关机信号。这个错误的关机信号是由一个布线错误引起的，S-II 级在密西西比试验场（MTF）检测期间没能发现该布线错误。

弗兰克·布莱恩（Frank Bryan）说："在评估飞行数据时，我被告知两台发动机关机。我打电话给 S-II 网络工程师进行确认，他告诉我这个子级是在工厂组装的，问题原本应该在密西西比工厂中发现并改正，我们的模拟飞行试验没有设置单台发动机关机测试，所以未能在检测期间发现问题。"

弗莱德·科迪亚（Fred Cordia）回忆说："罗克韦尔公司设计部门制定了一份改正布线错误的工程通知单，这份通知单送到 S-II 级时，S-II 级正在密西西比工厂，布线错误未能改正。随后的测试未能发现该错误，因为发动机从来没有进行过单台关机测试，甚至肯尼迪航天中心的测试也没有发现该错误，因为测试规程同样没有明确要求发动机进行单台关机测试。因此，3 个错误叠加在了一起：原始布线错误，工程通知单未能改正错误，以及测试要求未能发现问题。"

可以理解布莱恩和科迪亚都不希望向他们的领导汇报这个问题。布莱恩说："因为在计划开始时我就是 NASA S-II 级网络部分的主管，所以我要负责把这个情况向我的老板艾克·雷杰尔汇报，然后他必须向洛克·佩特龙（Rocco Petrone）汇报。罗克韦尔公司制造和测试人员不得不帮助我们分担一些责任，不用说，我们还要去完成剩余任务。"

科迪亚补充说："我和我的老板格里·霍尔（Gerry Hall）被叫到库里·钱德勒（Curly Chandler）的办公室，这是我第一次参加该问题讨论会。挨着我的是我们主任阿尔·马丁（Al Martin），我们向格伦博士汇报。然后我、我的测试工程师和我们主任来到洛克·佩特龙的办公室！这一刻我永远不会忘记！洛克是一个大人物、一个绅士，他是技术总监和管理人员，他理解问题很快，想要掌握每一个细节和问题原因，希望我们做得更好，没有任何借口，会议持续了 15～20 分钟。"

"土星"-V 火箭的下一次飞行任务是"阿波罗"-8。可以理解，在最近的飞行任务中发生这样严重的问题，会让人担心载人飞行的安全性。然而，从"成功的失败"中吸取的经验教训使 NASA 能够及时改正"阿波罗"-8 飞行任务的硬件和检测程序。最终，"阿波罗"-8 任务中，"土星"-V 火箭取得了圆满成功。

10.5.2 "阿波罗"-12 闪电事故

"阿波罗"计划中最闻名的发射事件发生在"阿波罗"-12 任务期间。在起飞约 30 秒,"土星"-V 火箭飞入云中。工作人员报告有闪光,飞船主报警器突然响起,多个告警灯亮起。

指令长皮特·康拉德(Pete Conrad)呼叫,"3 个燃料电池指示灯亮,交流总线灯亮,燃料电池断开、交流总线 1 和 2 过载、主母线 A 和 B 故障。"杂乱的遥测数据使休斯敦难以确定飞船状态(图 10-11)。

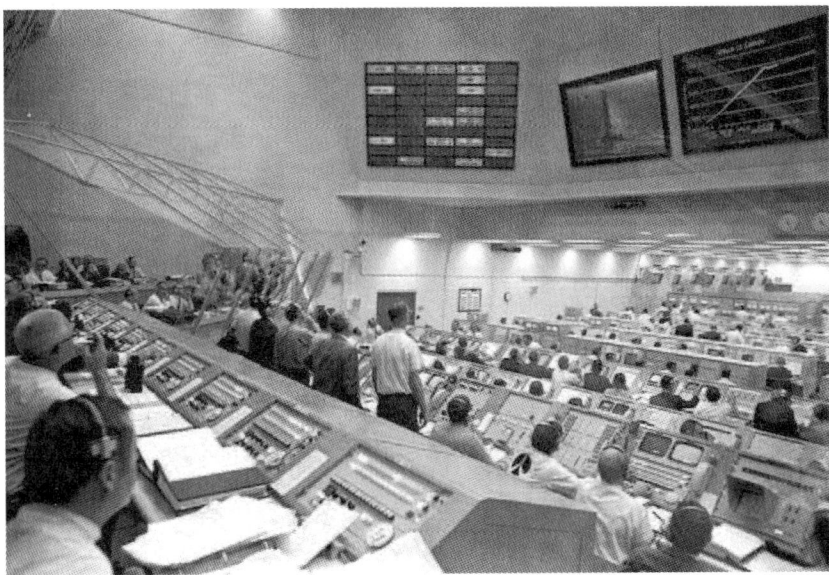

图 10-11 "阿波罗"-12 S-II 级发动机点火时,2 号发射控制室测试人员正在紧张的注视着。监视器显示此时是起飞后 2 分 54 秒。NASA 的运载火箭测试指挥、任务测试指挥和保罗·唐纳利都站了起来,公共事务官员杰克·金的一些播音稿堆放在他的控制台上(左下)

杰瑞·特拉赫特曼(Jerry Trachtman)那天上午在指令/服务舱 ACE 控制室操作一个控制台。这是他首次在发射任务中操作控制台。他很紧张,他回忆说:

> "阿波罗"-12 任务对我影响很大。我不仅负责控制台工作,而且我们的团队还要检查和测试所有的通信系统、仪器和数据系统、PCM 遥测等,我也参加了那些检测。
>
> "阿波罗"-12 检测中,我们遇到了与其他飞船一样的问

题。在流程中的某一点，我们在 ACE 控制室进行测试时，有些设备不能正常工作。我们写了一份偏差报告，决定更换系统的一个主要部件。因为所有接口一直都在流程中测试，我不得不断开插头，更换设备箱。我写了一份替换的测试检查表。这项工作还需要同事们的帮助。

那是我首次操作控制台。当数据出来时，我记得一切都乱了，我在想，"这是正常的吗？火箭现在已经飞过了塔架，可是我们没有得到数据。"我不能确信丢失数据是否正常。

然后，当我意识到我们仍然应该获得数据时，我想，"糟了，我的职业生涯完了！我们没有收到数据，而你更换过设备箱，你的职业生涯结束了！"

我还没有了解清楚飞船上发生的事情。这不是飞船上设备发生了什么问题，而是它的遥测数据异常。飞船 PCM 遥测系统有一主一备两套系统，备份系统作为辅助系统。因此，将 SCE（信号调制设备）开关切换到辅助状态，就可以将主系统切换到备份系统。重置 PCM 遥测系统后，休斯敦收到了数据。

约翰·亚伦（John Aaron）想出了这个建议，他是任务控制中心的一名电气工程师，所以媒体总是把他描绘成修理飞船上电气系统的人员。但在现实中，飞船上的一切设备正常，只是遥测数据出现问题，这个问题实际上是他解决的。

他当机立断通知，"SCE 切换到辅助状态。"当时我正在 ACE 控制室，我也想到同样的措施，但我无法告诉任何人！火箭飞过塔架，控制权就交给载人航天器控制中心了，他们负责与航天员进行通信，我们能做的就是监听。我们知道发生了什么，但无法控制。

多年后有些人推测，尼克松总统当天来观看"阿波罗"-12 发射给 NASA 增加了很大压力，以至于 NASA 不能做出准确判断。诺姆·卡尔森则强调说，"尼克松与此毫无关系。"

弗兰克·布莱恩说：

前一天晚上，我们进行发射倒计时，有轻微的雷雨云通过。我的意思是非常轻微，不是一个大的雷暴。但当我们发射时，正好有一块云层经过头顶。我们那时在发射任务规则中没有设置这样的红线，没有规定说不能在雨中发射。

　　这是沃尔特·卡普莱恩（Walt Kapryan）在晋升为发射指挥后的首次发射任务。我们发射的"阿波罗"-12 进入了云层。火箭排气尾端是导电的，气体电离了。它就像一根棍子插进云里，闪电击中了火箭的顶端，向下直到尾端。"土星"-V 火箭和马歇尔航天飞行中心的系统是坚不可摧的。我认为"土星"火箭上没有发生问题，但是飞船上的一切就乱套了。火箭只是穿过云层继续飞行。我认为我们运载火箭没有任何损坏。

IBM 公司的发射经理乔治·史密斯（George Smith）谈到此事件及其后果时说：

　　我们的仪器舱一直在工作！但可怜的沃尔特·卡普莱恩，他与皮特·康拉德离得很近，他对此次事件感觉糟透了。任务是由沃尔特来决定是否发射。之后，我们对闪电进行了广泛的研究。比尔·贾弗里斯（Bill Jafferis）成为了闪电方面的专家，他花了很多时间进行研究。现在来参观的话，你会看到那些新添的巨大的避雷装置。

韦尔比·里斯勒（Welby Risler）受命重新拟制遇到雷电情况的发射任务规则。他取得的一项成果是在肯尼迪航天中心部署了一系列电场仪，用以绘制发射工位区域的电势。里斯勒说：

　　为了测量地面上大气层雷电的危险，你要考虑两维平面情况，但真实的情况是三维的。危险不仅在于该地区有多少电荷，还在于它的集中程度。在"阿波罗"-12 任务之前，我们使用斯威尼测量仪。它们只是带有一个尖点的导体，将头顶电场中的电流引导下来。它们不是很敏感。在"阿波罗"-12 之后，我们使用了电场仪。在晴朗的天气里，电场仪也会显示 250 伏/米电场强度，因为世界各地都有雷暴在发生。云对地的闪电将电荷注入地球，所以地球在良好的天气里实际上也在充电。这就是电场仪的敏感性。我们布设了一系列电场仪，设计了一个程序，将所有的数据送入一个中心位置，绘制电场的轮廓图。

布莱恩说，卡普莱恩还指示运载火箭工作人员与亨茨维尔和加利福尼亚的运载火箭设计人员合作，寻找放宽任务规则的方法，以便在遇到恶劣天气的情况下可以延长中断时间。这项工作在 1971 年 1 月 31 日发射"阿波罗"-14 时发挥了作用。这是"阿波罗"计划中唯一一次因天气原因而延迟发射，为了等待雷雨云通过发射区，倒计时中断了 40 分 2 秒。"阿波罗"-14 能够发射，应该感谢"阿波罗"-13 后对任务规则中断时间进行了修改。

里斯勒讲述了关于"阿波罗"天气预报业务的一个有趣故事：

> 我们在载人航天器操作厂房 4 楼上有一个 X 波段雷达，在那里，还有一些打交道的 NOAA（美国国家海洋大气局）人员。在工作方式上，乔治·佩奇（George Page）或卡普莱恩会请求空军提供气象数据，他们不知道的是，空军也会到载人航天器操作厂房 4 楼咨询 NOAA 人员，因为他们借助 X 波段雷达可以预报天气。这是美国唯一的 X 波段气象雷达，它只监测降水情况。

> 有一天，X 波段雷达不见了，是沃洛普斯岛的人过来将它连夜拿走的。我抓住一个人问发生了什么事。这是技术支持部门的负责人皮特·麦德曼（Pete Minderman）的决定，解散那些 NOAA 人员可以节省经费，因为空军可以给我们提供天气预报，所以他解雇了所有的 NOAA 人员！

> 我找到卡普莱恩，问道："为什么麦德曼这样做？"卡普莱恩说，"乔治说，空军一直……"我打断他，"乔治不知道究竟怎么回事。"所以，我们没能节省经费 —— 我们还需要花钱，因为空军跑回来说："我们必须雇一些预报天气的人员。"

10.5.3　"阿波罗"-17 任务：T−30 秒关机

1972 年 12 月 6 日晚，有 50 万观众聚集在佛罗里达海岸，亲眼见证美国最后一次载人登月飞行任务发射，即"阿波罗"-17。这是"土星"-V 火箭首次也是唯一一次夜间发射。这也是美国航天员首次参加夜间发射。在"阿波罗"-8 飞行后不到 4 年，美国登月计划即将终结。

由于液氧蒸气不断从运载火箭中蒸发出来，发射工位周围设置的探照灯将"土星"-V 在夜空中照射的异常明亮。航天员乘组，尤金·塞尔南（Gene Cernan）、罗恩·伊万斯（Ron Evans）和哈里森·施密特（Harrison Schmitt），在"阿波罗"飞船内平静地进行着最后的检查。

发射控制室内，倒计时时钟在不断接近预计的发射时间，即东部标准时间 21：53。发射指挥沃尔特·卡普莱恩（Walter Kapryan）和测试指挥比尔·希克（Bill Schick）从休斯敦任务控制中心接手，开始终端倒计时时序，一切工作都在正常进行。

在之前的 16 次"阿波罗"/"土星"发射任务中，肯尼迪航天中心对终端倒计时时序器的工作非常满意。按照计划，终端倒计时时序器在 T−03：06 开始执行最后的动作指令，为"阿波罗"-17 发射进行准备。

T−02：47，时序器按计划发出信号，触发地面支持设备对 S-IVB 级液氧贮箱进行增压。此时没有发生问题的任何迹象。理查德·卡尔森（Richard Carlson），麦道公司推进系统总工程师，立即意识到时序器没有发出信号。卡尔森打开了他的控制台上 3 个开关，关闭了贮箱排气阀，打开了贮箱增压阀，S-IVB 级液氧贮箱按时增压。卡尔森的迅速反应解决了运载火箭一个危险故障，如果一个完全增压的液氢贮箱和一个未增压的液氧贮箱相遇，它们的共底舱壁可能会破裂，导致火箭发生爆炸。

弗兰克·布莱恩回忆说："当时我听到有人说，'我们将手动对液氧贮箱增压'，我坐在那里想，'我的上帝，为什么他们要这样做？'我知道遇到了故障，然后我又听到有人说，'倒计时 30 秒时关机了。'"

NASA 的公共事务官查克·霍林斯赫德（Chuck Hollinshead）是这样介绍倒计时最后时期发射控制室的工作：

> 第一级推进剂贮箱已经增压。现在倒计时还有 1 分钟，我们将转内电。现在所有系统都转为内部供电。在倒计时 8.9 秒时，发动机点火时序将启动。发动机将达到 760 万磅推力。T−30 秒，我们关机了！我们在 T−30 秒关机了。我们停在了 T−30 秒。有最新情况我们会及时播报。倒计时 30 秒钟我们进行了关机。这里是肯尼迪航天中心。

正如麦道公司工程师所怀疑的，尽管 S-IVB 级液氧贮箱已经采用了手动增压，但是没有时序器的输出就不能接通地面支持设备链中的联锁电路，导致在 T−30 秒关机，从而停止了发射时序。

按照规程要进行循环和发射中断。从没有"阿波罗"/"土星"发射任务在终端倒计时时序开始后发生推迟。现在，全世界都在看着他们，发射控制室的参试人员必须决定该如何进行下一步工作（图 10−12）。

洛克·佩特龙将发射人员带到会议室。当发射人员确认火箭安全时，管理人员告诉航天员留在飞船指令舱内，等待下一步命令。

"阿波罗"-17 指令长尤金·塞尔南告诉笔者："坐在指令舱里，我想我们不会发射了。我想许多人来看我登月，这下他们要回家了。这是我担心的，我只知道我们不会发射了。"

图 10-12 "阿波罗"-17 在 T-30 秒自动关机后，高层领导非常关注。艾克·雷杰尔
（Ike Rigell，右）在耳麦机上与弗兰克·布莱恩交谈，洛克·佩特龙（站在雷杰尔旁边
者）正在怒目而视，布莱恩说，"他可能正在盯着我，沃尔特·卡普莱恩（Walt
Kapryan）一紧张就会向后摸头发。"

　　佩特龙带领发射人员进行了检查。应急程序允许将硬连线跳线插
入到发射控制室分配器中，以绕过故障的联锁电路。在倒计时的适当
时间，S-IVB 级推进系统工程师可以手动对液氧贮箱增压，从控制台监
视器上可以确认增压是否正常。

　　关键问题是：还能相信时序器吗？如果倒计时继续，时序器出现无
法预知的故障，那么会带来危险。布莱恩说：

　　　　接下来的两个小时，我们审查时序器可能的故障模式及
　　其后果。最大的问题是不知道故障模式。时序器会失效并迅速
　　发出所有的输出信息，或者在倒计时 10 秒中断，或者做出其
　　他奇怪事情？如果那样，我们可能会遇到真正的麻烦了。
　　　　我们电话咨询了亨茨维尔的时序器设计人员。设计人员
　　想运行一个全面的功能测试，这在火箭加注的情况下是不可
　　以的。波音公司 S-IC 级工程部门非常担心时序器的进一步故
　　障可能会误发指令，危及 S-IC 级推进系统和运载火箭。有一

两个波音公司的人员，坚决反对采取任何处理措施，他们想取消发射任务。他们说，"时序器故障，液氧可能会溢出，发动机将启动，这会发生爆炸……"

在发射控制中心和亨茨维尔分别开会进行了研究，审查时序器的设计及其故障模式与后果。大多数故障模式受到发射平台内继电器联锁电路和硬线开关保护。大约两个小时后，论证风险是可以接受的。

尽管倒计时文书中的应急规程允许安装跳线，但这仍然被认为是一项设计变更。布莱恩说，"采用技术状态变更文件来进行设计变更，这需要马歇尔的人员签名，这些管理人员都坐在发射控制室最高一排，你可以打赌，当洛克看着他时，他会很快地签字。"

规程更改请求 M-123-II-P 当场被批准，在下一次发射时绕过联锁电路，手动对液氧贮箱增压。

倒计时时间被重新设置到 T−22 分钟。航天员尤金·塞尔南被通知，新的发射时间为 12 月 7 日 12 点 33 分。塞尔南回忆说："我们接到通知时，真的非常意外，我不喜欢等待下一次发射，我在'双子座'等待了 3 次，我不想再次经历等待。"

倒计时正常恢复。在倒计时的适当时间，理查德·卡尔森将打开开关对 S-IVB 级液氧贮箱增压。时序器工作良好，没有发生其他故障或延迟。

发射后，工程师拆卸和检查了时序器。时序器中的两个二极管坏了，其中一个输出驱动继电器对 S-IVB 级液氧贮箱增压。这是时序器中会导致任务中断或取消的大约 1500 个二极管中的一个。LC-39 发射场的时序器已经使用了大约 6 年。因为即将到来的"天空实验室"和"阿波罗－联盟"计划任务发射窗口比"阿波罗"任务更短，因此如果时序器在倒计时中发生故障，将没有时间重新进行倒计时。为了降低发射取消的概率，"天空实验室"和"阿波罗－联盟"计划任务采用了 3 个具有"投票"逻辑的时序器，如果任何一个时序器发生故障，另外两个也可以控制倒计时继续进行。

10.5.4 "天空实验室"轨道工作站的"战斗损伤"

1973 年 5 月 14 日，"天空实验室"轨道工作站发射，这是"土星"-V 火箭最后一次飞行。它也是唯一一次"土星"-V 火箭没有搭载"阿波罗"飞船的飞行任务，火箭的 S-IVB 级改成了"天空实验室"工作站。

设计修改对工程任务带来了一些有趣的挑战。戴维·汉森（David Henson）是一名结构工程师，他刚参加"土星"计划不久。他在"天空实验室"任务中从事 S-II 级工作时，接受了一项不寻常的工程任务：

> 我从"阿波罗"-14 才开始参与"阿波罗"计划，在我短暂的"阿波罗"计划工作时期，很快了解到，"土星"-V 火箭或"阿波罗"飞船上增加或减少重量都必须得到工程团队的层层批准。航天器的重量和重心必须严格控制。在参加"天空实验室"航天器发射工作中，我惊讶地得到了一份工程通知单，将铅块连接到 S-II 级级间段内。
>
> 我打电话给唐尼的设计人员进行咨询，这份通知单是否是一个愚人节玩笑。他们的反应是，这份通知单是合法的，是火箭为"天空实验室"任务做的独特技术状态更改。他们认为这份通知单的原因很复杂，他们会派一名工程师到肯尼迪航天中心来解释增加铅块的理由。
>
> 他的理由如下："土星"-V 火箭是为"阿波罗"任务设计的。然而，"土星"-V 火箭最后一次发射不是"阿波罗"任务。"天空实验室"任务中运载火箭第三子级被改装成了一个实验室，在实验室上面还安装有一个对接适配器和"阿波罗"望远镜。火箭的重量没有"阿波罗"任务时那么重。这意味着 S-II 级性能超标。S-II 级现在是最后一个子级，它负责提供航天器入轨所需的速度并将"天空实验室"送入轨道。
>
> 工程问题是，"天空实验室"运载火箭的重心低于"阿波罗"任务运载火箭的重心。如果 S-II 级外侧的 4 台 J-2 发动机有一台未能启动，则对侧的正常发动机将比"阿波罗"任务更加需要向外偏转，以便推力通过较低的重心。与"阿波罗"任务相比，当级间段分离经过发动机时，这会在 S-II 级级间段产生一个较大的侧向力。很可能这种运动会导致级间段冲击故障发动机，然后翻转到对面的正常发动机。这将导致火箭严重受损。
>
> 因此，需要在级间段上增加铅块，以增加它的惯性，使得它不至于运动太快，冲击故障发动机。问题解决了。唐尼的工程师然后挥手告别而去。

1973 年 5 月 14 日，"天空实验室"工作站倒计时和发射正常进行。在一级分离后不久，S-II 级尾舱的异常高温数据引起了地面人员的极大关注。弗兰克·布莱恩回忆说："迪克·史密斯（Dick Smith）是马歇尔航天飞行中心高级项目经理，发射时他在发射控制室。在发射及发射后，他不断接到马歇尔航天飞行中心关于 S-II 级尾舱区域异常高温数据的电话，他们不断地问他发生了什么情况，他不知道，这令他感到担心，所以他问我们发生了什么，我们也不知道。"

汉森第一次在发射控制室负责操作一个控制台。他说："作为 S-II 级测试团队的新成员，我被分配从事快速审查发射数据，而其他人去参加发射庆祝会了。我审查的结果表明，S-II 级尾舱温度在整个 S-II 级燃烧期间偏高，我认为这是级间段没有按照计划在 S-II 级点火后 30 秒分离造成的，我将这一看法报告给设计中心，他们告诉我，他们也检查了数据，显示出 S-II 级燃烧时间比预期长，如果级间段没有分离，就会发生这样的情况。"

当"天空实验室"空间站到达轨道时，很明显，空间站发生了严重故障。数据分析得出的结论是，空间站的微流星防护罩在发射期间被冲毁了。它还指出了为什么级间段没有分离 —— 一个看似无关的原因。汉森解释说：

> 接近最大动压 Q 时（发射后约 75 秒，火箭加速到此点时气动压力最大），"天空实验室"的微流星/热防护罩开始颤动和破裂。破裂的碎片从运载火箭的侧面滚落，切断了 S-II 级与级间段之间的线形爆炸索。在分离时，爆炸索一端按计划引爆，然而，切断的部分使得周围的炸药未能完全引爆。级间段部分分离，这使得在第二个雷管引爆前，线形爆炸索另一端的电连接器脱开。所以 S-II 级携带着 4545 千克的级间段，加上所有额外的铅块，进入了轨道！庆幸的是，我们当天的表现还不错。

布莱恩几天后收到了对此事件的一个有趣看法：

> 艾克召集我们 3 个人，带我们去了发射控制室旁边的会议室。国防部的代表说，有一个视频我们应该看看。空军有一个视频，我猜他们是通过望远镜拍摄的。你可以看到 S-II 级在轨道上，慢慢翻滚，尾端的级间段显然还连接在上面。这是我们第一次确认级间段没有分离。艾克让我们每个人投票：级间段到底在不在那里？视频真的不是很清晰，但我们都投票认为它在那里。

布莱恩总结说，"幸运的是，碎片没有对'土星'-V造成其他损伤。当总部有人问迪克·史密斯为什么S-II级被损坏时，他说马歇尔航天飞行中心设计的"土星"-V火箭无法禁受住"战斗损伤"。

10.5.5 "天空实验室"-2：距灾难毫厘之间

在"天空实验室"轨道空间站发射11天后，与空间站对接的首次载人飞行任务几乎发射失败——直到"阿波罗"飞船进入轨道后才有人明白这一点。

"天空实验室"-2任务是首次在LC-39发射场发射"土星"-IB火箭。因为LC-39发射场的发射设施主要为发射"土星"-V而设计，因此为了发射较小的"土星"-IB火箭，需要对发射平台/脐带塔、活动服务塔和地面支持设备进行适应性改造。

为了使"土星"-IB火箭矗立在发射平台时，其运载的"阿波罗"飞船、仪器舱和S-IVB级与"土星"-V火箭保持在同一高度，在1号发射平台/脐带塔上建造了一个适应性基座；之前为S-IC级服务的摆臂被拆除，为S-II级服务的摆臂被改造为S-IB级服务。

马歇尔航天飞行中心提供了与"土星"-IB火箭配套的电气支持设备。该套设备类似于早期"土星"发射任务在LC-34/LC-37发射场使用的电气支持设备，有些设施设备就是从LC-34/LC-37发射场移植而来。该套设备为了适应LC-39发射场必须进行相应的改造。"土星"-V的发射设施从1967年到1972年已经历经多次检查和测试。现在，发射场安装了新的电气设备，新老设备之间的兼容性尚未进行深入研究。在发射工位检测和倒计时验证测试期间没有发生问题，因此任务被允许实施发射。

"天空实验室"-2任务发射倒计时正常进行。在最后的自动时序期间，S-IB级上的8台发动机点火并建立推力；在检查8台发动机运行后，电气支持设备发出"允许发射"信号；该信号将触发支撑臂释放时序，允许火箭从发射平台起飞；火箭起飞时，感应开关被激活，使"土星"-IB火箭电气和推进剂管路的脐带连接装置断开。

布莱恩解释说，在这一刻，发生了意外的电气问题："电气支持设备中建立联锁逻辑的继电器是机电式的，每个继电器由一个电磁线圈和一个带电触点的弹簧臂组成，其中一个继电器，由于一个消弧二极管在线圈中意外引发了电流，导致继电器弹簧臂重新接触，'反弹'，重新加电的电路产生了一个短暂关机信号，这是电路中的设计故障。"

在参与起飞工作的大量电气开关中，一个随机继电器按计划接通，但由于电磁线圈中仍然有电流，继电器再次闭合了零点几秒。这个时间已经足以激发一个潜电路，这是继电器逻辑不期望的技术状态，电气支持设备理解为发生了推力故障，一个联锁电路发出立即关机信号给电气支持设备。这个故障是在允许发射信号后 102 毫秒发生的。幸运的是，关机信号持续时间不足以接通关机继电器。

马歇尔航天飞行中心"天空实验室"飞行评估报告称，"如果错误的关机信号持续时间足够长，能够使关机继电器加电，则可能会启动不正确的自动关机时序。火箭电源将在发动机没有关机的情况下从内部转换到外部，导致没有电源情况下发射和任务失败。"

布莱恩解释了这一发现：

"允许"信号阻断了"关机"信号从地面传到箭上，但没有阻断电源转换指令。火箭 3 个舱段 —— S-IB、S-IVB 和仪器舱将断开电池电源，并试图切换回地面电源。根据脉冲的长度、电流的速度以及火箭起飞时脐带连接分离情况，这些舱段可能单个或全部断电。

S-IB 级 H-1 发动机将不会得到关机信号，设计中它们不需要电源，因此即使没有电源它们也能工作。支撑臂被释放，所以火箭将会在发动机全部正常工作、没有电源、完全不受控状态下飞行。

如果脉冲长度足以将仪器舱电源转换为外部电源，则仪器舱将断电。没有电源，"阿波罗"飞船的自动中止飞行不会发生，就需要航天员手动进行中止飞行。

如果火箭两个子级都断电，则安全自毁系统将不起作用。自毁系统是由火箭电气系统供电。这样就没有办法炸掉火箭，因此火箭将不受控制地飞行，直到它解体或撞到地面为止。

发射一天后，当我们复查记录脉冲数据的 DEE-6 数字记录时，我们才发现这一点。有人带着 DEE-6 记录来找我，说："看看发生了什么！这不应该是这样！"在我们意识到差点发生什么情况后，我立刻报告发射指挥沃尔特·卡普莱恩(Walt Kapyran)。我从来没有见过他脸色那么苍白。

在这个事件之前，我曾告诉过马歇尔航天飞行中心继电器反弹可能会导致问题。他们在实验室不能复现这一现象,所以他们忽视了。

这次"差点失败"仍然令我感到后怕!

在分析了这一事件后,工程师在电气支持设备电路中增加了二极管和继电器,以防止后续任务中再次发生类似问题。比较起来,LC-39发射场其他"土星"-IB 火箭发射任务非常顺利。

第 11 章

结束语

11.1 它真的能工作吗

1969 年 7 月 20 日，当"小鹰"号登月舱降落在月球表面时，肯尼迪航天中心参试人员的自豪感和成就感难以用语言形容。这种兴奋感在发射场蔓延。罗伯特·梅里利斯（Robert Merrilees）说："阿姆斯特朗在那天晚上踏上月球时，这个地方所有人都没了困意，我周围有 8～10 个人直接参与了这个计划，那时周围的每个人或多或少参与了空间计划，即使你经营着一个加油站，你服务的人员可能就从事着空间计划。我从来没有见过这样的事情，有那么多人都在关注着同一件事。"

任务期间，其他行业人员都紧张不安。报纸和电视广播员对任务各个方面的报道让人感到任务非常危险。有人质疑：这些人是怎么想的？直接参与产品检查测试的人——那些在发射之前 6 个月进行测试的人——似乎是对飞船能否按照预期完成任务最有信心的人。有人对他们提问："你认为它能工作吗？"

IBM 公司的乔治·史密斯（George Smith）说："我第一次看到这里的设施时，第一反应是：'我们对待登月任务是严肃认真的! 这不是纸面文章。'"

肯尼迪航天中心机械和推进系统指挥埃德·范宁（Ed Fannin）回忆说：

> 这是一个很棒的环境。从计划开始，我们就与产品朝夕相处。洛克总是反复强调一件事：以往飞行任务的成功与现在的飞行任务无关。另一个有趣的事情是，他认为每一枚运载火箭

都有自己独特的个性。

自然总有一些疑问。但我认为我不应该有这样的疑问，因为我们已经进行了充分准备，火箭已经绕月飞行。我们只剩下最后一项工作，就是放下着陆器，然后返回到指令舱。这显然是最关键的一步，也是最后的一步。

肯尼迪航天中心航天器测试指挥堂·菲利普斯（Don Phillips）说：

如果你思考为了发射需要正常工作的一切事情——所有的地面设备、摆臂和其他设备都必须工作正常，没有发生火灾或短路情况——我的意思是说，这几乎不可能实施发射！你要进行很多准备工作。我以前认为，航天员第一次参加任务时肯定会说："嘿，这东西就是去登月的吗？"我感谢那些航天员，对他们来说，一切正常的概率接近零。这是我的想法，我熟悉所有已经完成的冗余测试。但一切工作非常完美，令人难以置信。

"阿波罗"-8 的鲍曼和他的同事参加了检测、设计等一切工作。他们知道到底发生了什么。你能想象那个"土星"-V 的情况，并想到有 33% 的概率无法返回吗？那样你就不敢去了！

查理·马尔斯（Charlie Mars），NASA 登月舱项目工程师：

我从来没有怀疑它能够正常工作。我知道它能够工作，这是基于激情、对参试人员的信任，以及计划中卓越的管理。像乔治·劳（George Low）等，在格鲁曼公司各种验收审查会中我和他坐在一起，我常听他的讲话，我想，"这个家伙非常聪明。"他了解掌握各种系统和发生的问题，掌握任务进展，知道是否可以验收。

我们在着陆遇到计算机故障时，我认为肯定会撞毁，或无法降落。任务控制中心的史蒂夫·贝尔斯（Steve Bales）说："嘿，我了解这个！继续前进，没有问题，我们在模拟器上做过实验。"计算机溢出不会影响下一步工作，他知道这一情况。皮特·康拉德（Pete Conrad）后来说，"我就坐在任务控制中心，我无法很好控制自己的情感。一方面，我希望尼尔能够成功着陆，另一方面，我又不希望他着陆，因为那样我就会是第一个登月的航天员了！"

着陆时我正在调度中监听。最后几秒钟，可以听到巴兹在检查剩下多少燃料，还可以听到尼尔在说话。我的老板碰巧在桌子正对面看着我。我们都戴着耳麦，但不能相互说话，我们都坐在载人航天器操作厂房数据室内收听命令频道。当尼尔最后说："着陆"，我几乎可以听到房间里每个人的呼吸声。我们在卡纳维拉尔角经历了许许多多的检测，现在飞船终于登陆月球了，灰尘腾起，"'小鹰'号已经着陆。"此时无法表达我的感受，因为我从来没有这样的感觉！我们一直在为此努力，它突然就实现了！我们总是想，"是的，它终究会实现，"但是我们从来没有真的面对过这一事实，我们真的做到了！你不知道那是一种什么感觉，这就像是第一次谈恋爱，你怎么给别人解释这种感觉？

诺姆·卡尔森（Norm Carlson），NASA 运载火箭测试指挥："在'阿波罗'-11 任务之前，我们发射了 20 次'土星'火箭。我对发射系统很有信心，我个人对飞船不太了解，但我从来没有怀疑过运载火箭系统。"

康妮·佩雷斯（Connie Perez），罗克韦尔公司指令/服务舱推进系统工程师：

质疑它能否工作？那不是真的。我确信发动机会点火。很多设备都会工作。你可能质疑整体性，但如果设备不能工作，我们总是有一个恢复方案，可以中止或采取别的方法来恢复。你可能降落不到月球，但可以环绕月球，再返回。但对于登陆月球，下降、上升、返回指令舱、抛弃上升段，重返地球等等，所有这些动作都靠发动机，每台发动机都必须点火工作。

这就像你坐到汽车里，拧钥匙点火，你知道汽车会启动，知道汽车要向前行驶，从来不考虑都有哪些设备参与了驾驶。登月也不需要考虑那么多！那里有各种冗余措施，在某些关键的设备上甚至有三重冗余。

约翰·康威（John Conway），NASA 仪表工程师：

"阿波罗"最大的事情，某种程度上对任何空间计划都是如此，就是真的不知道是否应该结束这项任务。有很多人在为这一任务工作，而且不能确定是否能够完成任务。NASA 有很多人在第一次成功登陆后说："现在就结束吧，我们永远不可能再次复制它，那样我们会出问题的。"它能够正常工作是一个奇迹，真的。

你参与这些事情时，肯定不会骄傲自满。因为你知道，在任何时候，随时都有可能出问题。这是一个有趣的、具有挑战性的、令人兴奋的时刻，"阿波罗"成功了……我认为NASA不可能再来一次"阿波罗"任务。

迪克·克拉维奇（Dick Koralewicz），格鲁曼公司登月舱电气系统技术员（图11-1）：

你必须明白，当我们来到肯尼迪航天中心时，不知道自己将要做什么。我们一无所知。我们大多数人来自不同领域，真的没有接触过航天。随着时间的推移，我们掌握了解的越来越多，我们知道自己在做什么。在登月时，我们都很紧张地在电视上观看。但你知道吗？我从来没有想过任务会失败。你努力训练，完成了各项任务，知道它肯定能正常工作！你根本不会想到失败。

罗克韦尔公司遥测系统工程师杰瑞·特拉赫特曼（Jerry Trachtman）说："8～10年前我在奥什科什航空展上碰到弗兰克·博尔曼（Frank Borman），他坐在军用飞机展区的一张长椅上，我正好在那里闲逛，我告诉他：'我参加了你的那次发射任务，"阿波罗"-8。'他说，'好极了！你知道我最惊讶的是什么吗？一切都工作正常！'一切工作正常令他感到惊讶，我们工程师却非常乐观，我们知道，如果我们做了自己必须要做的工作，一切都将工作正常。"

格鲁曼公司经理埃德·海纳（Ed Heiner）说："无法想象像'土星'-V火箭这样巨大的东西能够以这样高的速度飞行，但在你看过几次后，就能够相信了。'阿波罗'-11，我认为那些家伙疯了，他们认为首次就可以实现登月目标！"

罗克韦尔公司指令/服务舱推进系统工程师约翰·特赖布（John Tribe）说："我从来没有怀疑过，你如此专心致志，只担心自己的系统：'我必须今天或明天完成它。''阿波罗'-1火灾事故后我有点担心。令我惊讶的是，我们很快就重新回到正轨上了。"

航天员戴维·斯科特（Dave Scott）说："从'阿波罗'-7开始，连续发射成功，我确信'阿波罗'-11将会登陆月球，一切工作正常。从1968年10月至1969年7月，'阿波罗'-7～'阿波罗'-10都发射成功！令人难以置信！"

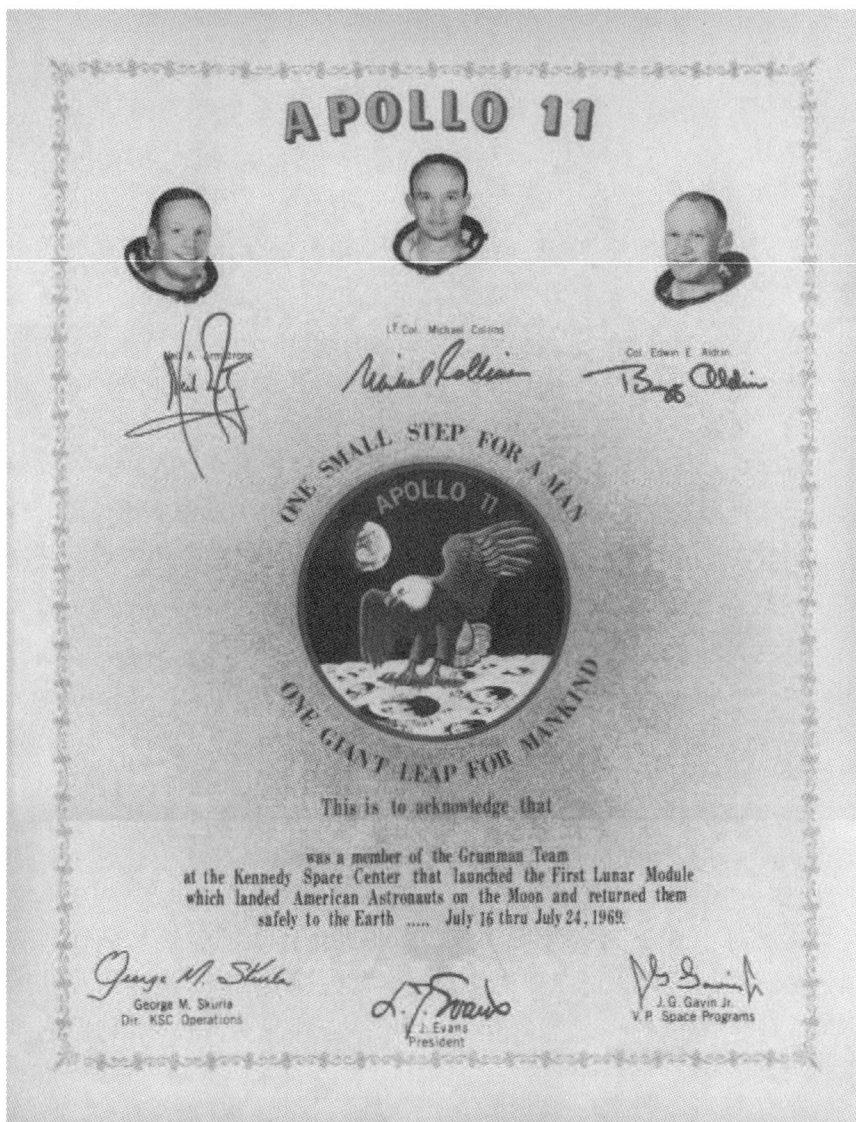

图 11–1　格鲁曼公司颁发的证书，授予那些在肯尼迪航天中心参加过"阿波罗"-11 登月舱 LM-5 工作的人员

　　NASA 飞船操作总工程师韦尔比·里斯勒（Welby Risler）说："有人写道，'阿波罗'计划是许许多多无名英雄在背后付出的结果。看看'阿波罗'-11 任务的标牌，在所有其他任务上，航天员都把他们的名字刻在

标牌上。'阿波罗'-11 任务中，尼尔·阿姆斯特朗不想在标牌上刻任何名字，我想这是因为：有那么多人为此工作 —— 许许多多无名英雄 —— 如果你不能把所有人的名字刻上去，就不要刻自己的名字，他不想让人们忽略这一事实，计划的成功依靠的是所有人的付出。"（图 11-2）

图 11-2　麦道公司为参加"阿波罗"-11 任务的员工颁发的证书

对于我们行外人员，特别是像我这样在"阿波罗"时期还很年轻的人来说，NASA 让这一切似乎理所当然。从 1968 年末到 1969 年夏，差不多每 2 个月，就会有一次"阿波罗"发射任务，一次比一次更大胆、更复杂。随着发射任务的不断成功，每次任务的目标也在不断增加。我们可以到达月球吗？服务舱发动机能否准时点火将航天员送回地球，或者航天员是否会困在月球轨道上？如果登月舱不能返回指令/服务舱又该怎么办？

随着"小鹰"号着陆，阿姆斯特朗和奥尔德林在月球上漫步，以及"阿波罗"-11 安全返回，参试人员在压力释放的同时，狂欢庆祝任务的巨大成功。广大公众只看到了冰山一角，很难描述成千上万名为"阿波罗"-11 任务做出贡献的参试人员的激动心情。

将不会再有另一个"首次"任务具有如此重大的意义。在"阿波罗"时期为 NASA 工作的人们知道，他们很幸运地赶上了好的时代。他们有着优秀的技能、端正的工作态度，以及坚持和奉献精神；加上新技术的应用，良好的沟通，以及在原则和灵活性之间的平衡；当然，还有充足的经费；最重要的是充满魅力的领导人设定了一个挑战性的目标，参与计划的每个人都在为这一目标而努力，要在规定期限内击败对手。所有这些因素组合在一起保证了载人登月任务的成功。

如果是现在，似乎不可能完成"阿波罗"计划，那只是因为我们现在没有以上这些关键因素。现在的条件不适合实施"阿波罗"计划。缺乏目标、经费不足、有其他的优先任务、太多的政治争吵、太多的官僚主义 —— 任何一个因素都足以严重影响计划。

如果我们今天不能再现另一个"阿波罗"计划，我们至少还可以感谢美国在过去做到了。我们期望在未来能有更大的梦想，能够再次完成激动人心的探险。

附录 A

缩略词和缩写

缩略词	意义
A&E	建筑和工程（机构或功能）
A&E	管理和工程（载人航天器操作厂房内的区域）
A&T	装配和测试
A50	航空肼 50
ABMA	陆军弹道导弹局
ACE	接收检查设备 – 航天器
AEC	原子能委员会
AGCS	自动地面控制系统设备
ALSEP	"阿波罗"月面试验包
ALT	接近和着陆试验（航天飞机）
APIP	"阿波罗"工作人员考察程序
APS	辅助推进系统
ARFM	机身
ASI	增强型点火器
ASTP	"阿波罗 – 联盟"试验计划
ATM	"阿波罗"望远镜基座
ATOLL	接收试验或发射语言

(续)

缩略词	意义
AUX	附属机构
Boeing-TIE	波音技术集成和评估合同
BPC	发动机保护罩
C^2F^2	乘员舱适应性和功能测试
CALIPS	校准压力开关
CAPCOM	太空舱通信机
CCAFS	卡纳维拉尔角空军基地
CD	倒计时
CDDT	倒计时验证测试
CDF	防爆保险丝
CDR	指挥员
CG	重心
CIF	中央仪器设备处理中心
CIL	技术状态检查日志
CKAFS	肯尼迪空军基地
CLTC	NASA 火箭测试指挥
CM	指令舱
CMP	指令舱飞行员
COAS	乘组光学校准景象
CSM	指令/服务舱
CVTS	NASA 测试指挥
DDAS	数字数据采集系统
DE	设计工程师
DLO	发射操作指挥人员
DM	对接舱
DOD	国防部
DR	偏差记录

(续)

缩略词	意义
DTS	数据传输系统
EASEP	早期"阿波罗"科学实验包
EBW	引爆桥丝
ECS	环境控制系统
ECU	环境控制单元
EDS	突发防护系统
EDT	美国东部白昼时间
EMI	电磁干扰
EO	工程通知单
EOR	地球轨道交会
ESE	电气支持设备
EST	美国东部标准时间
ETR	东靶场
EVA	舱外活动
FCC	飞行控制计算机
FCDR	飞行乘员指挥代表
FCE	飞行乘员装备
FCTB	飞行乘员培训大楼
FM	频率调制
FRR	飞行准备评审
FRT	飞行准备测试
FRU	现场置换单元
FSRT	飞行系统冗余试验
FWDT	适飞性验证试验
GE	通用电气公司
GETS	地面设备试验装置
GH_2	氢气

(续)

缩略词	意义
GN_2	氮气
GOX	氧气
GSCU	地面支持冷却单元
GSE	地面支持设备
HDA	下垂臂
HGA	高增益天线
HOSC	亨茨维尔工作支持中心
IBM	国际商用机器公司
IDR	临时偏差报告
IMU	惯性测量单元
ITP	总检查程序
IU	仪器舱
KSC	肯尼迪航天中心
L/V	发射火箭
LC	发射设施
LCC	发射控制中心
LCD	发射倒计时
LCRU	月球通信中继单元
LEM	月球旅行舱,登月舱的早期名称
LES	逃逸救生系统
LH_2	液氢
LM	登月舱
LMRD	发射任务规则文件
LMP	登月舱飞行员
LMR	发射任务规则
LO_2	液氧
LOC	发射操作中心

（续）

缩略词	意义
LOD	发射操作指挥
LOR	月球轨道交会
LOS	信号丢失
LOX	液氧
LRR	发射准备就绪评审
LRV	月球车
LSC	线形爆炸索
LSE	发射支持设备
LUT	发射平台/脐带塔
LVDA	火箭数据采集器
LVDC	箭载计算机
LVO	火箭测试操作（肯尼迪航天中心）
MAF	米丘德装配厂
Max Q	最大动压
MCC	任务控制中心（华盛顿）
MCR	主要变化记录
MDAC	麦道飞机公司
MESA	模块化设备装配
MIC	管理信息和控制（房间）
MILA	梅里特岛发射附属建筑
MIP	强制检查点
ML	活动发射平台
MMH	一甲基肼
MOCR	任务操作控制室（华盛顿）
MR	材料评审
MSC	载人航天器中心
MSC-FO	载人航天器中心 – 佛罗里达操作

(续)

缩略词	意义
MSFC	马歇尔航天飞行中心
MSOB	载人航天器操作厂房
MSS	活动服务塔
MTF	密西西比试验设施
NAA	北美航空公司
NAR	北美罗克韦尔公司
NASA	美国国家航空航天局
NOAA	美国国家海洋大气局
NPDS	核粒子防护系统
O_2UU	供氧脐带单元
OAT	全系统测试或综合测试
OIS	调度通信系统
OMR	工作管理房间
OMRSD	工作、维修需求和规格文件
OTV	工作电视系统
PA	有线广播
PAO	公共事务官员
PCM	脉冲码调制
PD	推进偏差
PE	项目工程师
PERT	方案评估审查技术
PET	聚乙烯对苯二酸酯
PIB	火工品安装厂房
PLT	飞行员
PTCR	发射工位终端连接房间
PTCS	推进剂储存计算机系统
PU	推进剂利用

(续)

缩略词	意义
QC	质量控制
QD	快速断开装置
QLDS	快速测试数据站
RASPO	"阿波罗"航天器计划常驻办公室
RCA	美国无线电公司
RCS	反作用控制系统
RF	无线电频率
RP-1	航天煤油
RSCR	安全管道命令接收装置
RSO	安全管道官员
RSS	回转服务塔
RTG	放射性同位素热发生器
S/C	航天器
S&A	安全设备
SACTO	萨克拉门托试验工作
SCAPE	自主式大气防护服
SCE	信号调节设备
SCO	航天器操作指挥
SEQ	科学设备
SHe	超临界氦
SIM	科学仪器模块
SIP	监督检查点
SLA	航天器/登月舱适配器或航天器/运载火箭适配器
SM	服务舱
SMDPS	服务舱氮气灭火
SPLT	科学家乘员
SPS	服务推进系统

(续)

缩略词	意义
START	主动随机试验选择（ACE 系统试验模块）
STDN	航天飞行跟踪和数据网络
STG	航天任务组
STM	航天器测试管理人员（格鲁曼公司）
SV 或 S/V	航天器
TAIR	测试和检查记录
TC	试验指挥员
TCP	测试检查规程
TCS	终端倒计时时序装置
TLI	月轨外注入
TPR	测试问题汇报
TPS	测试准备工作表
TRD	测试要求大纲
TRS	故障排除记录表
TSM	尾端服务杆
UDMH	非对称二甲基肼
USAF	美国空军
USCG	美国海岸警卫队
USN	美国海军
USNS	美国军舰
UTC	协调世界时，也称为格林威治标准时或祖鲁时
VAB	垂直总装厂房，后来改称火箭总装厂房
VHF	甚高频
VJ	真空夹层

附录 B

"阿波罗"历次飞行试验任务

B.1 "土星"火箭与"阿波罗"航天器研制试验任务

地点：佛罗里达州卡纳维拉尔角空军基地

任务代号	SA-1
运载火箭	SA-1（"土星"-1 火箭第一组）
载荷	采用了"木星"导弹的头锥，火箭第二级为配重
发射工位	LC-34 发射工位
发射时间	1961 年 10 月 27 日 15：00：06 UTC（世界标准时，下同）
备注	第一次从 LC-34 发射区发射；土星系列火箭第一次发射；火箭第二级为配重；最大飞行高度约 136.1 千米（84.6 英里）

任务代号	SA-2
运载火箭	SA-2（"土星"-1 火箭第一组）
载荷	采用了"木星"导弹的头锥，火箭第二级贮箱装满水
发射工位	LC-34 发射工位
发射时间	1962 年 4 月 25 日 14：00：34 UTC
备注	第一次高空水释放任务 —— 在高度约 145 千米（90 英里）处释放了约 86.7 吨（22900 加仑）水

（续）

任务代号	SA-3
运载火箭	SA-3（"土星"-1 火箭第一组）
载荷	采用了"木星"导弹的头锥，火箭第二级贮箱装满水
发射工位	LC-34 发射工位
发射时间	1962 年 11 月 16 日 17：45：02 UTC
备注	第二次高空水释放任务 —— 在高度约 166.9 千米（103.7 英里）处释放了约 86.7 吨（22900 加仑）水

任务代号	SA-4
运载火箭	SA-4（"土星"-1 火箭第一组）
载荷	采用了"木星"导弹的头锥，火箭第二级为配重
发射工位	LC-34 发射工位
发射时间	1963 年 3 月 28 日 20：11：55 UTC
备注	设计提前关闭一台发动机，以检验火箭是否具备在一台发动机故障情况下完成任务的能力

任务代号	SA-5
运载火箭	SA-5（"土星"-1 火箭第二组）
载荷	采用了"木星"导弹的头锥，头锥内用沙子作为配重
发射工位	LC-37B 发射工位
发射时间	1964 年 1 月 29 日 16：25：01 UTC
备注	第一次从 LC-37B 发射工位发射；火箭 S-IV 级和配置导航平台的仪器舱第一次真实发射；"土星"火箭第一次将一个载荷送入轨道

任务代号	A-101
运载火箭	SA-6（"土星"-1 火箭第二组）
载荷	"阿波罗"模样指令/服务舱 BP-13
发射工位	LC-37B 发射工位
发射时间	1964 年 5 月 28 日 17：07：00 UTC
备注	S-IV 级、仪器舱和指令/服务舱作为一个整体被送入轨道

（续）

任务代号	A-102
运载火箭	SA-7（"土星"-1 火箭第二组）
载荷	"阿波罗"模样指令/服务舱 BP-15
发射工位	LC-37B 发射工位
发射时间	1964 年 9 月 18 日 16：22：43 UTC
备注	与 AS-101 任务相同；导航计算机（导航计算机在飞行中可以进行编程）首次飞行任务

任务代号	A-103
运载火箭	SA-9（"土星"-1 火箭第二组）
载荷	"阿波罗"模样指令/服务舱 BP-16，"飞马座 A"卫星
发射工位	LC-37B 发射工位
发射时间	1965 年 2 月 16 日 14：37：03 UTC
备注	搭载的卫星替代了服务舱，并在指令舱入轨后仍然与 S-IV 级相连

任务代号	A-104
运载火箭	SA-8（"土星"-1 火箭第二组）
载荷	"阿波罗"模样指令/服务舱 BP-26，"飞马座 B"卫星
发射工位	LC-37B 发射工位
发射时间	1965 年 3 月 25 日 07：35：01 UTC
备注	"土星"火箭首次夜间发射；任务与 A-103 任务相似

任务代号	A-105
运载火箭	SA-10（"土星"-1 火箭第二组）
载荷	"阿波罗"模样指令/服务舱 BP-9A，"飞马座 C"卫星
发射工位	LC-37B 发射工位
发射时间	1965 年 7 月 30 日 13：00：00 UTC
备注	任务与 A-103、A-104 任务相似；"土星"-1 火箭最后一次飞行任务

B.2 "阿波罗"航天器中止试验任务

地点：新墨西哥州白沙导弹基地

任务代号	发射工位中止试验 1
运载火箭	逃逸救生系统
载荷	模样指令舱 BP-6
发射时间	1963 年 11 月 7 日 16：00：01 UTC
备注	"阿波罗"模样指令舱首飞

任务代号	A-001
运载火箭	"小乔"-Ⅱ
载荷	模样指令/服务舱 BP-12
发射时间	1964 年 5 月 13 日 12：59：59.7 UTC
备注	模样指令/服务舱首飞

任务代号	A-002
运载火箭	"小乔"-Ⅱ
载荷	模样指令舱 BP-23
发射时间	1964 年 12 月 8 日 15：00：00 UTC
备注	增加了指令舱防护罩，回收系统采用了双减速伞

任务代号	A-003
运载火箭	"小乔"-Ⅱ
载荷	模样指令舱 BP-22
发射时间	1965 年 5 月 19 日 13：01：04 UTC
备注	在火箭第二级点火前，故障导致中止飞行；逃逸救生系统成功地携带指令/服务舱与火箭分离

（续）

任务代号	发射工位中止试验 2
运载火箭	逃逸救生系统
载荷	模样指令舱 BP-23A
发射时间	1965 年 1 月 29 日 13：00：01 UTC
备注	成功检验了逃逸救生系统在发射工位中止飞行能力

任务代号	A-004
运载火箭	"小乔"-Ⅱ
载荷	机身 002（改进的第一组模样指令/服务舱）
发射时间	1966 年 1 月 20 日 15：17：01 UTC
备注	成功检验了逃逸救生系统稳定控制航天器翻滚能力

B.3 "阿波罗"/"土星"正式飞行试验任务

地点：卡纳维拉尔角空军基地 LC-34/37B 发射场或肯尼迪航天中心 LC-39 发射场

任务代号	AS-201
运载火箭	SA-201（"土星"-1B）
指令/服务舱	CSM-009（第一组指令/服务舱）
发射工位	LC-34
发射时间	1966 年 2 月 26 日 16：12：01 UTC
试验指挥员	保罗·唐纳利（Paul Donnelly）
备注	无人状态低轨道飞行试验；"土星"-1B 运载火箭和"阿波罗"服务舱首次飞行

任务代号	AS-203
运载火箭	SA-203（"土星"-1B）
发射工位	LC-37B
发射时间	1966 年 7 月 5 日 14：53：13 UTC
试验指挥员	保罗·唐纳利（Paul Donnelly）
备注	S-IVB 级再启动能力飞行试验（无人状态）；没有搭载"阿波罗"航天器

(续)

任务代号	AS-202
运载火箭	SA-202（"土星"-1B）
指令/服务舱	CSM-011（第一组）
发射工位	LC-34
发射时间	1966 年 8 月 25 日 17：15：32 UTC
试验指挥员	堂·菲利普斯（Don Phillips）
备注	服务舱推进系统和热防护罩高速再入防护能力飞行试验（无人状态）

任务代号	AS-204/"阿波罗 204"/"阿波罗"-1
运载火箭	SA-204（"土星"-1B）
指令/服务舱	CSM-012（第一组）
发射工位	LC-34
发射时间	未发射；原计划于 1967 年 2 月 21 日发射
乘员组	指令长维吉尔·格里森（Virgil Grissom）、高级飞行员爱德华·怀特（Edward White）及飞行员罗杰·查菲（Roger Chaffee）
试验指挥员	乔治·佩奇（George Page）
备注	1967 年 1 月 27 日航天器进行内部供电试验时发生火灾，导致航天器受损及 3 名航天员牺牲

任务代号	"阿波罗"-4/AS-501
运载火箭	SA-501（"土星"-V）
指令/服务舱	CSM-017（第一组）
登月舱	LTA-10R（作为配重）
垂直总装厂房工位	1
发射平台/脐带塔	1
发射控制室	1
发射工位	LC-39A
发射时间	1967 年 11 月 9 日 20：37：00 UTC
试验指挥员	查克·亨舍尔（Chuck Henschel）
备注	无人状态飞行试验；"土星"-V 运载火箭首飞；环绕地球飞行 3 圈

（续）

任务代号	"阿波罗"-5/AS-204
运载火箭	SA-204（"土星"-1B）
登月舱	LM-1
发射工位	LC-37B
发射时间	1968 年 1 月 22 日 22：48：09 UTC
试验指挥员	堂·菲利普斯（Don Phillips）
备注	无人状态飞行试验；登月舱首飞，未搭载指令/服务舱；SA-204 火箭助推器原本用于"阿波罗"-1 任务，从 LC-34 发射工位上拆卸下来后，在 LC-37B 发射工位重新进行组装；LC-37B 发射工位在 1972 年停用，直到 2001 年改造后用于"德尔塔"4 火箭发射

任务代号	"阿波罗"-6/AS-502
运载火箭	SA-502（"土星"-V）
指令/服务舱	CSM-020（第一组）
登月舱	LTA-2R（作为配重）
垂直总装厂房工位	3
发射平台/脐带塔	2
发射控制室	2
发射工位	LC-39A
发射时间	1968 年 4 月 4 日 12：00：01 UTC
试验指挥员	吉姆·哈林顿（Jim Harrington）
备注	"土星"-V 火箭无人状态飞行试验；由于 S-IC 助推段 POGO 共振问题，导致 S-II 级两台发动机过早关机和 S-IVB 级无法重新启动；第一组指令/服务舱最后一次飞行试验任务

任务代号	"阿波罗"-7/AS-205
运载火箭	SA-205（"土星"-1B）
指令/服务舱	CSM-101（第二组）
登月舱	对接段

（续）

发射工位	LC-34
发射时间	1968 年 10 月 11 日 15：02：45 UTC
乘员组	指令长瓦尔特·希拉（Wally Schirra），指令舱飞行员多恩·艾西尔（Donn Eisele），登月舱飞行员瓦尔特·坎宁安（Walter Cunningham）
试验指挥员	堂·菲利普斯（Don Phillips）
备注	"阿波罗"计划首次载人飞行任务；第二组航天器首飞；SLA 适配器装载对接段；最后一次从 LC-34 发射工位发射

任务代号	"阿波罗"-8/AS-503
运载火箭	SA-503（"土星"-V）
指令/服务舱	CSM-103
登月舱	LTA-B（作为配重）
垂直总装厂房工位	1
发射平台/脐带塔	1
发射控制室	1
发射工位	LC-39A
发射时间	1968 年 12 月 21 日 12：51：00 UTC
乘员组	指令长弗兰克·博曼（Frank Borman），指令舱飞行员杰姆斯·洛弗尔（James Lovell），登月舱飞行员威廉·安德斯（William Anders）
试验指挥员	比尔·希克（Bill Schick）
备注	"土星"-V 火箭首次载人飞行任务；首次载人绕月飞行；S-IVB 级进入绕日轨道

任务代号	"阿波罗"-9/AS-504
运载火箭	SA-504（"土星"-V）
指令/服务舱	CSM-104 "水果糖"（Gumdrop）
登月舱	LM-3 "蜘蛛"（Spider）

(续)

垂直总装厂房 工位	3
发射平台/ 脐带塔	2
发射控制室	2
发射工位	LC-39A
发射时间	1969 年 3 月 3 日 16：00：00 UTC
乘员组	指令长詹姆斯·麦克迪维特（James McDivitt），指令舱飞行员戴维·斯科特（David Scott），登月舱飞行员拉塞尔·施威卡特（Rusty Schweickart）
试验指挥员	吉姆·哈林顿（Jim Harrington）
备注	绕地球飞行试验任务，登月舱首次载人飞行

任务代号	"阿波罗"-10/AS-505
运载火箭	SA-505（"土星"-V）
指令/服务舱	CSM-106 "查理·布朗"（Charlie Brown）
登月舱	LM-4 "史努比"（Snoopy）
垂直总装厂房 工位	2
发射平台/ 脐带塔	3
发射控制室	3
发射工位	LC-39B
发射时间	1969 年 5 月 18 日 16：49：00 UTC
乘员组	指令长托马斯·斯塔福德（Thomas Stafford），指令舱飞行员约翰·杨（John Young），登月舱飞行员尤金·塞尔南（Eugene Cernan）
试验指挥员	堂·菲利普斯（Don Phillips）
备注	首次从 LC-39B 发射工位发射，"阿波罗"任务中唯一一次"土星"-V 火箭从该发射工位发射；登月舱绕月飞行试验，模拟登陆月球流程（至启动减速火箭）；S-IVB 级和登月舱上升段进入绕日轨道

（续）

任务代号	"阿波罗"-11/AS-506
运载火箭	SA-506（"土星"-V）
指令/服务舱	CSM-107"哥伦比亚"（Columbia）
登月舱	LM-5"小鹰"（Eagle）
垂直总装厂房工位	1
发射平台/脐带塔	1
发射控制室	1
发射工位	LC-39A
发射时间	1969 年 7 月 16 日 12：32：00 UTC
乘员组	指令长尼尔·阿姆斯特朗（Neil Armstrong），指令舱飞行员迈克尔·柯林斯（Michael Collins），登月舱飞行员埃德温·巴兹·奥尔德林（Edwin Buzz Aldrin）
试验指挥员	比尔·希克（Bill Schick）
备注	首次载人登陆月球，着陆位置在月球静海；人类首次踏足地球之外另一个天体；美国肯尼迪总统的登月目标成功实现；S-IVB 级进入绕日轨道；1 号发射平台/脐带塔最后一次用于"土星"-V 火箭（随后被改造用于"天空实验室"任务"土星"-1B 火箭）

任务代号	"阿波罗"-12/AS-507
运载火箭	SA-507（"土星"-V）
指令/服务舱	CSM-108"扬基·快船"（Yankee Clipper）
登月舱	LM-6"无畏"号（Intrepid）
垂直总装厂房工位	3
发射平台/脐带塔	2
发射控制室	2
发射工位	LC-39A
发射时间	1969 年 11 月 14 日 16：22：00 UTC

（续）

乘员组	指令长查尔斯·康拉德（Charles Conrad），指令舱飞行员李察·戈登（Richard Gordon），登月舱飞行员艾伦·比恩（Alan Bean）
试验指挥员	吉姆·哈林顿（Jim Harrington）
备注	在助推工作段火箭遭到闪电袭击；首次精确降落在月球风暴洋；"勘测者"-3探测器采样品运回地球进行分析；S-IVB进入绕日轨道

任务代号	"阿波罗"-13/AS-508
运载火箭	SA-508（"土星"-V）
指令/服务舱	CSM-109 "奥德赛"（Odyssey）
登月舱	LM-7 "水瓶座"（Aquarius）
垂直总装厂房工位	2, 1
发射平台/脐带塔	3
发射控制室	1
发射工位	LC-39A
发射时间	1970 年 4 月 11 日 19∶13∶00 UTC
乘员组	指令长杰姆斯·洛弗尔（James Lovell），指令舱飞行员杰克·斯威格特（Jack Swigert），登月舱飞行员弗莱德·海斯（Fred Haise）
试验指挥员	伯特·格伦维尔（Bert Grenville）
备注	服务舱液氧贮箱爆炸，导致指令/服务舱受损，因此不得不中止任务；此次任务首选指令舱飞行员 T. K. 马丁利（T. K. Mattingly）因为患麻疹由航天员斯威格特代替；火箭在垂直总装厂房 2 号工位组装，然后运到 1 号工位对接航天器

任务代号	"阿波罗"-14/AS-509
运载火箭	SA-509（"土星"-V）
指令/服务舱	CSM-110 "猫鹰"（Kitty Hawk）
登月舱	LM-8 "心宿二"（Antares）
垂直总装厂房工位	3

（续）

发射平台/ 脐带塔	2
发射控制室	2
发射工位	LC-39A
发射时间	1971 年 1 月 31 日 21：03：02 UTC
乘员组	指令长艾伦·谢巴德（Alan Shepard），指令舱飞行员斯图尔特·罗萨（Stuart Roosa），登月舱飞行员埃德加·米切尔（Edgar Mitchell）
试验指挥员	查克·亨舍尔（Chuck Henschel）
备注	因为天气原因发射时间推迟了 40 分钟 2 秒；由于指令/服务舱对接问题、登月舱错误中止指令问题以及登月舱着陆雷达问题几乎导致登月任务取消；登月位置在弗拉·毛罗区域

任务代号	"阿波罗"-15/AS-510
运载火箭	SA-510（"土星"-V）
指令/服务舱	CSM-112 "奋进"号（Endeavour）
登月舱	LM-10 "隼"（Falcon）
垂直总装厂房 工位	1，3
发射平台/ 脐带塔	3
发射控制室	1
发射工位	LC-39A
发射时间	1971 年 7 月 26 日 13：34：00.6 UTC
乘员组	指令长戴维·史葛（David Scott），指令舱飞行员阿尔弗莱德·沃尔登（Alfred Worden），登月舱飞行员杰姆斯·欧文（James Irwin）
试验指挥员	吉姆·哈林顿（Jim Harrington）
备注	J 系列航天器首飞，扩展任务使用科学仪器模块进行科学试验；首次使用月球车；首次在月球轨道布设子卫星；着陆区靠近哈德利峡谷；指令舱飞行员首次出舱行走，在从月球返回过程中收集胶卷和科学仪器模块数据；运载火箭在垂直总装厂房 1 号工位组装，然后运到 3 号工位对接航天器

(续)

任务代号	"阿波罗"-16/AS-511
运载火箭	SA-511（"土星"-V）
指令/服务舱	CSM-113 "卡斯帕"（Casper）
登月舱	LM-11 "猎户座"（Orion）
垂直总装厂房工位	3
发射平台/脐带塔	3
发射控制室	1
发射工位	LC-39A
发射时间	1972 年 4 月 16 日 17：54：00 UTC
乘员组	指令长约翰·杨（John Young），指令舱飞行员 T. K. 马丁利（T. K. Mattingly），登月舱飞行员查尔斯·杜克（Charles Duke）
试验指挥员	戈登·特纳（Gordon Turner）
备注	因更换指令舱燃料贮箱发射时间推迟了一个月；月球着陆地点在笛卡尔区，首次降落在月球高原地区

任务代号	"阿波罗"-17/AS-512
运载火箭	SA-512（"土星"-V）
指令/服务舱	CSM-114 "美洲"（America）
登月舱	LM-12 "挑战者"（Challenger）
垂直总装厂房工位	3
发射平台/脐带塔	3
发射控制室	1
发射工位	LC-39A
发射时间	1972 年 12 月 7 日 05：33：00 UTC
乘员组	指令长尤金·塞尔南（Eugene Cernan），指令舱飞行员罗恩·伊万斯（Ron Evans），登月舱飞行员哈里森·施密特（Harrison Schmitt）
试验指挥员	比尔·希克（Bill Schick）

（续）

备注	最后一次"阿波罗"登月任务；"土星"-V 火箭唯一一次夜间发射，因时序故障发射时间推迟了 2 小时 40 分钟；3 号发射平台/脐带塔随后被改造，用于航天飞机任务；1 号发射控制室被改造用于航天飞机任务；服务塔此次任务后被改造用于"天空实验室"任务

任务代号	"天空轨道空间站"（OWS）/SL-1
运载火箭	SA-513（"土星"-V）
指令/服务舱	—
垂直总装厂房工位	2
发射平台/脐带塔	2
发射控制室	2
发射工位	LC-39A
发射时间	1973 年 5 月 14 日 17：30：00 UTC
乘员组	—
试验指挥员	查克·亨舍尔（Chuck Henschel）
备注	"土星"-V 火箭最后一次发射任务，天空轨道空间站代替了原 S-IVB-212；任务后，LC-39A 发射工位和 2 号发射平台/脐带塔被改造用于航天飞机任务

任务代号	"天空实验室"-2/SL-2/AS-206
运载火箭	SA-206（"土星"-1B）
指令/服务舱	CSM-116
垂直总装厂房工位	1
发射平台/脐带塔	1
发射控制室	3
发射工位	LC-39B
发射时间	1973 年 5 月 25 日 13：00：00 UTC

(续)

乘员组	指令长皮特·康拉德（Pete Conrad），飞行员保罗·韦茨（Paul Weitz），科学家乘员约瑟夫·科尔文（Joseph Kerwin）
试验指挥员	比尔·希克（Bill Schick）
备注	为天空轨道空间站准备应急元器件导致发射时间推迟了10 天；SA-206 火箭原本是于 1967 年在 LC-37B 发射工位发射首艘登月舱的火箭，在"阿波罗"-1 火灾事故后，SA-206 火箭被存放在米丘德装配厂

任务代号	"天空实验室"-3/SL-3/AS-207
运载火箭	SA-207（"土星"-1B）
指令/服务舱	CSM-117
垂直总装厂房工位	1
发射平台/脐带塔	1
发射控制室	3
发射工位	LC-39B
发射时间	1973 年 7 月 28 日 11：10：50 UTC
乘员组	指令长艾伦·比恩（Alan Bean），飞行员杰克·洛斯马（Jack Lousma），科学家乘员欧文·加略特（Owen Garriott）
试验指挥员	查克·亨舍尔（Chuck Henschel）
备注	反作用控制系统推进器发生燃料泄漏故障，导致 NASA 准备实施天空实验室救援任务（未实际发射）；火箭仪器舱原本用于 SA-208 火箭

任务代号	"天空实验室"-4/SL-4/AS-208
运载火箭	SA-208（"土星"-1B）
指令/服务舱	CSM-118
垂直总装厂房工位	1
发射平台/脐带塔	1
发射控制室	3

（续）

发射工位	LC-39B
发射时间	1973 年 11 月 16 日 14：01：23 UTC
乘员组	指令长杰拉尔德·卡尔（Gerald Carr），飞行员威廉·波格（William Pogue），科学家乘员爱德华·吉普森（Edward Gibson）
试验指挥员	比尔·希克（Bill Schick）
备注	最后一次"天空实验室"任务；火箭仪器舱原本用于 SA-207 火箭

任务代号	"天空实验室"救援任务/SL-R
运载火箭	SA-208，SA-209（"土星"-1B）
指令/服务舱	CSM-119
垂直总装厂房工位	1
发射平台/脐带塔	1
发射控制室	3
发射工位	LC-39B
发射时间	—
乘员组	指令长万斯·布兰德（Vance Brand），飞行员堂·林德（Don Lind）
备注	未实际发射；该任务对指令/服务舱进行了改造，在执行救援任务时可以同时搭载 5 名航天员

任务代号	"阿波罗–联盟"试验计划/ASTP/AS-210
运载火箭	SA-210
指令/服务舱	CSM-111
对接舱	适配器装载对接段，用于与"联盟"-19 航天器对接
垂直总装厂房工位	1
发射平台/脐带塔	1

(续)

发射控制室	3
发射工位	LC-39B
发射时间	1975 年 7 月 15 日 12：20：00 UTC
乘员组	指令长托马斯·斯塔福德（Thomas Stafford），指令舱飞行员万斯·布兰德（Vance Brand），对接舱飞行员唐纳德·斯雷顿（Donald Slayton）
试验指挥员	比尔·希克（Bill Schick）
备注	最后一次"阿波罗"/"土星"飞行试验任务；LC-39B 发射工位和其他 LC-39 发射区的地面设施设备被改造用于航天飞机任务或报废处理（如服务塔等）

附录 C

S-II 级测试工作流程

在"阿波罗"/"土星"计划期间，弗莱德·科迪亚（Fred Cordia）是罗克韦尔公司的总工程师，负责 S-II 级电气和飞行控制。该附录的基础是他在 1971 年制定的流程图，此图记录了 S-II 级在肯尼迪航天中心的工作流程。虽然 S-II 级有一些特有的测试项目，然而，科迪亚制定的流程图仍然是火箭各子级在肯尼迪航天中心检查和测试工作（从运到垂直总装厂房到发射全过程）的优秀范例。下列图表列出了检查测试中的关键事件。

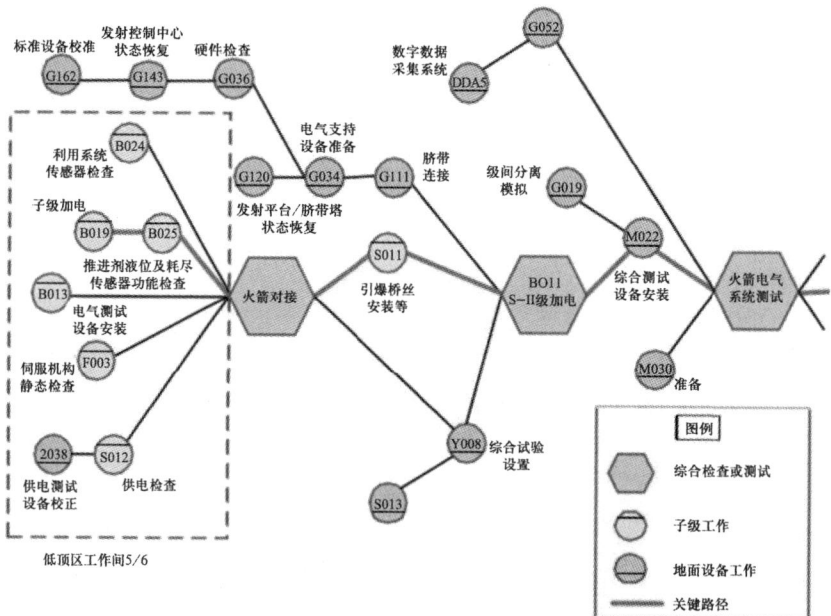

图 C-1　S-II 级从接收到火箭电气系统测试流程图

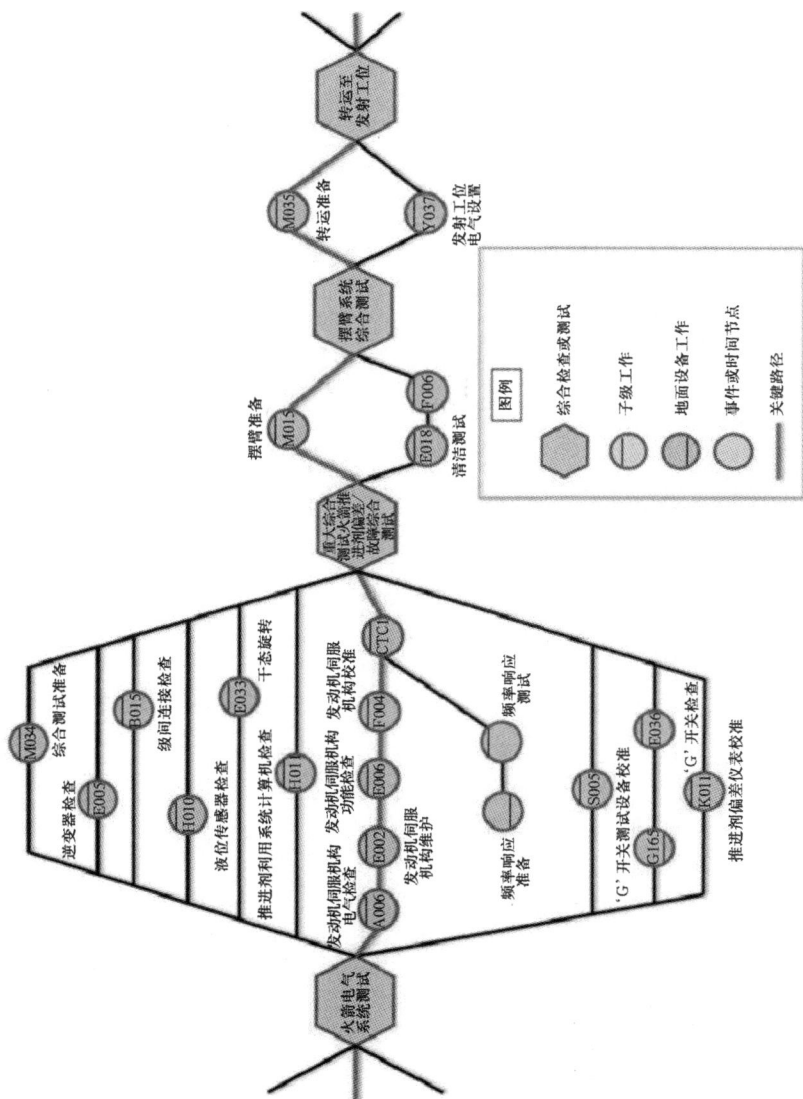

图 C-2　S-II 级从火箭电气系统测试到转运至发射工位流程图

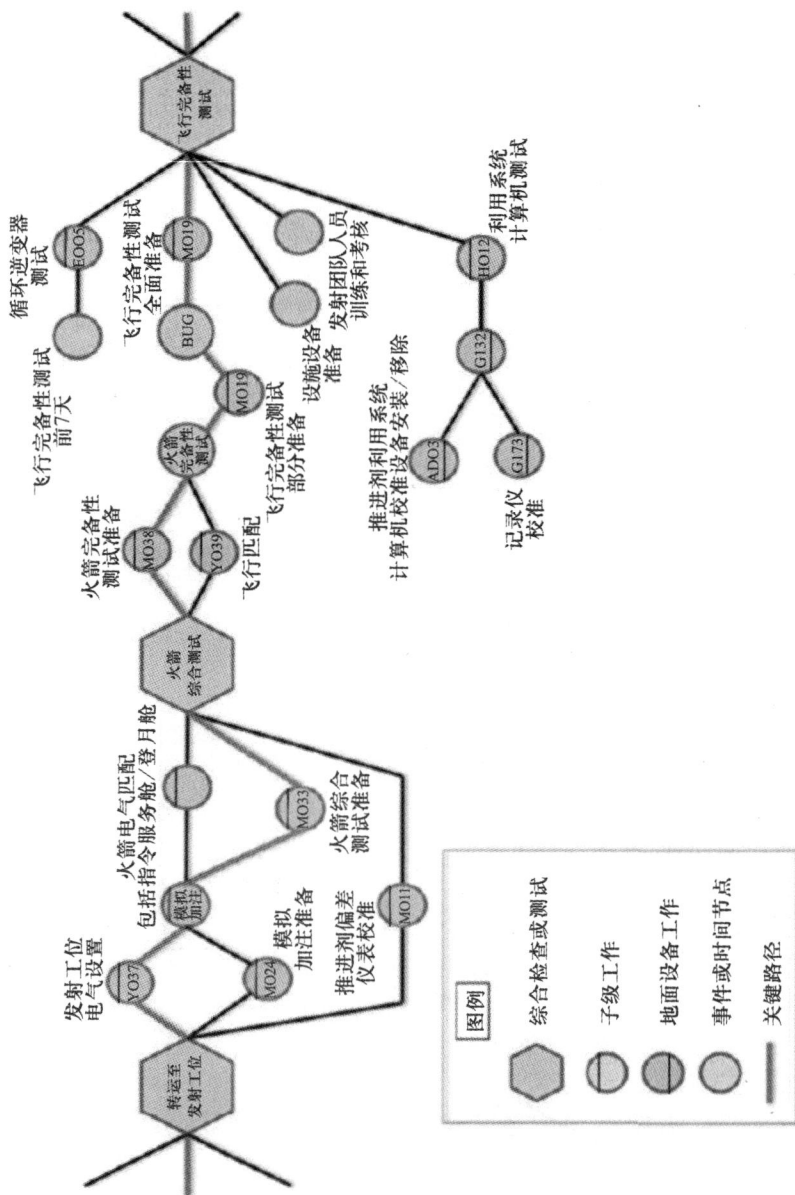

图 C-3 S-II 级从转运至发射工位到飞行完备性测试流程图

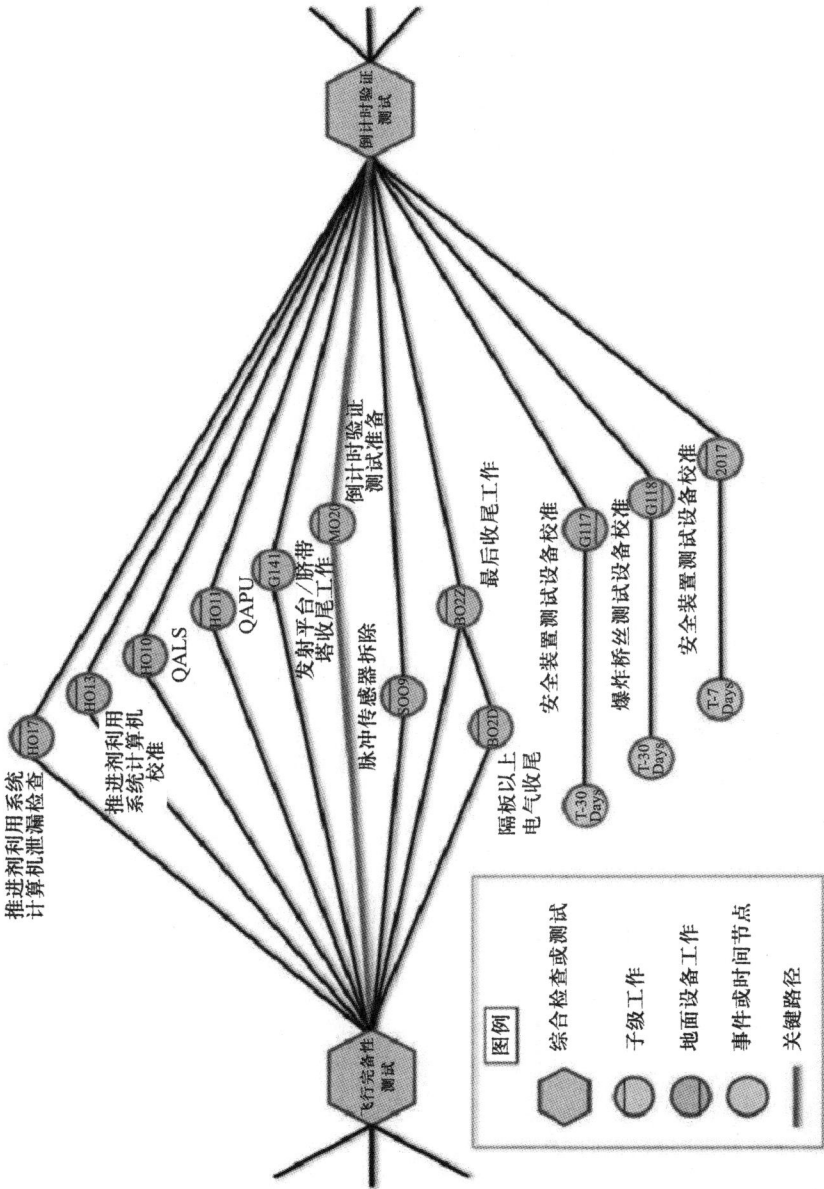

图 C-4　S-II 级从飞行完备性测试到倒计时验证测试（CDDT）流程图

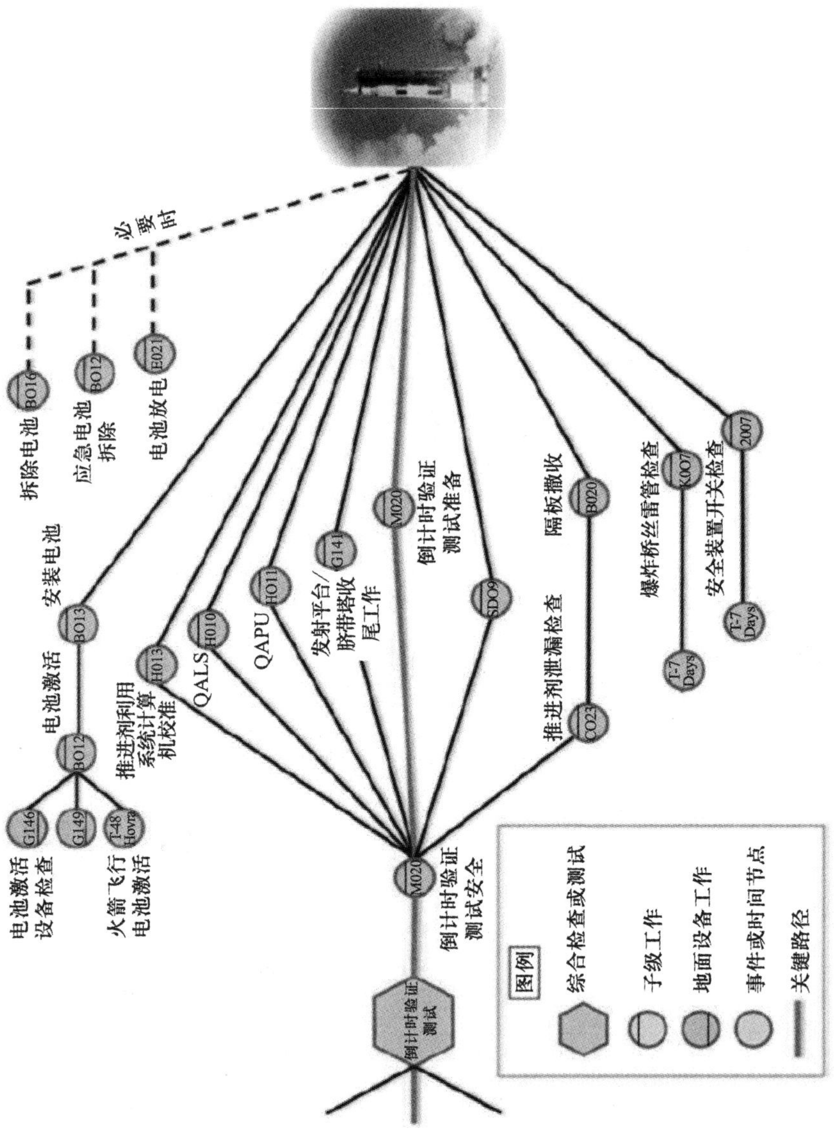

图 C-5 S-II 级从倒计时验证测试（CDDT）到起飞流程图

编号	测试/工作名称
G162	标准设备校准
G145	发射控制中心状态恢复
G036	硬件检查
G120	发射平台/脐带塔状态恢复
G034	电气支持设备准备
B024	利用系统传感器检查
B019	子级加电
B025	推进剂液位和耗尽传感器功能检查
B013	电气测试设备安装
F003	发动机液压伺服机构静态检查
Z038	供电测试设备校正
S012	供电检查
S011	爆炸桥丝和电源的安装/转换
S013	级间分离模拟检查
Y008	综合测试设置
B011	吊装后 S-II 级首次加电
G019	级间分离模拟
M022	综合测试设备安装
M030	火箭电气系统测试准备
DDAS	数字数据采集系统在线
G052	
	火箭电气系统测试,所有单元同时参加加电测试
M034	综合测试准备
E005	逆变器检查
B015	级间连接检查
H010	QALS:液位传感器检查,QA 表示使用软件进行自动检测
E033	干态旋转(使用增压气体推动涡轮泵旋转)
H011	QAPU:推进剂利用系统计算机检查

(续)

编号	测试/工作名称
A006	发动机伺服机构电气检查
E002	发动机伺服机构维护
E006	发动机伺服机构功能检查
F004	发动机伺服机构校准
CTC1	
	频率响应准备
	频率响应测试
S005	QASP
G165	'G'开关测试设备校准
E036	'G'开关检查
K011	推进剂偏差（PD）仪表校准
LV PD/MALF OAT	重大综合测试：火箭推进剂偏差/故障综合测试
M015	摆臂准备
E018	发动机清洁
F006	DPF
S/A OAT	摆臂综合测试
M035	转运准备
Y037	发射工位电气设置
Xfer to Pad	履带车将航天器转运至发射工位
M024	模拟加注准备
Sim Load	模拟加注
S/V Elect Mate	火箭电气匹配，包括指令服务舱/登月舱
M023	火箭综合测试准备
K011	推进剂偏差仪表校准
S/V OAT	火箭综合测试
M038	火箭完备性测试准备
Y009	飞行匹配，拆除测试设备

(续)

编号	测试/工作名称
SRT	火箭完备性测试
M019	飞行完备性测试部分准备
BUG	
M019	飞行完备性测试全部准备
E005	循环逆变器测试
Launch Crew Certified	发射团队人员训练和考核
A008	推进剂利用系统计算机校准设备安装/移除
G173	推进剂利用系统计算机记录仪校准
G132	C7-85 推进剂利用系统计算机测试设备功能检查
H012	推进剂利用系统计算机功能检查
FRT	飞行完备性测试，火箭按照真实飞行状态测试
H017	推进剂利用系统计算机泄漏检查
H013	推进剂利用系统计算机校准
H010	QALS：推进剂液位传感器自动检查
H011	QAPU：推进剂利用系统计算机自动检查
G141	发射平台/脐带塔收尾工作
M020	倒计时验证测试（CDDT）准备
S009	脉冲传感器拆除
B020	隔板以上电气收尾工作
B022	最后电气收尾工作
G117	安全装置测试设备校准
G118	爆炸桥丝测试设备校准
Z017	安全装置测试设置校准
CDDT	倒计时验证测试
H013	推进剂利用系统计算机校准
H010	QALS：推进剂液位传感器自动检查
H011	QAPU：推进剂利用系统计算机自动检查

(续)

编号	测试/工作名称
G141	发射平台/脐带塔收尾工作
M020	发射倒计时准备
S009	脉冲传感器拆除
M020	倒计时验证测试安全防护
E023	推进剂泄漏检查
B020	隔板撤收
K007	爆炸桥丝雷管检查
Z017	安全装置开关检查
G146	电池激活设备检查
G149	
B012	电池激活
B013	电池安装
B016	电池拆除
B017	应急电池拆除
B021	电池放电
LCD	发射倒计时

附录 D

推荐阅读材料和参考资料

D.1　推荐阅读材料

以下 NASA 发展历史系列丛书可以通过 NASA 官方网站获得
（http://history.nasa.gov/publications.html）：

Benson, Charles D. and Faherty, William Barnaby. "Moonport: A
History of Apollo Launch Facilities and Operations." The NASA History
Series, NASA SP-4204. Washington, DC: 1978.

Bilstein, Roger E. "Stages to Saturn: A Technological History of the
Apollo/Saturn Launch Vehicles." The NASA History Series, NASA SP-
4206. Washington, DC: 1996.

Brooks, Courtney et al. "Chariots for Apollo: A History of Manned
Lunar Spacecraft." The NASA History Series, NASA SP-4205. Washington,
DC: 1979.

Compton, William David. "Where No Man Has Gone Before: A History
of Apollo Lunar Exploration Missions." The NASA History Series, NASA
SP-4214. Washington, DC: 1989.

Swanson, Glen E., ed. "Before This Decade Is Out ... Personal Reflec-
tions on the Apollo Program." The NASA History Series, NASA SP-4233.
Washington, DC: 1999.

其他推荐阅读材料如下：

Kennedy, Maurice et al. "From the Trench of Mission Control to the
Craters of the Moon." Create Space Independent Publishing Platform; 3rd

edition. June 3, 2012.

Stoff, Joshua. "Building Moonships: The Grumman Lunar Module." Charleston, SC: Arcadia Publishing, 2004.

Ward, Jonathan H. "Countdown to a Moon Launch: Preparing Apollo for Its Historic Journey." New York, NY: Springer-Praxis, 2015.

Woods, W. David. "How Apollo Flew to the Moon." New and expanded second edition. New York, NY: Springer-Praxis, 2011.

D.2　参考资料

有具体作者姓名的文章或报告如下：

Burtzlaff, I. J. "Apollo Experience Report - Acceptance Checkout Equipment for the Apollo Spacecraft." NASA Report TN D-6736. Washington, DC: March 1972.

Butler, Sue. "Test success enhances chance for July lunar launch." Daytona Beach Morning Journal, June 7, 1969, pg. 2. Accessed online at http://news.google.com/newspapers?nid=1870&dat=19690607&id-XpAoA AAAIBAJ&sjid=mssEAAAAIBAJ&pg=1177, 1493956.

Childers, Frank M. "History of Reliability and Quality Assurance at Kennedy Space Center." KSC Historical Report No. 20. Kennedy Space Center: February 2004.

Coester, Stephen H. "Memories of Space". http://www.usna63.org/tradition/memories/SpaceMemories/SpaceMemories.htm.

Cooper, James S. "Apollo Experience Report - Ground Support Equipment." Washington, DC: April 1975.

Day, Dwayne A. "Saturn's Fury: Effects of a Saturn 5 Launch Pad Explosion." The Space Review, April 3, 2006. http://www.thespacereview.com/article/591/1.

Durrett, W.R. "Lightning - Apollo to Shuttle." Kennedy Space Center, FL: 1976.

Dutton, R. and Jafferis, W. "Utilization of Saturn/Apollo Control and Checkout System for Prelaunch Checkout and launch Operations." Sponsored by New York University School of Engineering and Science, July 22,

1968.

Eley, C. H. III and Stephens, H. E., Bellcomm, Inc. Technical memorandum TM-66-2032-3, "Apollo/Saturn V Interlock System - Case 330." Washington, DC; November 23, 1966.

Fjeld, Paul. Lunar Module Coatings Page. http://home.earthlink.net/~pfjeld/Imdata/

Foster, Galloway B. Jr. "Apollo Experience Report - Data Management for Postflight Engineering Evaluation." Washington, DC: May 1974.

Fricke, Robert W. Jr. "Apollo Experience Report - Engineering and Analysis Mission Support." Washington, DC: July 1975.

Gillen, Richard et al. "Apollo Experience Report - lunar Module Environmental Control Subsystem." Washington, DC: March 1972.

Johnson, Robert E. "Apollo Experience Report - The Problem of Stress Corrosion Cracking." Washington, DC: March 1973.

Laubach, Charles H. M. "Apollo Experience Report - Environmental Acceptance Testing." NASA Report TN D-8271. Washington, DC: June 1976.

Lowman, Paul D. Jr. "The Apollo Program: Was It Worth It?" World Resource: The Forensic Quarterly, Vol. 49, August 1975, pp. 291–302.

Mackay, Alden C. And Schwartz, Robert D. "Apollo Experience Report - The Development of Design-Loads Criteria, Methods, and Operational Procedures for Prelaunch, lift-off, and Midboost Conditions." Washington, DC: August 1973.

Mast, L. T., Mayper, V., and Pilnick, C., The Rand Corporation. "Survey of Saturn/Apollo Checkout Automation, Spring 1965: Detailed Description." Memorandum RM-4785-NASA, prepared for NASA under contract NASr-21, January 1966.

McLane, James C. Jr. "Apollo Experience Report - Manned Thermal Vacuum Testing of Spacecraft." Washington, DC: March 1974.

McPherson, G. J. Jr., Bellcomm, Inc. Memorandum for file, "As-503/CSM 103 (Apollo 8) Launch Preparations, Launch Countdown, and Flight Sequence of Events, Case 320." Washington, DC: November 22, 1968.

Miller, John E. and Laats, Ain. "Apollo Guidance and Control System Flight Experience." Publication E-2397. Cambridge, MA: MIT Instrumentation Laboratory, June 1969.

Moore, W. I. and Arnold, R. J. "Failure of Apollo Saturn V Liquid Oxygen Loading System," 1967 Cryogenic Engineering Conference, 21–23 Aug. 1967, Stanford Univ., CA, paper K-1, in Advances in Cryogenic Engineering 13 (1967). Copy provided by W. I. Moore.

Rhodes, Russel. "Fluid management for affordable spaceflight." NASA "ask Magazine," Fall 2011, issue 44, pp. 29–32.

Rhodes, Russel. "Explosive lessons in hydrogen safety." NASA "ask Magazine," Winter 2011, issue 41, pp.46–50. http://www.nasa.gov/offices/oce/appel/ask/issues/41/41s_explosive.html.

Salvador, G. and Eddy, R. W. "Saturn IB Stage launch Operations." Chrysler Corporation Space Division. Cape Canaveral, FL: undated, circa 1967.

Slovinac, Patricia. "Cape Canaveral Air Force Station, Launch Complex 39, Altitude Chambers, HAER No. FL-8-11-E." Archaeological Consultants, Inc., for Historical American Engineering Record, National Park Service, Southeast Region, Atlanta, GA, December 2009.

Sullivan, Scott. "Virtual LM." Burlington, Ontario, Canada: 2004.

Tomyako, James E. "Computers in Spaceflight: The NASA Experience." NASA Contractor Report 182505, prepared under contract NASW-3714, March 1988.

Weiss, Stanley P. "Apollo Experience Report - Lunar Module Structural Subsystem." Washington, DC: March 1973.

没有署名的参考资料如下：

"ACE-S/C Systems Orientation" course manual. General Electric, Apollo Support Department. Daytona Beach, FL: 1964.

"Apollo 9 Mission Report: Descent Propulsion System Final Flight Evaluation." MSC-PA-R-69-2, Supplement 8. NASA/Manned Spacecraft Center. Houston, TX: August 1970, pp. 22–23.

"Apollo 11 (AS-506) Mission. Prelaunch Mission Operation Report M-932-69-11." Office of Manned Spaceflight, Apollo Program Office. Washington, DC: July 8, 1969.

"Apollo 12 Launch Operations Checklist." Part SKB32100081-306, S/N 1003. Dated October 6, 1969; changed pages October 29. 1969.

"Apollo Cape Checkout Plan." No issuing organization or date, appears to be circa 1963.

"Apollo Launch Complex 39 Facilities Handbook." U. S. Army Corps of Engineers, South Atlantic Division, Canaveral District Merritt Island, FL: undated.

"Apollo Operations Handbook, Lunar Module, LM 11 and Subsequent, Vol. II, Operational Procedures." Document N71-76738. Bethpage, NY: Sept 26, 1971.

"Apollo Spacecraft Adapter Delivered By Helicopters:" Space News Roundup, Vol. 4 No. 6. Houston, TX: January 6, 1965.

"Apollo Spacecraft Pyrotechnics Presentation to The Franklin Institute Research Laboratories, San Francisco, California, July 7-10, 1969." NASA TM X-58032. Houston, TX: October, 1969.

"Apollo Systems Description, volume II: Saturn Launch Vehicles:" Technical Memorandum X-881. Marshall Space Flight Center. Huntsville, AL: February 1, 1964.

"Apollo/Saturn Data Handbook." Apollo Program Management Office. Kennedy Space Center, FL: October 1964.

"Apollo/Saturn Launch Mission Rules Handbook:" Document no. 630-23-0002 Revision 1. Directorate of Launch Operations, Kennedy Space Center. Kennedy Space Center: May 23, 1968.

"Apollo-Saturn V Consolidated Instrumentation Plan for AS-511 (Apollo 16):" KSC document K-V 059/11. Originator: D. E. Clark. John F Kennedy Space Center: February 25, 1972.

"Apollo/Saturn Launch Complex: A Challenge in Design and Construction." Office of Public Affairs, John F. Kennedy Space Center, 1965.

"Apollo/Saturn V Facility Description, Volume I: KSC Industrial Area and Remote Facilities Description." Document no. K-V-012, October 1, 1966.

"Apollo/Saturn V Facility Description, Volume II: Launch Complex 39 Facility Description:" Document no. K-V 012, October I. 1966.

"Apollo/Saturn V Facility Description, Volume III: KSC Provided Saturn V GSE System Description:" Document no. K-V-012, October 1, 1966.

"Apollo/Saturn V Facility Description, Volume IV: KSC Apollo Spacecraft Facilities and GSE System Description." Document no. K-V-012, October 1, 1966.

"Apollo/Saturn V, Launch Complex 39, Mobile Launcher Service Arms Operations and Maintenance Technical Manual, Command Module Access Arm System, Environmental Chamber." Document no. TM-509A. Kennedy Space Center: May 16, 1969.

"Apollo/Saturn V Propellants and Gases Electrical Control System Description." Document no. 66-832-001. Kennedy Space Center: October 1, 1966.

"Flight Mission Rules, Apollo 11 (AS-506/107/LM-5)." Flight Control Division, Manned Spacecraft Center. Houston, TX: April 16, 1969.

"Ground Support Equipment for Project Apollo: Press Information Handbook." General Electric, Apollo Systems Department. Daytona Beach, FL: undated.

"Grumman at Kennedy Space Center, 1963-1970:" Commemorative book green to Grumman employees who worked at KSC through Apollo 13. Kennedy Space Center, FL: 1970.

"Kennedy Space Center Story." Public Affairs Office, Kennedy Space Center, FL: December, 1972.

"Launch Control Center's Firing Rooms - Where the Action Is:" Spaceport News, July 6. 1967, pp. 4–5.

"Launch Vehicle Operations for Support of Space Vehicle Countdown Demonstration Test and Launch Countdown, Released for AS-501." Test No. V 20018, Rev. 001. Kennedy Space Center, FL: October 28, 1967.

"Launch Vehicle Operations for Support of Space Vehicle Countdown Demonstration Test and Launch Countdown, Released for AS-506:" Test No. V-20060, Rev. 010. Kennedy Space Center, FL: June 30, 1969.

"Launch Vehicle Operations for Support of Space Vehicle Countdown Demonstration Test and Launch Countdown, Released for AS-512." TCP No. V-20060, Rev. 041. Kennedy Space Center, FL: November 21, 1972.

"Lunar Excursion Module Familiarization Manual:" LMA790-1 Grumman Aircraft Engineering Company. Bethpage. NY: October 15, 1965.

"Lunar Module Structures Handout, LM-5, in Support of LM-5 Structures Course:" Flight Control Division, Manned Spacecraft Center. Houston, TX: undated.

"Manned Space Flight Weekly Report." NASA Office of Manned Space Flight. Houston, TX: April 28, 1969.

"Manned Space Flight Weekly Report" NASA Office of Manned Space Flight. Houston, TX: May 5, 1969.

"MSC-Florida Operations Transferred to KSC:" Space News Roundup, Vol. 4 No. 6. Houston, TX: January 6, 1965.

"Organization chart, Kennedy Space Center:" October 2, 1967. Attachment A to KN1142.3B, Ch.1.

"Organization chart, Launch Vehicle Operations, Electrical, Guidance & Control Systems Division." July 5, 1967.

"Organization chart, Launch Vehicle Operations, Launch Instrumentation Systems Division." July 15, 1967.

"Organization chart, Launch Vehicle Operations, Mechanical & Propulsion Systems Division." July 5, 1967.

"Organization chart, Launch Vehicle Operations, Quality Surveillance Division." July 5, 1967.

"Organization chart, Launch Vehicle Operations." July 5, 1967.

"Rendezvous Procedure - Apollo 7." Final, Revision A. MSC-CF-P-68-19. Houston, TX: September 27, 1968.

"Report of Apollo 204 Review Board." NASA Headquarters, Washington, DC: April 5, 1967.

"Report of the Apollo 13 Review Board." NASA Headquarters, Washington, DC: June 15, 1970.

"Saturn IB Electrical Ground Support Equipment for Launch Complex 34:" Document no. SP-169-D. Launch Support Equipment Engineering Division, December 21, 1964.

"Saturn IB/V Astrionics System:" Report MTP-ASTR-63-15. Prepared by S. M. Seltzer, Systems Engineering Office, Astrionics Laboratory, Marshall Spaceflight Center. Huntsville, AL: Nov. 14, 1963.

"Saturn V Electrical Ground Support Equipment for Launch Complex 39." Document no. SP-96-D. Launch Support Equipment Engineering Division, December 21, 1964.

"Saturn V Flight Manual: SA-503." MSFC-MAN-503. NASA/George

C. Marshall Space Flight Center. November 1, 1968.

"Saturn V Ground Equipment:" IBM Federal Systems Division, Cape Kennedy Facility. Cape Canaveral, FL: May, 1968.

"Saturn V Launch Vehicle Flight Evaluation Report AS-506, Apollo 11 Mission." Saturn Flight Evaluation Working Group, George C. Marshall Spaceflight Center. Huntsville, AL: September 20, 1969.

"Saturn V Launch Vehicle Ground Support Equipment Fact Booklet." MSFC-MAN-100. Prepared by The Boeing Company under NASA contract. Huntsville, AL: June 6, 1966; revised August 25, 1967.

"Saturn." NASA Launch Operations Center, OI-624-51, 1961.

"Skylab IB Launch Vehicle Flight Evaluation Report SA-206 Skylab 2." Report MPR-SAT-FE-73-3. Prepared by Saturn Flight Evaluation Working Group. Huntsville, AL: July 23, 1973.

"Skylab Saturn IB Flight Manual:" MSFC-MAN-206. Marshall Space Flight Center, AL: Sep.30, 1972.

"Telephone directory." Kennedy Space Center, FL: January 1973.

"Test Success Enhances Chance for July Lunar Launch." Daytona Beach Morning Journal, Vol. 44 No.136, June 7, 1969, p.2.

"The Apollo Program Management System at KSC." Accession no. N70-11267. Program Control Office, Apollo Program Office. Kennedy Space Center, FL: January 15, 1968.

"Welcome to Launch Vehicle Operations, Kennedy Space Center (New employee orientation handbook)." Kennedy Space Center,1971.

"Wernher von Braun 1912-1977." The National Space Institute. Arlington, VA: 1977.